Strategisches Talent-Management
Enaux/Henrich

Bibliografische Information der Deutschen Nationalbibliothek

Die Deutsche Nationalbibliothek verzeichnet diese Publikation in der Deutschen Nationalbibliografie; detaillierte bibliografische Daten sind im Internet über http://dnb.d-nb.de abrufbar.

ISBN 978-3-648-00451-7   Bestell-Nr. 04444-0001

© 2011, Haufe-Lexware GmbH & Co. KG, Munzinger Straße 9, 79111 Freiburg

Redaktionsanschrift: Fraunhoferstraße 5, 82152 Planegg/München
Telefon: (089) 895 17-0
Telefax: (089) 895 17-290
www.haufe.de
online@haufe.de
Produktmanagement: Dipl.-Kffr. Kathrin Menzel-Salpietro

Lektorat: Ulrich Leinz, 10829 Berlin
Redaktion und DTP: Peter Böke, 10825 Berlin
Umschlag: Grafikhaus, 80469 München
Druck: fgb · freiburger graphische betriebe, Freiburg

Zur Herstellung dieses Buches wurde alterungsbeständiges Papier verwendet.

Strategisches Talent-Management

Talente systematisch finden, entwickeln und binden

Claudius Enaux
Fabian Henrich

Matthias T. Meifert
(Herausgeber)

Haufe Mediengruppe
Freiburg · Berlin · München

Inhaltsverzeichnis

Was Ihnen dieses Buch bietet

Mit diesem pragmatischen, für den HR-Professional schnell anwendbaren Praxisratgeber möchten wir Sie unterstützen, sich einen fundierten Überblick über die Facetten des Talent-Managements zu verschaffen und Sie in die Lage versetzen, Ihr Talent-Management zu optimieren und strategisch an den Unternehmenszielen auszurichten.

Zahlreiche anwendungsbezogene Beispiele, Abbildungen, Informationen und Tipps erhöhen den praktischen Nutzen dieses Ratgebers. Wir hoffen, dass sich das vorliegende Buch so wohltuend von der vorherrschenden Literatur abhebt, die nach unserer Erfahrung stark theoretisch und abstrakt aufgebaut ist.

Ziel des Buches ist es, Ihnen

- ein breites und pragmatisches Begriffsverständnis zu verschaffen und Sie aussagekräftig über aktuelle Inhalte, Ideen und Konzepte zu informieren,
- die essentiellen Rahmenbedingungen für ein erfolgreiches Talent-Management zu veranschaulichen,
- die Stärken und Schwächen Ihres aktuellen Talent-Management-Programms aufzuzeigen sowie
- Ihnen die zentralen Tätigkeitsfelder und ausgewählte Instrumente des Talent-Managements näherzubringen.

Das Buch ist in fünf Kapitel und einen Anhang aufgeteilt.

Grundlagen des Talent-Managements

In dem einleitenden Kapitel erläutern wir Ihnen unser Verständnis eines ganzheitlichen, umfassenden Talent-Management-Ansatzes – entstanden aus vielfältigen Projekterfahrungen und Benchmark-Informationen unserer Klienten.

Rahmenbedingungen eines Talent-Management-Systems

Im zweiten Kapitel wenden wir uns der Praxis zu. Wir liefern Ihnen eine erste Übersicht über notwendige Voraussetzungen und Rahmenbedingungen, die zur Entwicklung und Implementierung eines Talent-Management-Systems notwendig sind. Fragen wie die Folgenden werden hier beantwortet:

- Welche Voraussetzungen müssen erfüllt sein?
- Welche Rolle spielt die Strategie des Unternehmens?
- Welchen Einfluss haben die Markt- und Rahmenbedingungen?

Test der Ausgangslage

In Kapitel 3 geben wir Ihnen zu Orientierungszwecken die Möglichkeit, eine erste Selbsteinschätzung der eigenen HR-Aktivitäten anhand eines Fragebogens vorzunehmen. Dies soll Ihnen helfen, die Qualität und die Inhalte der bestehenden HR-Aktivitäten möglichst objektiv einzuschätzen. Der Fragebogen dient so als Entscheidungshilfe, ob die Einführung eines Talent-Management-Systems zum aktuellen Zeitpunkt überhaupt sinnvoll oder notwendig ist.

So gehen Sie vor

In Kapitel 4 finden Sie eine idealtypische Vorgehensweise zur Entwicklung und Implementierung eines Talent-Management-Systems. Hier wird Schritt für Schritt erläutert, welche Aktivitäten notwendig sind, wo eventuelle Stolpersteine liegen und wie man diese bestmöglich umgeht.

Instrumente des Talent-Managements

Um detailliert auf einzelne, zentrale Instrumente eingehen zu können, die innerhalb eines Talent-Management-Systems wesentliche Bedeutung haben, werden diese in einem separaten Kapitel 5 dargestellt. Hier beschäftigen wir uns mit drei ausgewählten Instrumenten:

- das Kompetenzmodell
- das Mitarbeitergespräch oder Beurteilungssystem
- das Performance-Management in Form eines Zielvereinbarungssystems

Selbstverständlich werden auch weitere Instrumente des Talent-Managements im Rahmen dieses Buches behandelt – die Ausführungen dazu finden Sie in den jeweiligen Kapiteln bzw. Unterkapiteln.

Dank

Wir freuen uns darüber, dass wir bei der Erstellung dieses Buches auf das Wissen und die Expertise mehrerer, sehr erfahrener Kollegen zurückgreifen durften. Unser besonderer Dank gilt Herrn Eberhard Hübbe für seine hilfreichen und reichhaltigen Anregungen und Rückmeldungen.

Claudius Enaux und *Fabian Henrich*

1 Grundlagen des Talent-Managements

„Talent-Management ist das Thema der Zukunft!" Diese Überzeugung teilen inzwischen immer mehr Führungskräfte. Doch was genau verbirgt sich hinter dem Begriff Talent? Wozu überhaupt Talent-Management? Wo liegt der Unterschied zwischen Talent-Management und Personalentwicklung? Was genau macht das strategische Talent-Management eigentlich strategisch? Und welche Rolle spielen verwandte Konzepte wie Potenzialmanagement, Kompetenzmanagement oder Skill-Management?

Für Personaler bzw. Personalentwickler ist es häufig unerlässlich, in internen Diskussionen einen klaren Standpunkt zu vertreten und diesen mit konkreten Nutzenargumenten zu untermauern. Damit Sie wissen, worauf es ankommt, möchten wir in diesem Kapitel die wesentlichen Grundlagen darstellen und Antworten auf die zentralen Fragen der Begriffsabgrenzung, des Nutzens sowie der Gestaltungsfaktoren des Talent-Managements geben.

Da sich dieser Ratgeber an den Praktiker wendet, haben wir uns bemüht, die eher theoretischen Fragestellungen möglichst kurz abzuhandeln. Dennoch ist eine entsprechende theoretische Fundierung und Begriffsklärung unerlässlich für Ihre erfolgreiche Positionierung in Diskussionen und das Verständnis der folgenden Kapitel.

1.1 Wozu Talent-Management?

Zahlreiche Studien[1] identifizieren Talent-Management als eine der wichtigsten aktuellen und zukünftigen Themenstellungen bzw. Herausforderungen der Personalarbeit. Die strategische Bedeutung des Faktors Mensch bzw. des Humankapitals für den Unternehmenserfolg steigt aufgrund folgender Faktoren auch weiterhin:

- demografischer Wandel
- eingeschränkte Verfügbarkeit von Fach- und Führungskräften am Arbeitsmarkt
- Notwendigkeit für Unternehmen, sich immer schneller an Veränderungen der Märkte, der Rahmenbedingungen, des Wettbewerbs etc. anzupassen
- Wertewandel und Forderung nach einer ausgewogenen Work-Life-Balance der kommenden Generationen
- sinkende Loyalität der Arbeitnehmer gegenüber dem Arbeitgeber und steigendes Bewusstsein des eigenen Marktwerts[2]

Der aus diesen Faktoren resultierende und in den letzten Jahren viel zitierte *War for Talents* hält also weiter an und zeigt sich auch von konjunkturellen Schwankungen, die temporär mit einem reduzierten Personalbedarf einhergehen, unbeeindruckt. Es besteht Einigkeit über die Bedeutung der Förderung der „Talente" eines Unternehmens. Exemplarisch seien hier zwei prominente Personen zitiert:

> „... Getting the right people in the right jobs is a lot more important than developing a strategy ..."
>
> Jack Welch

---

[1] Kienbaum, 2009: „HR Strategie und Organisation 2009", The Boston Consulting Group, 2009: „Creating People Advantage" oder Towers Perrin, 2008: People, Change and Performance, Booz & Company, 2009: Global Talent Innovation^{TM} - Strategies for Breakthrough Performance.

[2] Besonders Toptalente zeigen eine geringe Loyalität gegenüber ihren Arbeitgebern: So konnten Finegold & Mohrman (2001) bei Toptalenten im Vergleich zu anderen Mitarbeitern eine viermal höhere Wahrscheinlichkeit, den Arbeitgeber zu wechseln, finden. Ein Konzept, wie Sie diese Talente an das Unternehmen binden können, finden Sie in Kapitel 4.3.

> „Wenn uns die 20 besten Mitarbeiter fehlen würden, dann wären wir nur ein durchschnittliches Computerunternehmen wie viele andere auch."
>
> Bill Gates

Entsprechend wird deutlich, dass Talent-Management kein „Nice-to-have"-Thema darstellt, sondern sich aus einer klaren Notwendigkeit begründet.

Kurzum: Die richtigen Mitarbeiter zur richtigen Zeit zu rekrutieren, zu identifizieren, zu qualifizieren und zu entwickeln sowie am richtigen Ort einzusetzen und zu binden war, ist und bleibt eine strategische Herausforderung, der mit Hilfe eines strategischen Talent-Managements wirksam begegnet werden kann.

Nur durch diese ganzheitliche Sichtweise auf ein Talent-Management-System kann ein solches System auch ganzheitlich wirken und somit auch einen strategischen Beitrag zu den Unternehmenszielen und dem Unternehmenserfolg leisten.

Ziel des strategischen Talent-Managements

Ziel des in diesem Buch vorgestellten Ansatzes des strategischen Talent-Managements ist es daher auch, durch die enge Verknüpfung mit der Unternehmensstrategie und den unternehmerischen Zielen einen signifikanten Beitrag zum Unternehmenserfolg zu leisten. Ist ein Talent-Management-System erfolgreich im Unternehmen etabliert, so kann es idealerweise folgende Ziele unterstützen:

- Steigerung der Arbeitgeberattraktivität
- Steigerung der Rekrutierungsqualität
- Verringerung der Rekrutierungskosten
- Transparenz über im Unternehmen vorhandene Kompetenzen, Potenziale und Talente
- zielgerichtete, zielgruppenspezifische und strategiegeleitete Entwicklung von Kompetenzen
- attraktive Karrierepfade und Entwicklungsmöglichkeiten
- Etablierung einer Leistungskultur
- Sicherstellung der Besetzung von Schlüsselqualifikationen (vorzugsweise mit internen Kandidaten)
- verstärkte Bindung von Leistungsträgern und Talenten

Wie diese Ziele im Einzelnen erreicht werden können, erfahren Sie auf den folgenden Seiten. Zunächst gilt es jedoch, sich Gedanken über die Zielgruppe des Talent-Managements zu machen: An wen richten sich die im Folgenden dargestellten Inhalte, Prozesse und Instrumente überhaupt?

1.2 Wer ist die Zielgruppe des Talent-Managements?

Bevor wir uns dem Thema Talent-Management inhaltlich widmen, sollte daher zunächst geklärt werden, an welche Mitarbeiter sich das Talent-Management grundsätzlich richtet. Denn je nach Quelle der zeitgenössischen (wirtschaftswissenschaftlichen) Literatur wird die Zielgruppe – in Abhängigkeit von der Definition des Talentbegriffs – uneinheitlich beschrieben.

Grundsätzlich bestehen jedoch zwei Ansätze, die wir Ihnen im Folgenden vorstellen wollen.

Ansatz A: „Alle haben Talent"

Dieser „breite Ansatz" geht davon aus, dass *jeder* Mitarbeiter grundsätzlich über Talent verfügt und die Aufgabe des Talent-Managements darin besteht, diese Begabungen zu identifizieren, zu fördern und Mitarbeiter gemäß ihrer Begabung optimal einzusetzen. Der Begriff „Talent" wird in diesem Sinne als Synonym für Begabung genutzt. Entsprechend bildet die Zielgruppe eines solchen Talent-Management-Ansatzes potenziell der gesamte Personalkörper. Talent-Management-Ansätze, welche Talent als Begabung verstehen, über die jeder Mitarbeiter in unterschiedlichem Maße verfügt, verfolgen das Ziel, dieses Talent optimal für das Unternehmen zu nutzen und zu managen.

Dieses Verständnis von Talent-Management ist in besonderem Maße der Kritik „alter Wein in neuen Schläuchen" ausgesetzt. Denn wird bei der Zielgruppe keine Differenzierung bzw. Spezifizierung vorgenommen, fällt es nicht immer leicht, Talent-Management sinnvoll von (strategischer) Personalentwicklung abzugrenzen.

Ansatz B: „Einige Wenige haben besonderes Talent"

Nach diesem „engen Ansatz" konzentriert sich das Talent-Management auf besonders talentierte Mitarbeiter, also auf eine relativ kleine Gruppe von Mitarbeitern, welche häufig als A-Performer, High Potentials oder High Performer bezeichnet werden. Die Zielgruppe entspricht somit nur einem eher geringen Teil des Personalkörpers. Dabei gehen die Aussagen hinsichtlich des Anteils der besonders talentierten Mitarbeiter an der Gesamtbelegschaft stark auseinander. Dies liegt v. a. daran, dass es keine objektive und unternehmensübergreifend einheitlich messbare Definition von „Talent" gibt sowie an den zum Teil völlig unterschiedlichen Kriterien. Aufgrund unserer Projekterfahrung gehen wir davon aus, dass eine Größenordnung von 10–20 % des Personalbestands als durchaus valide, wenngleich grobe Annahme brauchbar sein dürfte.

Nach diesem Ansatz ist es Zielsetzung und Aufgabe des Talent-Managements, diese für das Unternehmen überproportional wichtigen Mitarbeiter zu finden, gezielt zu entwickeln, an das Unternehmen zu binden und auf entsprechenden Schlüsselpositionen einzusetzen.

Talent-Management: fokussiert Fördern

Wir halten es für sinnvoll, besonders talentierte Mitarbeiter in den Mittelpunkt eines strategischen Talent-Managements zu stellen (Ansatz B). Diese fokussierte Förderung eines geringen Teils des Personalkörpers schließt jedoch nicht aus, dass einige Teilprozesse, wie zum Beispiel Rekrutierung oder Performance-Management, auf die gesamte Belegschaft ausgerichtet sein können. Je nach Facette bzw. Element des Talent-Managements kann die Fokussierung auf eine bestimmte Zielgruppe also unterschiedlich ausgeprägt sein.

Gründe für die Fokussierung

Die Fokussierung auf Talente (High Potentials) erweist sich aufgrund mehrerer Umstände als sinnvoll und zielführend:

1. **Bindungsfaktor**

   Die Fokussierung und die transparente Kommunikation im Rahmen eines Talent-Management-Systems führen dazu, dass den talentierten Mitarbeitern eine erhöhte Aufmerksamkeit und damit Wertschätzung durch das Unternehmen zuteil wird. Die Aufmerksamkeit für diese Mitarbeitergruppe kann als ein wichtiger Bindungsfaktor angesehen werden – Mitarbeiter, die wissen, dass Ihre Potenziale gesehen werden und ihnen Karriere- und Entwicklungsmöglichkeiten aufgezeigt werden, identifizieren sich stärker mit dem Unternehmen.[3]

2. **Produktivität**

   Talentierte Mitarbeiter bzw. High Performer generieren doppelt so viel Umsatz und Produktivität wie durchschnittliche Mitarbeiter und leisten so einen ungleich höheren Beitrag zum Unternehmenserfolg.[4]

3. **Budgetierung**

   Als ganz pragmatische Begründung dieser Sichtweise ergibt sich in Zeiten schrumpfender Budgets und stärkerer betriebswirtschaftlicher Steuerung der Personalarbeit und -entwicklung auch häufig die Notwendigkeit, Aktivitäten zu fokussieren. Hier liegt es nahe, sich auf eine bestimmte Mitarbeitergruppe (die Talente) zu konzentrieren.

4. **Nachfolge**

   Insbesondere im Hinblick auf die demografische Entwicklung zeigt sich, dass die Besetzung von Schlüsselpositionen durch die besten internen Ressourcen gesichert werden sollte („A-People to A-Positions"). Nur durch eine klare Identifizierung (und gegebenenfalls anschließender Förderung) interner Talente wird es möglich sein, vakante (Schlüssel-)Positionen mit gut ausgebildeten internen Kandidaten zu besetzen, anstatt mit erheblichem

---

[3] Vgl. z. B. Bersin, 2009 Talent-Management Factbook.

[4] Nach Eichinger (2004) ist die Wertschöpfung von Topleistern im Unterschied zu Durchschnittsleistern durchschnittlich um 40 bis 50 % höher. Deutlichere Differenzen finden sich z. T. in einzelnen Funktionen, so z. B. im Vertrieb. Hier generieren Topleister bis zu 2/3 höhere Umsätze als der Durchschnitt ihrer Kollegen (Bodden, Glucksman & Lasky, 2000).
Nach Axelroid et al. (2001) erhöhen „A-Players" (die besten 20 %) die Produktivität um 40 %, die Profitabilität um 49 % und die Umsatzerlöse um 67 %.

Aufwand und hoher Irrtumswahrscheinlichkeit auf dem (durch die demografische Entwicklung enger werdenden) externen Arbeits- und Bewerbermarkt suchen zu müssen.

Risiken der Fokussierung

Nichtsdestotrotz sollten auch mögliche Risiken einer Fokussierung auf einen „elitären" Mitarbeiterkreis berücksichtigt werden.

1. **Frustration der „Ausgeschlossenen"**

   Die Implementierung eines Talent-Management-Systems und eines damit einhergehenden Talent-Pools (oft auch als „Goldfischteich" bezeichnet), kann bei jenen Mitarbeitern, die sich nicht zu dem Kreis der identifizierten und speziell geförderten Talente zählen dürfen, zu Motivationsverlusten und Frustration führen.

2. **Erwartungshaltungen**

   Gleichzeitig werden bei den „auserwählten" Talenten auch Erwartungshaltungen begründet, die bei Nichterfüllung den Effekt des Talent-Managements ins Gegenteil verkehren – statt Motivation, Förderung und erhöhter Bindung ergeben sich dann häufig Demotivation, Enttäuschung und Frustration.

Zur Vermeidung bzw. Verringerung solcher Effekte ist es wichtig, das Thema Talent-Management nicht isoliert zu behandeln, sondern vielmehr in eine professionelle und zielgerichtete HR-Gesamtlandschaft einzubinden. Zudem gilt es, gewisse Rahmenbedingungen zu berücksichtigen. Hiermit beschäftigt sich schwerpunktmäßig das zweite Kapitel des vorliegenden Buches.

Vor- und Nachteile eines Talent-Management-Systems

Bei der Diskussion über den Nutzen von Talent-Management-Systemen werden immer wieder auch berechtigte Einwände vorgebracht, die als Herausforderungen bei der Einführung eines solchen Systems angesehen werden können. Die folgende Tabelle gibt einen beispielhaften Überblick über Pros und Kontras in einer Diskussion über Talent-Management.

Vorteile	Herausforderungen
• Wettbewerbsvorteile bei Förderung der i. d. R. leistungsstärkeren/produktiveren Mitarbeiter	• bei Auswahl als Talent: Gefahr der Abwanderung durch steigendes Bewusstsein des eigenen Marktwerts
• langfristige Bindung von Potenzial- und Leistungsträgern, denen eine erhöhte Wertschätzung zuteil wird	• größerer Aufwand durch Qualifizierungsbedarf für Führungskräfte (z. B. für die Talent-Identifikation)
• geringere Abhängigkeit von schwierigen Rekrutierungsverhältnissen (*War for Talents*, demografischer Wandel etc.)	• Koordinationsaufwand durch bereichsübergreifende Verantwortlichkeiten, etwa bei der Talent-Identifikation
• gesteigerte Arbeitgeberattraktivität, gerade für ambitionierte Mitarbeiter	• Aufbau einer Erwartungshaltung nominierter Talente, die gegebenenfalls nicht befriedigt werden kann
• kontinuierliche Nutzung und Weiterentwicklung der Fähigkeiten des Mitarbeiters	• Frustration der nicht ausgewählten Mitarbeiter
• Fokussierung auf eine tendenziell kleinere Mitarbeitergruppe und dadurch Kosteneinsparungen	
• Kostensenkung durch bedarfsorientierte Personalentwicklungsmaßnahmen	

Tab. 1: Vorteile und Herausforderungen von Talent-Management-Systemen

Die aufgeführten Herausforderungen lassen sich nicht verleugnen, die Vorteile überwiegen aber meist bei Weitem. Einige der Herausforderungen beschreiben lediglich den Aufwand, der insbesondere in der Anfangsphase nach Einführung eines Talent-Management-Systems entsteht. Andere beziehen sich nur auf Teilaspekte des Talent-Managements und können oft durch die anderen Facetten des Systems aufgefangen werden. So kann beispielsweise die Abwanderungsgefahr der identifizierten Talente durch eine gesteigerte Arbeitgeberattraktivität und die Möglichkeiten, die das Talent-Management für den Einzelnen bietet, reduziert werden. Ferner muss selbstredend dafür Sorge getragen werden, dass es nicht – oder so selten wie möglich – zu enttäuschten Erwartungen kommt. Dies lässt sich durch einen transparenten Prozess und nachvollziehbare Besetzungsentscheidungen sicherstellen.

1.3 Was verstehen wir unter Talent?

Wir haben bereits dargestellt, dass Talent-Management für uns die fokussierte Förderung einiger weniger, besonders talentierter Mitarbeiter bedeutet. Doch wann gilt ein Mitarbeiter eigentlich als „talentiert"? Auch hier kursieren etliche Definitionen. Im Folgenden möchten wir Ihnen daher zunächst die gängigste Version des Talentbegriffs präsentieren, in der Talent durch die Faktoren Potenzial und Performance gekennzeichnet ist. Im zweiten Schritt stellen wir Ihnen die realitätsnahe Weiterentwicklung dieses Modells vor, das Dank detaillierter Beschreibung der Talent-Faktoren praktikabel einsetzbar ist.

Das klassische Modell: Mitarbeiterportfolio

In klassischen Modellen wird der Talent-Begriff häufig anders verwendet als in den modernen Modellen des Talent-Managements. In diesen Modellen wird der Begriff Talent in Bezug auf Mitarbeiter häufig durch zwei Kennzeichen definiert:

- Das Vorliegen eines hohen Potenzials für die Ausübung einer anspruchsvolleren Funktion bzw. die Übernahme einer nächsthöheren Position (oder zumindest einer anderen Funktion („horizontales Potenzial")
- Die Feststellung von optimierbarer Leistung (Performance) im Rahmen der aktuellen Funktion.

Der klassische Talentbegriff entspricht eher der umgangssprachlichen Verwendung des Begriffs: So gilt z. B. ein junger Mitarbeiter, der zwar Potenzial für weiterführende Aufgaben zu haben scheint, sich jedoch noch in einer erkennbaren Entwicklung befindet, als talentiert. Entsprechend definiert sich dass, was in der *heutigen* Sicht als Talent bezeichnet wird, in diesem klassischen Modell als eine Kombination aus *hohem Potenzial* und *hoher Performance* – also dem, was dort als Star bezeichnet wird (siehe Abb. 1).

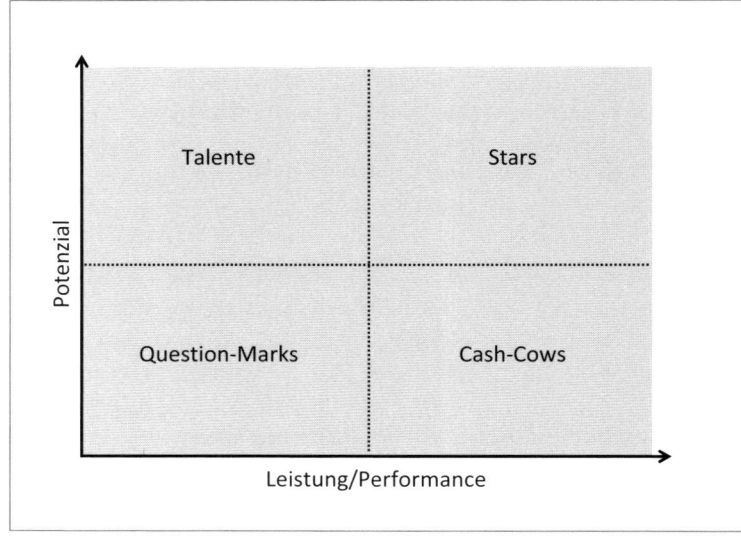

Abb. 1: Klassisches Mitarbeiterportfolio

Dieses Portfoliomodell geht davon aus, dass Potenzial und Performance voneinander unabhängige Faktoren darstellen – eine Annahme, die sich in der Realität häufig so nicht bestätigen lässt. So erscheint es unwahrscheinlich, dass ein Mitarbeiter in der aktuellen Position keine Leistung/Performance zeigt, gleichzeitig jedoch Potenzial für höherwertige Tätigkeiten mitbringt. Daher findet man aktuell leicht modifizierte Portfolios, wie z. B. in Abbildung 2 dargestellt.

Aber auch in dieser (überarbeiteten) Darstellung wird der Talent-Begriff für Mitarbeiter mit geringer Performance-Ausprägung verwendet. Dieser Talent-Begriff entspricht nicht dem Talent-Begriff, der im Folgenden unseren Überlegungen und unserem Talent-Management-Ansatz zugrunde liegt.

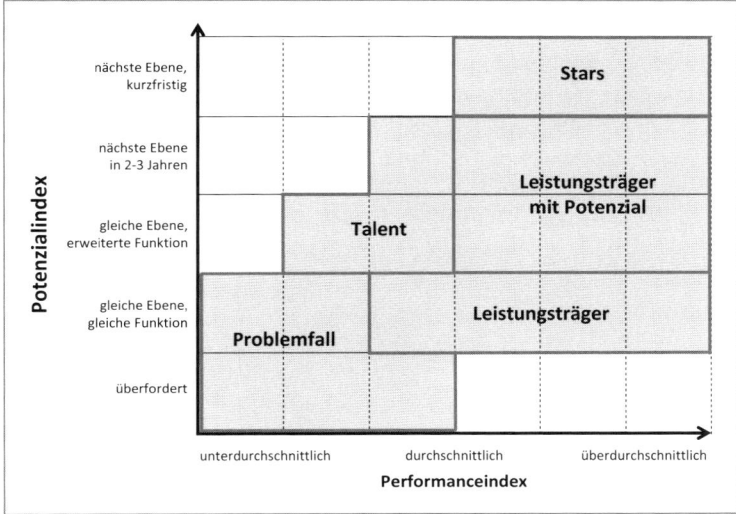

Abb. 2: Angepasstes Mitarbeiterportfolio

Aber was verstehen denn nun „moderne" Ansätze unter einem Talent? Zur Beantwortung dieser Frage erscheint zunächst die Beschäftigung mit einigen Begrifflichkeiten notwendig:

Das moderne Modell: Kompetenz–Performance–Potenzial

Bevor wir uns mit der Frage der Definition des Talent-Begriffs beschäftigen, möchten wir uns also zunächst mit der Betrachtung der zwei Faktoren (Potenzial versus Performance) beschäftigen.

Die grundsätzliche Annahme von nur zwei Faktoren (Potenzial und Leistung/Performance) greift nämlich unseres Erachtens für eine umfassende Sichtweise zu kurz. Vielmehr empfehlen wir ein Modell, welches auf drei Faktoren aufbaut.

Dieses Modell beschreibt den talentierten Mitarbeiter anhand der drei Faktoren

1. Performance – die Leistung einer Person
2. Potenzial – die Entwicklungsmöglichkeiten einer Person
3. Kompetenz – die Fähigkeiten einer Person

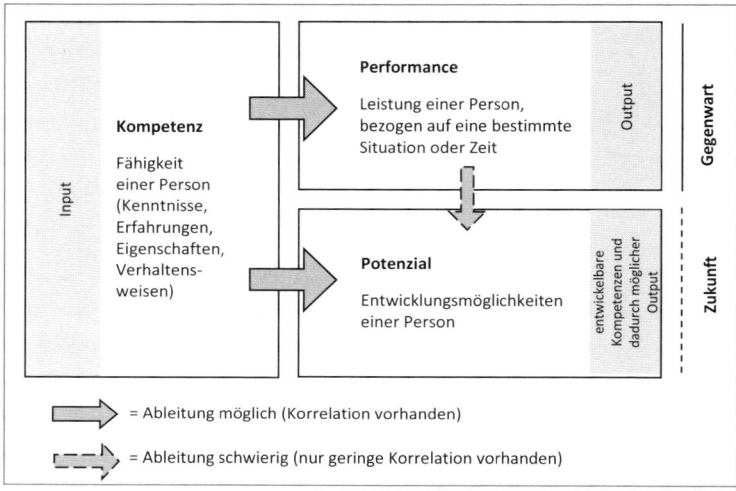

Abb. 3: Der Zusammenhang von Potenzial, Performance und Kompetenz

Bevor die Faktoren detailliert erklärt werden, sei an dieser Stelle kurz auf die Zusammenhänge dieser Kennzeichen eingegangen (auch ersichtlich in Abb. 3):

Kompetenz wird als Grundlage für Performance (Leistung) angesehen. Entsprechend lässt sich aus einer gegebenen Kompetenzausprägung mit einer relativ hohen Wahrscheinlichkeit die Leistung eines Mitarbeiters vorhersagen. Ebenso werden die Ausprägungen einzelner Kompetenzdimensionen als so genannte Potenzialindikatoren angesehen, was eine Ableitung des Potenzials eines Mitarbeiters aus der spezifischen Kompetenzausprägung möglich macht. Ein Zusammenhang zwischen der aktuellen Performance und dem Potenzial eines Mitarbeiters ist hingegen kaum oder zumindest nur in eingeschränktem Maße möglich.

Detaillierte Betrachtung der drei Faktoren

1. Performance (Leistung)

Die Performance oder Leistung eines Mitarbeiters bezeichnet letztendlich die Qualität oder Quantität der Arbeitsergebnisse. Performance in unserem Verständnis

- ist das Ergebnis einer zielgerichteten Anstrengung in einer bestimmten Situation oder Zeiteinheit bei bestimmter Arbeitsqualität;
- bezeichnet das Ausmaß, indem eine Person unter Einsatz ihrer Kompetenzen ein bestimmtes zielgerichtetes (qualitatives und quantitatives) Ergebnis in einer bestimmten Zeit oder Situation erreicht;
- bezieht sich auf die Vergangenheit, also darauf, inwiefern eine Person in der Vergangenheit ihre Kompetenzen erfolgreich einbringen und in Arbeitsleistung umwandeln konnte.

Performance ist somit „Output" oder ergebnisorientiert und in der Regel messbar bzw. sie kann durch qualitative oder quantitative Kriterien messbar gemacht werden.

2. Potenzial

Unter dem Potenzial eines Mitarbeiters versteht man in der Regel die Fähigkeit, andere (horizontales Potenzial) oder anspruchsvollere (vertikales Potenzial) Aufgaben erfolgreich zu bewältigen. Daraus ergibt sich ein zentrales Dilemma der Messung von Potenzial: Wie kann ich feststellen, ob ein Mitarbeiter Aufgaben erfolgreich übernehmen kann, ohne ihm genau diese Aufgaben zu übertragen und seine Erfolge zu beobachten? Denn eine Potenzialeinschätzung beinhaltet immer eine Einschätzung *zukünftiger* Leistung. In unserem Verständnis beinhaltet der Potenzialbegriff daher

- die Summe der Entwicklungsmöglichkeiten oder der entwickelbaren, noch nicht ausgeschöpften Leistungsoptionen und Kompetenzen einer Person;
- die Annahme, dass die notwendigen Fähigkeiten und Fertigkeiten zur Bewältigung bestimmter Aufgaben aktuell noch nicht entwickelt wurden, diese mit mehr oder weniger hohem Aufwand jedoch leicht bzw. schnell erworben werden können;
- die Wahrscheinlichkeit bzw. die Option, mit einem weiter zu quantifizierenden Aufwand eine Kompetenz entwickeln zu können, die in die Lage versetzt, auch anspruchsvollere oder komplexere Aufgaben erfolgreich zu bewältigen;

- einen Bezug auf die Zukunft: Die Einschätzung entwickelbarer und derzeit oder in der Vergangenheit (noch) nicht gezeigter Kompetenzen und Leistungen.

3. Kompetenzen

Der Begriff der Kompetenzen liegt unserer Definition von Talent – im Unterschied zu gängigen Portfoliomodellen – als wesentlicher dritter Faktor zugrunde. Kompetenzen bezeichnen in diesem Zusammenhang

- die integrierte und aktuell vorhandene Gesamtheit von kognitiven, emotionalen, physischen und behavioralen Fähigkeiten und Fertigkeiten, bezogen auf bestimmte Anforderungen, die vermittelt, erworben und erlernt werden können;
- eine Aufteilung in verschiedene Kriterien: Es gibt übergreifende Kern- und Führungskompetenzen und spezifische Kompetenzen, die nur für bestimmte Positionen relevant sind. Zudem können sich Kompetenzen auf eine inhaltliche (Fach-, Methoden-, Sozialkompetenz) und eine funktionale, auf das Tätigkeitsfeld (Vertrieb, Marketing, etc.) bezogene Ebene beziehen;
- einen klaren Bezug auf die Gegenwart: aktuell vorhandene Kompetenzen, die daher mit entsprechenden Methoden oder Instrumenten auch messbar und/oder beobachtbar sind.

Schlussfolgerungen

Aus diesem Drei-Faktoren-Modell ergibt sich ein dreidimensionales Portfolio bzw. ein Kubus (vgl. Abb. 4). Durch diese differenzierte Darstellung lassen sich durchaus interessante Schlussfolgerungen bei einzelnen Mitarbeitern ziehen:

- Ein Mitarbeiter, der stark ausgeprägte Kompetenzen besitzt, muss nicht zwangsläufig auch ein Leistungsträger mit hohem Performance-Wert sein. Möglicherweise behindern Rahmenbedingungen die Umsetzung der stark ausgeprägten Kompetenzen in eine hervorragende Performance.
- Ein Mitarbeiter mit hoher Performance muss nicht zwangsläufig auch ein hohes Potenzial besitzen. Vielmehr ist die Kombination einzelner Ausprägungen der Kompetenzen als Indikator für „Potenzial" hilfreich (vgl. zum Thema Potenzialtreiber Seite 29).

Aus diesem Drei-Faktoren-Modell lässt sich nun eine veränderte Definition der Talente ableiten: Nicht mehr die Mitarbeiter, die mit hohem Potenzial noch entwicklungsfähige Performance aufweisen, sind nach diesem Modell talentiert, sondern diejenigen, die sich auszeichnen durch

- hohes Potenzial und
- hohe Kompetenzausprägung,
- und zwar unabhängig von der aktuellen Leistung/Performance.

Mitarbeiter, die diese Eigenschaften aufweisen, werden in modernen Talent-Management-Systemen als Talent und somit als zentrale Zielgruppe der Talent-Management-Aktivitäten bezeichnet. Somit unterscheidet sich diese Definition grundlegend von den ursprünglichen Definitionen und Einschätzungen der Talente (vgl. Abb. 1).

Zusammenfassung

Die vorhandenen Kompetenzen bilden eine notwendige Grundlage für die Leistung/Performance und stellen in unseren Augen einen sinnvollen Indikator auf der Suche nach Talenten dar.

Die aktuelle Leistung sollte nicht als ein Hauptkriterium für die Talentdefinition herangezogen werden. Denn eine aktuell hohe Leistung im Sinne einer stetigen Zielerreichung ist kein Garant dafür, dass dieses Leistungsniveau auch auf einer nächsthöheren Position (mit gegebenenfalls anderen Herausforderungen) erreicht werden kann. So ist beispielsweise der beste Vertriebsmitarbeiter nicht auch zwangsläufig eine gute Führungskraft.

Auch ursprüngliche Modelle sind als Grundlage zur Identifikation von Talenten wenig geeignet: Zum einen erscheint eine geringe Leistung/Performance als wenig valides Kriterium zur Talent-Identifikation, zum anderen sind auch die dort als „Stars" bezeichneten Mitarbeiter aber auch nicht mit den modernen Talenten gleichzusetzen, da die Betrachtung grundlegender Kompetenzen im klassischen Modell nicht berücksichtigt wird.

1.4   Wie Sie Talente im Unternehmen identifizieren

Die Frage nach der Identifikation der im Unternehmen vorhandenen Talente lässt sich letztendlich auf zwei Kernfragen reduzieren:

* Wie werden Talente definiert – d. h. durch welche Ausprägungen, Attribute oder Eigenschaften zeichnen sie sich aus bzw. unterscheiden sie sich von „Nichttalenten"?
* Wie – d. h. mit welchen Prozessen, Methoden und Instrumenten – kann man diese definierten Attribute oder Eigenschaften erheben oder messen?

Definition von Talent

Die Frage der Talent-Definition wurde bereits im vorangehenden Abschnitt ausgiebig behandelt und wird im Folgenden noch einmal resümiert:

Im Gegensatz zu den klassischen zweidimensionalen Modellen (siehe Abb. 1), in denen sich Talente durch eine geringere Leistung und ein hohes Potenzial auszeichnen, definieren wir Talente als Mitarbeiter mit

* hohem Potenzial und
* hoher Kompetenzausprägung,
* und zwar unabhängig von der aktuellen Leistung.

Messung von Talent

Nicht die beobachtbare Leistung eines Mitarbeiters, sondern sein Potenzial und die vorliegende Ausprägung erfolgskritischer Kompetenzen bilden die wesentlichen Talent-Indikatoren. Nun stellt sich die Frage, mit welchen Prozessen, Methoden und Instrumenten diese definierten Faktoren erhoben bzw. gemessen werden können.

Und obgleich die Messung der Leistung/Performance für die Talent-Identifikation eher zweitrangig ist, wird im Folgenden aus Gründen der Vollständigkeit die Messung aller Faktoren beleuchtet.

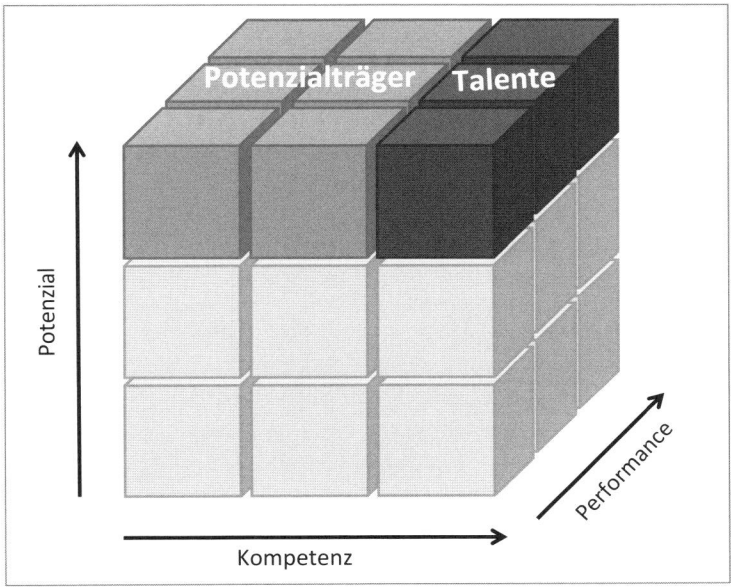

Abb. 4: Das Drei-Faktoren-Modell

Messung der Performance

Von allen drei Faktoren ist die Performance oder Leistung sicherlich am einfachsten zu beobachten. In der Regel definiert man messbare Größen oder Kennzahlen, die möglichst objektiv zu kontrollieren sind. Am simpelsten erscheint dieser Prozess in so genannten direkten Bereichen, in denen die Leistung eines Mitarbeiters über die Anzahl oder gegebenenfalls auch über die Qualität der von ihm produzierten Einheiten gemessen werden kann. Klassische direkte Bereiche, in denen diese outputbezogene Messung erfolgen kann, sind Produktionsbereiche oder Vertriebsorganisationen. Übliche Kennzahlen sind Stückzahlen, Ausschussquoten, Umsatzzahlen, Stornoquoten etc.

> Die Leistung bzw. Performance eines Mitarbeiters ist der einzige der drei Faktoren, der *direkt* messbar bzw. beobachtbar ist. Sowohl die Kompetenzen als auch das Potenzial eines Mitarbeiters können nur *indirekt* beobachtet werden.

An dem Beispiel eines Mitarbeiters in einem direkten Produktionsbereich wird sehr deutlich, dass der Zusammenhang zwischen Leistung/Performance und Potenzial deutlich geringer ist als häufig angenommen: Denn warum sollte man bei einem Mitarbeiter, der besonders viele Einheiten produziert, Potenzial z. B. für eine weiterführende Führungsaufgabe annehmen?

Messung der Kompetenzen

Eine klassische Vorgesetztenbeurteilung – wie sie in der Regel in Mitarbeiterbeurteilungssystemen zu finden ist – stellt häufig die Einschätzung eines Vorgesetzten über seinen Mitarbeiter anhand einzelner Kriterien oder eben Kompetenzen dar. In der Regel kann man jedoch davon ausgehen, dass das Urteil des Vorgesetzten über diese (nicht direkt beobachtbaren) Kompetenzen durch die (beobachtbare) Leistung im Sinne des Arbeitsergebnisses beeinflusst wird. Denn im Arbeitsalltag vermischt sich in der Wahrnehmung häufig die Einschätzung von Kompetenzen und Performance, da eine gute Kompetenzausprägung sicherlich eine hohe Korrelation zur Leistung haben dürfte. Wesentlich ist jedoch eine Unterscheidung der einzelnen Instrumente: Beurteilen diese eigentlich die Leistung (also den Output) oder die vorhandenen Kompetenzen (sozusagen den Input?)

Das Instrument Mitarbeitergespräch/Beurteilungssystem

In einem Mitarbeitergespräch/Beurteilungssystem, das eigentlich Kompetenzen messen sollte, wird der Vorgesetzte wahrscheinlich dennoch eher die Leistung des Mitarbeiters sehen und auf deren Grundlage die Beurteilung der einzelnen Kompetenzen ableiten.
Bereits an dieser Stelle lässt sich somit festhalten, dass der Rückgriff auf ein vorhandenes Beurteilungssystem nicht die beste Methode zur Identifizierung von Talenten darstellt.

Das Instrument der situativen Verfahren

In einem situativen Verfahren wie dem Assessment-Center, das mit simulierten Situationen agiert, die das aktuelle oder zukünftige reale Arbeitsumfeld abbilden, werden vorhandene Kompetenzen – abhängig vom methodischen Aufbau – (eher) direkt beurteilt.

Vorteile eines situativen Verfahrens

- Es ist in der Regel objektiver, da es keine (möglicherweise vorhandenen) Interessenslagen des Vorgesetzten durch den Einsatz mehrerer Beobachter bzw. Bewerter berücksichtigt.
- Die Aussagekraft ist meist differenzierter, da für die Einschätzung der einzelnen Kompetenzen unterschiedliche Situationen bzw. Übungen konstruiert und herangezogen werden können.
- Es besteht die Möglichkeit, mit der Kompetenzeinschätzung gleichzeitig auch die Einschätzung des Potenzials zu kombinieren (zur Bewertung der Potenzialtreiber vgl. den nächsten Abschnitt) – recht einfach dadurch, dass man in den Übungen zukünftige Situationen simuliert.

Wesentliche Voraussetzung zur Messung der Kompetenzen ist in jedem Fall ein mit den strategischen Zielen und den erfolgskritischen Rahmenbedingungen abgestimmtes unternehmensspezifisches Kompetenzmodell. Mit der Qualität eines solchen Kompetenzmodells steht und fällt die Qualität der Kompetenzeinschätzung, gegebenenfalls sogar die Einschätzung des Potenzials.

Messung des Potenzials

Eine interessante und wichtige Frage im Rahmen des Talent-Managements betrifft die Messung des Potenzials eines Mitarbeiters. Leider ist diese Potenzialmessung – im Vergleich zur Messung von Leistung oder Kompetenzen – in der Praxis mit Abstand am schwierigsten zu bewältigen. Diese Schwierigkeit beruht auf zwei Facetten, und zwar auf

- einem nebulösen Potenzialbegriff und
- die Schwierigkeit der Beobachtbarkeit von Potenzial.

Nebulöser Potenzialbegriff

Nicht nur im allgemeinen Sprachgebrauch, sondern auch in den Unternehmen besteht häufig kein klares und einheitliches Verständnis von „Potenzial", geschweige denn eine messbare bzw. operationalisierte Definition des Begriffs. Der kleinste gemeinsame definitorische Nenner des Potenzialbegriffs liegt meist darin, dass es um die „Befähigung zur erfolgreichen Bewältigung zukünftiger, meist anspruchsvollerer Aufgaben" geht. Daraus ergibt sich die Schwierigkeit der Beobachtbarkeit von Potenzial.

Schwierigkeit der Beobachtbarkeit von Potenzial

Die Problematik der Einschätzung einer erfolgreichen Bewältigung von Aufgaben, die der Mitarbeiter in dieser Form noch nie bewältigen musste. Es liegt also in jedem Fall in der Natur des Begriffs „Potenzial", dass sich das Potenzial einer Beobachtung entzieht und somit über andere Methoden und Instrumente erfasst werden muss. Daher können Vorgesetztenurteile in der Regel nur sehr eingeschränkt zur Einschätzung von Potenzialen genutzt werden – denn diese Urteile beziehen sich meist auf Beobachtungen in der aktuellen Funktion – und ein Schluss auf die erfolgreiche Bewältigung zukünftiger, meist anspruchsvollerer Aufgaben ist somit per se spekulativ und damit fehlerbehaftet.

Alternative Methoden zur Potenzialmessung

Aus dieser Problematik heraus ergibt sich die Notwendigkeit, alternative Instrumente und Verfahren einzusetzen, um eine valide Potenzialeinschätzung zu gewährleisten. In der Praxis haben sich im Wesentlichen zwei Ansätze bzw. Ideen durchgesetzt:

1. Der Einsatz situativer Verfahren

   Grundidee ist hierbei, den Mitarbeiter mit anspruchsvolleren Situationen (die sich nicht in seinem typischen Arbeitsumfeld ergeben) zu konfrontieren. In diesem Fall kann die Leistung in einer derartigen Situation als Indikator für das Potenzial angesehen werden.

   > ### Beispiel: Simulation einer Führungssituation
   >
   > Ein klassischer Baustein eines derartigen situativen Potenzialanalyseverfahrens wäre die Simulation einer anspruchsvollen Führungssituation (meist ein Mitarbeitergespräch) für Teilnehmer bzw. Mitarbeiter, die bislang noch keine Führungsverantwortung tragen. Die Art und Weise der erfolgreichen Bewältigung dieser Situation kann in diesem Fall sicherlich als Indikator für das Führungspotenzial des Mitarbeiters angesehen und interpretiert werden.

2. Der Einsatz von Potenzialtreibern

   Bei der Betrachtung verschiedener Kompetenzen stellt man häufig fest, dass unterschiedliche Kompetenzen einen ungleichen

Einfluss auf Potenzialeinschätzungen haben. Dies bedeutet, dass man basierend auf der Einschätzung einzelner, ausgewählter Kompetenzen möglicherweise eine Potenzialeinschätzung ableiten kann.

Exkurs: Die Rolle von Potenzialtreibern

Betrachtet man Potenzial als die Fähigkeit, erfolgreich anspruchsvollere Aufgaben und Verantwortung zu übernehmen, so sollten Mitarbeiter mit höherem Potenzial eher Karriere machen (im Sinne der Übernahme weiterführender Aufgaben innerhalb einer Organisation) als Mitarbeiter mit geringerem Potenzial.

Vergleicht man, welche Kompetenzen bei Mitarbeitern mit „schnellen" Karrierewegen stark ausgeprägt sind, so identifiziert man häufig ähnliche Kompetenzen, die offensichtlich einen empirisch nachweisbaren Zusammenhang zur Karriereentwicklung und damit auch zum Potenzial aufweisen. Konkret handelt es sich dabei um die folgenden Kompetenzen:

Lernfähigkeit, Veränderungsfähigkeit und Flexibilität

Wie gut kennt die betreffende Person ihr Lernverhalten? Wie gut ist ihre Fähigkeit, aus Erfahrung zu lernen und Erlerntes einzusetzen? An welchen Beispielen ist dies belegbar (Selbstreflexionskomponente)? Wie gut ist sie in der Lage, sich schnell auf andere/neue Rahmenbedingungen und Anforderungen einzustellen?

Motivation und Leistungswille

Wie stark ist der Wille, überdurchschnittliche Ergebnisse zu erreichen, Perfektion zu erlangen und besser zu sein als andere; an welchen Stellen ist dies schon geschehen?

Intelligenz, intellektuelle Möglichkeiten und kognitive Leistungsfähigkeit

Wie beweglich, logisch und substanziell ist die Person in ihren Aussagen? Wie gut kann Komplexität reduziert werden und Struktur geschaffen werden? Wie gut bzw. wie schnell können Informationen aufgenommen, verarbeitet und korrekte Schlussfolgerungen abgeleitet werden?

Zur Erhebung dieser Potenzialtreiber ist jedoch im Einzelfall zu klären, mit welchem Instrument eine valide Erfassung möglich ist. Auch hier ist das Instrument der Vorgesetztenbeurteilung nicht unbedingt das geeignetste. Auf die Erfassung von Potenzial gehen wir in Kapitel 5.2 (Potenzialmanagement) näher ein.

Zusammenfassung

Insgesamt lässt sich festhalten, dass die Kombination verschiedener Instrumente zur Identifikation von Talenten nicht nur sinnvoll, sondern auch empfehlenswert ist. Nach dem dargestellten Drei-Faktoren-Modell (vgl. Abb. 4) spielt die aktuelle Leistung keine Rolle für die Talent-Identifikation. Essentielle Grundlage für die Identifikation der Talente ist hingegen die Messung des Faktors „Kompetenz" anhand eines unternehmensspezifischen Kompetenzmodells. In Kapitel 5.1 wird auf dieses Instrument daher gesondert eingegangen.

Eine valide Einschätzung des Potenzials, das einen wesentlichen Talent-Indikator darstellt, gelingt mit Hilfe situativer Verfahren oder der Einschätzung bzw. Benennung von Potenzialtreibern.

Abschließend sei noch festzuhalten, dass der Erhebung der Performance eine wesentliche Bedeutung im Gesamtprozess des Talent-Managements zukommt. Lediglich für die *Identifikation* der Talente sollte der Fokus eher nicht auf die aktuelle Leistung gelegt werden. So zählen das Performance-Management und die darin enthaltenen Leistungsbeurteilungssysteme und -instrumente, ebenso wie das Kompetenz- und Development-Management zu den wesentlichen Kernprozessen eines ganzheitlichen Talent-Management-Systems (vgl. hierzu den nächsten Abschnitt, v. a. Abb. 5).

Letztendlich implizieren alle diese Konzepte, dass ein Unternehmen über fundierte und professionelle HR-Instrumente verfügen muss, um ein erfolgreiches Talent-Management betreiben zu können.

Die folgende Übersicht (Tab. 2) bietet eine Zusammenfassung über die wesentlichsten Instrumente der HR-Arbeit als Grundlage für ein professionelles Talent-Management sowie deren Einschätzung mit Fokus auf die Einschätzung von Potenzialen.

Übersicht: Die wichtigsten Instrumente für die HR-Arbeit

	Kennzeichen	Wer beurteilt?	Was wird beurteilt?	Vorteile	Nachteile	Bemerkungen
Mitarbeitergespräch	Direkter Vorgesetzter beurteilt den Mitarbeiter auf Grundlage festgelegter Kriterien	der direkte Vorgesetzte	meist Fokus auf beobachtbare, ggf. auch messbare Leistung und daraufhin Rückschluss auf zugrundeliegende Kompetenzen Potenzialeinschätzung meist nur über Potenzialtreiber möglich	weitverbreitetes, pragmatisches Instrument Einbindung des Vorgesetzten in den Talent-Management Prozess	Meist valide Performance-Messung Potenzialaussage hingegen abhängig von der Führungskraft	Die Beurteilungskriterien sollten sich auf ein Kompetenzmodell beziehen und eine Potenzialableitung ermöglichen, d. h. Potenzialtreiber beinhalten
Situative Verfahren (AC, Potenzialanalysen)	Simulation zukünftiger Situationen, die durch Beobachtung Rückschlüsse auf das Potenzial des Teilnehmers ermöglichen	Eine Kombination auf Führungskraft, HR-Professional und externem Berater	Beurteilungen von Potenzial bzw. Potenzialtreibern und Kompetenzen	Sehr valide Aussage zu Potenzialen Objektives Urteil durch die Kombination on unterschiedlicher Beobachter	Aufwendiges Verfahren Schulung der Beobachter notwendig Erzeugung von Erwartungshaltungen bei den Teilnehmern	Hohe Bandbreite hinsichtlich der Güte und Qualität derartiger Verfahren. In jedem Fall Orientierung an klaren Qualitätskriterien (z. B. DIN 33430 o. Ä.) empfehlenswert
360°-Feedbacks	Zusammenführung unterschiedlicher (schriftlicher) Beurteilungen über eine Person	Beim „echten" 360°-Feedback: Selbsteinschätzung, Vorgesetztenurteil, Mitarbeiterbeurteilung/Aufwärtsfeedback, Kollegenfeedback und Kundenfeedback	(siehe Kapitel 5.2 Mitarbeitergespräch)	Kombination unterschiedlicher Meinungen und Perpektiven führt i. d. R. zu einem vollständigen, runden Bild	Analog dem Mitarbeitergespräch: Meist wird nur die Performance beobachtet und damit auch beurteilt aufwendiges Verfahren	Meist gleiche Grundidee wie im Mitarbeitergespräch, lediglich Anreicherung durch verschiedene Perspektiven.

	Kennzeichen	Wer beurteilt?	Was wird beurteilt?	Vorteile	Nachteile	Bemerkungen
Leistungskennziffern, KPI's, Zielvereinbarungen	Messung objektive erreichter Kriterien (Kennziffern, Zielerreichung etc.)	Die Führungskraft, aber auf Grundlage der erzielten, messbaren Ergebnisse	Reine Performance/ Leistungsmessung; meist kein Rückschluss auf Kompetenzen. Reine Ergebnis- bzw. „output" - Fokussierung	Bei klaren Kennziffern hoch objektiv und damit valide	Validität und Objektivität beziehen sich ausschließlich auf die Leistungsmessung	Einsatzbereich eher im Performance-Management als im Talent-Management empfehlenswert
Management-Konferenzen	Diskussion einzelner Personen durch unterschiedliche Teilnehmer (direkter bzw. nächst höherer Vorgesetzter, Führungskräfte aus Schnittstellenbereiche, HR etc.); meist ausgehend von einer Vorgesetzten-einschätzung/Mitarbeitergespräch	Mehrere Feedbackgeber, meist Führungskräfte, einigen sich auf eine gemeinsam getragene Einschätzung	Je nach Methodik gleiches Vorgehensmodell wie beim Mitarbeitergespräch: Beobachtung der Leistung/Performance	Validierung und „Verobjektivierung" der einzelnen Vorgesetzteneinschätzung durch ein gemeinsames Urteil	Keine echte Potenzialeinschätzung; Validität und Objektivität abhängig von der Qualität der Vorgesetztenurteile; Erhöhung der Quantität der Vorgesetztenurteile bedingt nicht unbedingt Erhöhung der Qualität	Trotz anderer Methodik analog dem 360°-Feedback einzuschätzen
Test	Hohe Vielzahl unterschiedlicher Tests; wesentliche Unterscheidung: Persönlichkeitstests und Leistungstests (worunter auch Intelligenztest fallen)	Objektive Auswertung anhand einer Normstichprobe	I. d. R. nur ein Kriterium, z. B. „Intelligenz"	Objektive und Valide Einschätzung des jeweiligen Kriteriums	Validität bei Intelligenztest abhängig von der Normstichprobe. Wenig Korrelationen zwischen Potenzial und dem Ergebnis von Persönlichkeitstests	Intelligenztests sind geeignet zur Einschätzung des Potenzialtreibers „kognitive Leistungsfähigkeit", teilweise auch der Flexibilität Persönlichkeitstests sind wenig geeignet zum Einsatz im Talent –Management Prozess

Tab. 2: Instrumente der HR-Arbeit

1.5 Kernelemente und Gestaltungsfaktoren eines Talent-Management-Systems

Jede Frage, die sich mit dem Thema des Talent-Managements beschäftigt, lässt sich letztendlich auf zwei wesentliche Faktoren bzw. Kernfragen zurückführen:

1. Wie kann ich Talente finden?

   Extern: Wie erscheine ich als Arbeitgeber attraktiv und interessiere Talente für mein Unternehmen?

   Intern: Wie erhalte ich einen Überblick über die im Unternehmen vorhandenen Talente und wie identifiziere ich sie (vgl. Kapitel 1.4)?

2. Wie kann ich Talente binden?

   Wie muss ich mit meinen Talenten umgehen, um diese an das Unternehmen zu binden und ungewollte Fluktuationen in dieser Mitarbeitergruppe zu reduzieren?

Um detailliert auf diese Kernfragen einzugehen, wird in diesem Abschnitt ein übergreifendes Modell eines strategischen Talent-Managements dargestellt. Dieses Modell bildet die Grundlage des vorliegenden Buches und wird daher im Folgenden detailliert erläutert (vgl. hierzu auch Abb. 5).

Die vier Kernfelder eines Talent-Management-Systems

Konkretisiert man die oben genannten Kernfragen weiter, so erhält man die vier wesentlichen Kernfelder eines Talent-Management-Systems:

1. **Attraction** – Inwiefern bin ich als Unternehmen attraktiv für Talente? Dabei geht es nicht nur um die klassische Arbeitgeberattraktivität im Sinne der Wirkung nach außen auf den Arbeitsmarkt. Vielmehr stellt sich die Frage, wie ein Unternehmen attraktiv für die bereits im Unternehmen vorhandenen Talente bleiben bzw. werden kann.

   Neben der Gewinnung der (externen) Talente fassen wir hierunter demnach auch die Identifikation von (internen) Talenten, z. B. über ein stringentes internes Potenzialmanagement.

2. **Development** – Verfügt das Unternehmen über ein stringentes Programm bzw. System, um identifizierte Talente weiterzuentwickeln? Werden Kompetenzen der Mitarbeiter (Talente) systematisch erfasst und über ein Development-Management-System gefördert und entwickelt?

3. **Retention** – Werden die Mitarbeiter (Talente) im Unternehmen gehalten? Gibt es hierzu ein klares Karriere-Management-System? Existiert eine erkennbare Leistungskultur? Werden Hochleister identifiziert und wird diese „Hochleistung" auch incentiviert? „Lohnt" sich also Leistung im Unternehmen?

4. **Placement** – Werden die Talente des Unternehmens im Sinne einer klaren Karriereplanung auch tatsächlich auf interessante Stellen gesetzt? Wie ist generell die Besetzungspolitik des Unternehmens? Werden interessante Positionen bevorzugt mit externen Kandidaten besetzt? Oder wird konsequent auf vorhandene, identifizierte und entsprechend entwickelte interne Talente zugegriffen?

Jedem dieser vier Kernfelder lassen sich wesentliche Kernprozesse des Talent-Managements zuordnen. Diese Kernprozesse variieren in ihrem jeweiligen Grad der Fokussierung auf eine eingeschränkte Zielgruppe. So ist beispielsweise der Kernprozess Sourcing und Recruiting nicht nur in Bezug auf die Gewinnung von Talenten beschränkt, sondern hat die grundsätzliche Positionierung als attraktiver Arbeitgeber (attraktiv für *alle* potenziellen Mitarbeiter, nicht nur für Talente) zum Ziel. Der Kernprozess Nachfolgemanagement hingegen ist durch eine deutliche Fokussierung auf eine eher kleine, exponierte Mitarbeitergruppe gekennzeichnet, aus der sich die Nachfolge für Schlüsselpositionen im Unternehmen rekrutieren soll. Alle Kernprozesse des Talent-Managements sind stringent auf die so genannte Talent-Strategy ausgerichtet, die sich ihrerseits direkt aus der Unternehmensstrategie ableitet. So kann sichergestellt werden, dass alle Aktivitäten im Rahmen des Talent-Managements zur Erreichung der Unternehmensziele beitragen und langfristig die Wettbewerbsfähigkeit des Unternehmens gewährleisten.
Die Bedeutung einzelner Kernprozesse sowie deren inhaltliche Ausgestaltung werden ferner durch Rahmenbedingungen wie z. B. den

Wettbewerb, den (Arbeits-)Markt etc. wesentlich beeinflusst (siehe hierzu Kapitel 2).

Vier Kernfelder des Talent-Managements

Ein durchgängiges, strategisch ausgerichtetes Talent-Management besteht aus vier Kernfeldern, denen zentrale Kernprozesse zugrunde liegen: Attraction, Development, Retention und Placement. Nur bei Berücksichtigung aller dargestellten Faktoren kann ein solches Talent-Management-System Wirkung entfalten.

Die isolierte Fokussierung auf einzelne Elemente kann zwar im Einzelfall sinnvoll und notwendig sein, wird aber nicht den Nutzen eines ganzheitlichen systematischen Ansatzes erzielen können.
Die Kernelemente des Talent-Managements sind in Abbildung 5 zusammengefasst dargestellt.

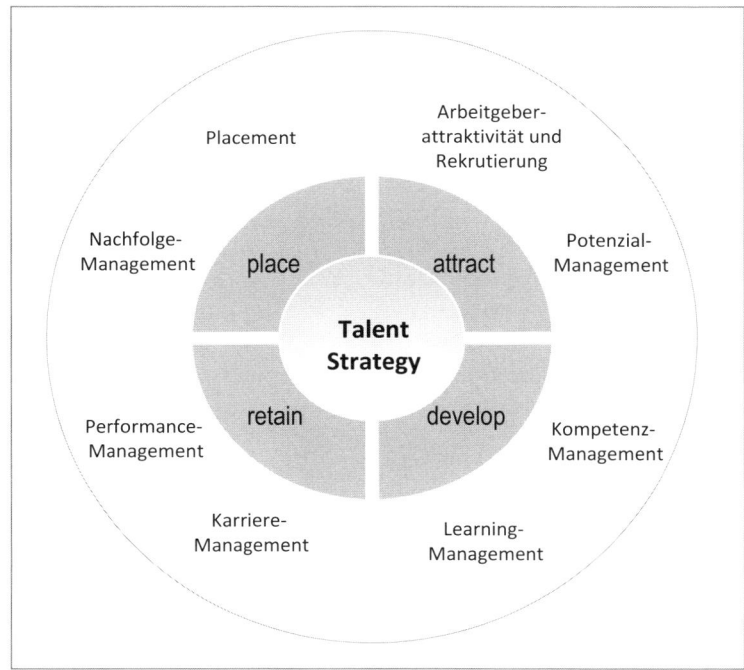

Abb. 5: Grundmodell des Talent-Managements

Kernfeld 1: Attraction

Zum Kernbereich des „Attraction" gehört

1. alles, was ein Unternehmen als Arbeitgeber interessant macht – und natürlich die Frage, wie diese positiven Eigenschaften (so genannte Arbeitgeberattribute) auch bekannt sind bzw. bekannt gemacht werden, und
2. alles, was die interne Identifikation vorhandener Talente ermöglicht.

Arbeitgeberattraktivität und Rekrutierung

Sie sollten sich zunächst von folgenden Ideen bzw. Fragestellungen leiten lassen:

Was macht Ihr Unternehmen für einen (hochqualifizierten) Bewerber interessant? Warum sollte ein solcher Kandidat Sie als Arbeitgeber auswählen? Was bieten/was „versprechen" Sie ihm (explizit oder unausgesprochen)?

Diese Fragen führen dazu festzustellen, ob Ihr Unternehmen eine Marke als Arbeitgeber besitzt und diese auch ausreichend nach außen transportiert. Interessanterweise arbeiten die meisten – auch großen – Unternehmen sehr stark an der Entwicklung ihrer Produktmarke und des Produktimages, weniger an einer „Arbeitgebermarke". Dies führt häufig dazu, dass ein vorhandenes, positives (oder negatives) Produktimage auf das Image als Arbeitgeber übertragen wird – meistens unreflektiert. So blieben Unternehmen mit einem bekannten und positiven Produktimage (wie z. B. Porsche oder BMW) von dem schon in den 90er-Jahren beginnenden Ingenieursmangel relativ lange unbehelligt.

Wie entwickeln Sie eine positive Arbeitgebermarke?

Eine positive Arbeitgebermarke ist nicht etwas, das man in vorgegebener Zeit implementieren oder entwickeln könnte. Vielmehr ist die Arbeitgebermarke stets das Ergebnis eines langfristig angelegten und v. a. *permanent zu verfolgenden* Prozesses. Zu Beginn kann man das Vorgehen anhand von wenigen, relativ pragmatischen Fragestellungen orientieren:

1. Was ist meine Besonderheit, mein „Alleinstellungsmerkmal" als Arbeitgeber? Was sind positive Eigenschaften, mit denen ich als

Arbeitgeber punkten kann? Sind dies idealerweise Eigenschaften, die andere Arbeitgeber nicht oder nicht so ausgeprägt anbieten oder die momentan – aufgrund gesellschaftlicher, wirtschaftlicher oder sonstiger Trends – als positiv bewertet werden?

2. Sind diese Arbeitgeberattribute im externen Arbeitsmarkt überhaupt bekannt? Vermittle ich diese Eigenschaften meines Unternehmens nach außen? Und zwar konsequent und einheitlich in allen werbewirksamen Kanälen? Habe ich also Grund zu der Annahme, dass mein Unternehmen im externen Markt mit festen (hoffentlich positiven) Attributen wahrgenommen und verbunden wird?

3. Passen diese Attribute zu meiner Zielgruppe? Ist diese Zielgruppe überhaupt klar definiert? Oder will ich einfach nur den klassischen Einser-Kandidaten der Elite-Uni, den alle haben wollen?

4. Wer sind überhaupt meine Mitbewerber auf dem Arbeitsmarkt? Wer ist mit vergleichbaren Anforderungsprofilen unterwegs? Wer wirbt möglicherweise sogar Mitarbeiter ab?

Dabei ist es absolut wesentlich zu bedenken, dass diese Fragestellungen in hohem Maße interagieren. So ist die Frage nach den Mitbewerbern immer abhängig von der definierten Zielgruppe. Gehe ich z. B. davon aus, dass ich hoch mobile Bewerber suche, so werden auch meine Mitbewerber um diese Bewerber bundes- oder möglicherweise sogar weltweit zu suchen sein.

Die vierte Frage wird häufig – so trivial sie erscheinen mag – falsch beantwortet. Viele Unternehmen gehen davon aus, dass die Konkurrenten auf dem Arbeitsmarkt dieselben sind, die auch im Absatzmarkt unterwegs sind. Diese Überlegung greift jedoch häufig zu kurz.

Beispiel: Wettbewerbssituation auf dem Arbeitsmarkt

Eine kommunale Sparkasse wird die Sparkassen der Nachbargemeinden aufgrund der regionalen Zuordnung nicht oder nur sehr eingeschränkt als Wettbewerber im Absatzmarkt wahrnehmen. Aufgrund (wahrscheinlich) vergleichbarer Anforderungsprofile, ähnlicher Unternehmenskulturen etc. treffen diese Organisationen jedoch sehr wohl als Konkurrenten auf dem Arbeitsmarkt aufeinander.

Wie wird der Rekrutierungsprozess gestaltet?

Eine weitere, wesentliche Frage ist die nach der Gestaltung des Rekrutierungsprozesses: Wie läuft dieser Prozess ab? Wer übernimmt Verantwortung für den Ablauf? Welche Qualitätskriterien (z. B. Reaktionszeiten etc.) liegen zugrunde? Bestehen klare Anforderungsprofile bzw. Kompetenzmodelle, die die Identifizierung möglicher Talente bereits im Auswahlprozess ermöglichen? Auch die Frage nach der Zielgruppe, den dazu sinnvoll ausgewählten Medien bzw. Marketingkanälen kann an dieser Stelle (erneut) gestellt werden.

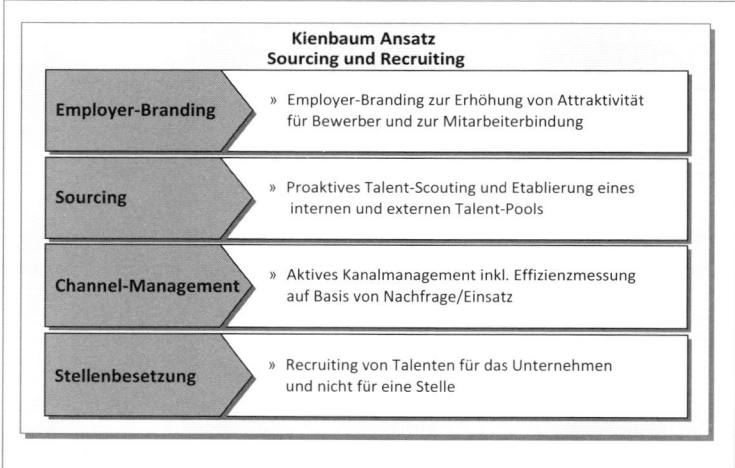

Abb. 6: Teilfacetten des Sourcing und Recruiting

(Internes) Potenzialmanagement

Selbstverständlich muss ein erfolgreiches Talent-Management nicht nur darauf fokussieren, Talente vom externen Arbeitsmarkt zu gewinnen. Vielmehr erscheint es als wahrscheinlich, dass es im Unternehmen eine Anzahl möglicherweise noch nicht identifizierter Talente gibt. Hierzu benötigt eine Organisation ein internes Potenzialmanagement. Darunter sind ein Prozess und Instrumente zu verstehen, um interne Potenzialträger zu identifizieren, die dann – entsprechend dem dargestellten Modell – als Talente bezeichnet werden können. Die mögliche Ausgestaltung dieses Prozesses sowie die dazu notwendigen Instrumente werden in Kapitel 5 detailliert dargestellt.

Zusammenfassung

Das Kernelement „Attraction" stellt den ersten Schritt eines Talent-Management-Systems dar. In diesem ersten Schritt geht es darum, Talente zu finden – entweder extern, durch eine entsprechende Arbeitgeberattraktivität und einen systematischen Recruiting-Prozess, oder intern durch einen klaren Prozess zur Identifikation von Potenzialen und damit von Talenten.

Letztendlich besteht das Kernelement „Attraction" somit aus zwei wesentlichen Facetten:

1. einer externen Perspektive mit dem Ziel, auf dem externen Arbeitsmarkt für Talente attraktiv zu sein und diese für das Unternehmen zu gewinnen und

2. einer internen Perspektive hinsichtlich der Möglichkeiten der Organisation, interne, bereits vorhandene Talente zu identifizieren, um sich um diesen Personenkreis durch die im Folgenden dargestellten Prozesse in besonderer Art und Weise „zu kümmern".

Kernfeld 2: Development

Den wahrscheinlich größten Bereich innerhalb des Talent-Managements nimmt sicherlich das Development ein. Entsprechend eines Lebenszyklus der Talente folgt nach der Phase „Attraction" – also nachdem eine Organisation Talente gefunden oder rekrutiert hat – die zweite Frage: Was mache ich mit den erkannten Talenten? Wie kann ich diese entsprechend fördern? Folgerichtig finden sich innerhalb des „Developments" zwei wesentliche Kernprozesse:

1. das **Kompetenzmanagement**, welches sich mit der Frage beschäftigt, wie die strategisch relevanten Anforderungen in fachliche und überfachliche Kompetenzen abgebildet werden können, um diese dann durch geeignete Instrumente bei Mitarbeitern (also auch bei Talenten) zu beurteilen und darauf aufbauend im Rahmen des

2. **Learning-Managements** einen bedarfsgerechten Qualifizierungsprozesses umzusetzen, mit dem die Mitarbeiter genau die Skills und Kompetenzen erwerben, die zur Erreichung der Unternehmensziele erforderlich sind.

Aufgaben des Kompetenzmanagements

Für ein differenziertes Kompetenzmanagement ist in jedem Fall die Entwicklung eines strategischen Kompetenzmodells notwendig. Dieses beinhaltet sämtliche überfachlichen und gegebenenfalls auch fachlichen Anforderungen (Kompetenzen), sofern diese eine strategische Bedeutung haben. Klassische operative Skills (wie z. B. die Fähigkeit, eine bestimmte Maschine oder ein bestimmtes EDV-Programm zu beherrschen) haben zwar eine hohe operative Bedeutung, aber meist keine strategische Relevanz. Daher werden derartige Skills meist nicht in einem strategischen Kompetenzmodell abgebildet. Abbildung 6 zeigt beispielhaft das Kienbaum Kompetenzprofil, welches als Grundlage zur Entwicklung eines unternehmensspezifischen Modells genutzt werden kann.

Bei hoher Heterogenität von Stellen in einem Unternehmen gelangt ein einheitliches Kompetenzmodell für alle Stellen im Unternehmen jedoch schnell an seine Grenzen. Daher erscheint hier in der konkreten Ausarbeitung eine Differenzierung nach Job-Familie, Hierarchiestufe etc. notwendig und sinnvoll. Weitere Hinweise zur Entwicklung eines unternehmensspezifischen Kompetenzmodells finden Sie in Kapitel 5.1.

Unter der Voraussetzung, dass das so entwickelte Kompetenzmodell alle strategisch relevanten Anforderungen des Unternehmens abbildet, sollte sich ein vermutetes oder bereits identifiziertes Talent auch an diesen Anforderungen messen lassen.

> Während bei der Beurteilung durchschnittlich begabter Mitarbeiter eher die operative Aufgabenerfüllung und daher die Skills im Fokus stehen, müssen sich Talente eher an strategisch übergreifenden Anforderungen des Kompetenzmodells messen lassen.

In der Praxis wird häufig ein Kompetenzmodell für alle Gruppen – d. h. für Talente und Nichttalente – eingesetzt. Somit ist es möglich, in einem Prozess bereits identifizierte Talente zu beurteilen und gleichzeitig neue Talente zu identifizieren. Daher erscheint es auch als sinnvoll, dieses Kompetenzmodell bereits im Recruiting- und Auswahlprozess zu nutzen, da in diesem Fall bereits bei der Einstellung eine Einschätzung des Bewerbers hinsichtlich der Frage „mögliches Talent?" vorgenommen werden kann.

> Ein strukturiertes und ganzheitliches Talent-Management baut stets auf einem durchgängig eingesetzten Kompetenzmodell auf, welches sich in allen entsprechenden Instrumenten wiederfindet.

Kapitel 5 sowie Tabelle 2 (siehe Seite 31) geben daher einen Überblick über mögliche Instrumente, in denen ein Kompetenzmodell als Beurteilungsgrundlage zum Einsatz kommen kann.

Aufgaben des Learning-Managements

Nach der Einschätzung auf der Grundlage des Kompetenzmodells ergibt sich die Notwendigkeit der bedarfsgerechten und individuellen Förderung der Talente, die an den erfolgskritischen Kompetenzen orientiert sein sollte. Häufig werden in der Praxis die identifizierten Talente in Talent-Pools, Förderkreisen etc. zusammengefasst. In einem nächsten Schritt werden dann häufig Entwicklungsprogramme zusammengestellt, die für alle Mitglieder dieses Pools vorgesehen sind, gegebenenfalls ergänzt durch einige individuelle Maßnahmen. In der Praxis ergeben sich darüber hinaus noch weitere Probleme und Nachteile:

- Training nach dem Gießkannenprinzip:
  Es besteht keine bedarfsgerechte Zusteuerung von Trainings.
- Ausufernde Trainingsmanagementprozesse:
  Das Trainingsmanagement ist unnötig aufgebläht und nicht selten dezentral. Das Shared Service Center arbeitet nicht effizient.
- Der Klassenraum dominiert als Lernform:
  Die Transformation der Lernformen ist nicht vollzogen.
- Fehlendes Bildungscontrolling:
  Happy Sheets (Befragung der Teilnehmer am Ende einer Veranstaltung) messen die Zufriedenheit, aber das Management weiß nichts über die Wirksamkeit der Maßnahmen. Steuerungen über Kennzahlen sind nicht möglich.

- Fehlende Integration mit PE-Instrumenten:
  Auswahl, Durchführung und Inhalte der Maßnahmen agieren zu
  wenig verzahnt mit strategischen PE-Prozessen.

Ein ganzheitlicher Prozess des Learning-Managements ist hingegen
in Abbildung 7 dargestellt.

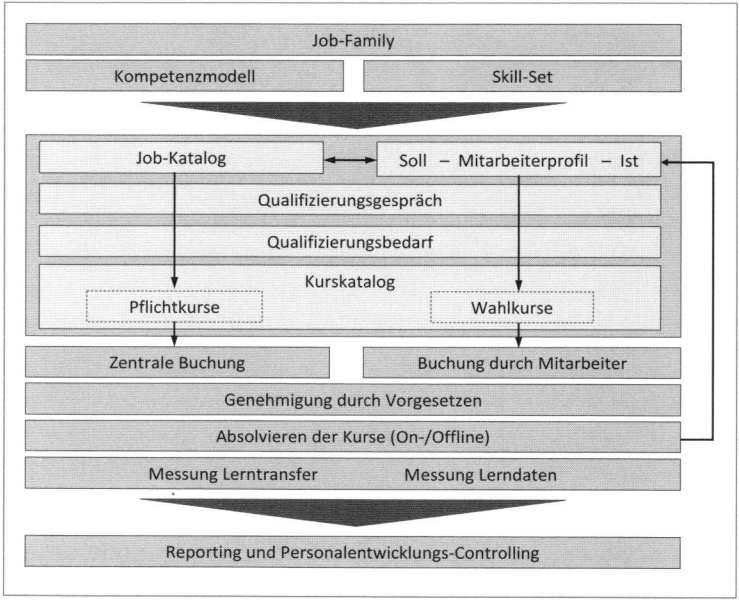

Abb. 7: Learning-Management

Kernfeld 3: Retention

Durch ein strukturiertes Talent-Management zielt das Unternehmen – wie oben dargestellt – darauf ab, Mitarbeiter mit hohem Potenzial durch ein systematisches Learning-Management zu entwickeln und somit für das Unternehmen wertvoll zu machen. Allerdings geht mit derartigen Entwicklungs- und Qualifizierungsmaßnahmen auch stets eine Erhöhung der Employability – also der Wertigkeit für den externen Arbeitsmarkt – einher. Gerade gut qualifizierten Talenten, in deren Ausbildung ein Unternehmen in der Regel nicht unerheblich investiert haben dürfte, fällt es meist leicht, auf dem Arbeitsmarkt Alternativen zu finden. Daher muss bei dieser Gruppe ein besonderer Fokus auf die Bindung an das Unternehmen gelegt werden.

Wie halten Sie Ihre Talente im Unternehmen?

Ein strukturiertes Bindungs- oder Retention-Management muss immer an der Frage ansetzen, was Talente zu einem Wechsel des Arbeitgebers veranlassen könnte, um hier gezielt entgegenzuwirken. Entsprechende Studien und Befragungen weisen in unterschiedliche Richtungen – je nach dem Fokus der Befrager (vgl. Abb. 8).

Insgesamt lassen sich jedoch vier Cluster bilden:

1. Die im Unternehmen gelebte Führungsqualität bzw. -kultur im Sinne eines partizipativen und v. a. wertschätzenden Umgangs mit den Mitarbeitern, v. a. bezogen auf das „Klima" der Zusammenarbeit sowie das Verhältnis zum direkten Vorgesetzten
2. Herstellung einer möglichst großen Übereinstimmung der Unternehmensziele mit den individuellen Zielen des Mitarbeiters (z. B. auf der Ebene der Arbeitszeit, durch Flexibilisierung, Sabbatical-Modelle etc.)
3. Das Entwickeln und Anbieten von Perspektiven, insbesondere für Talente (die i. d. R. eine hoch ausgeprägte Leistungs- und möglicherweise auch Karrieremotivation aufweisen), z. B. in Form von Laufbahn- und Karrieremodellen
4. Mit Blick auf die besonders leistungsstarken Mitarbeiter (Talente) ein klares Bekenntnis zum Leistungsprinzip: Mitarbeiter müssen das Empfinden haben, dass Leistung geschätzt und „belohnt" wird – sei es monetär (durch variable Vergütungsbestandteile) oder durch eine Berücksichtung der Leistung bei Beförderungs- und Besetzungsentscheidungen

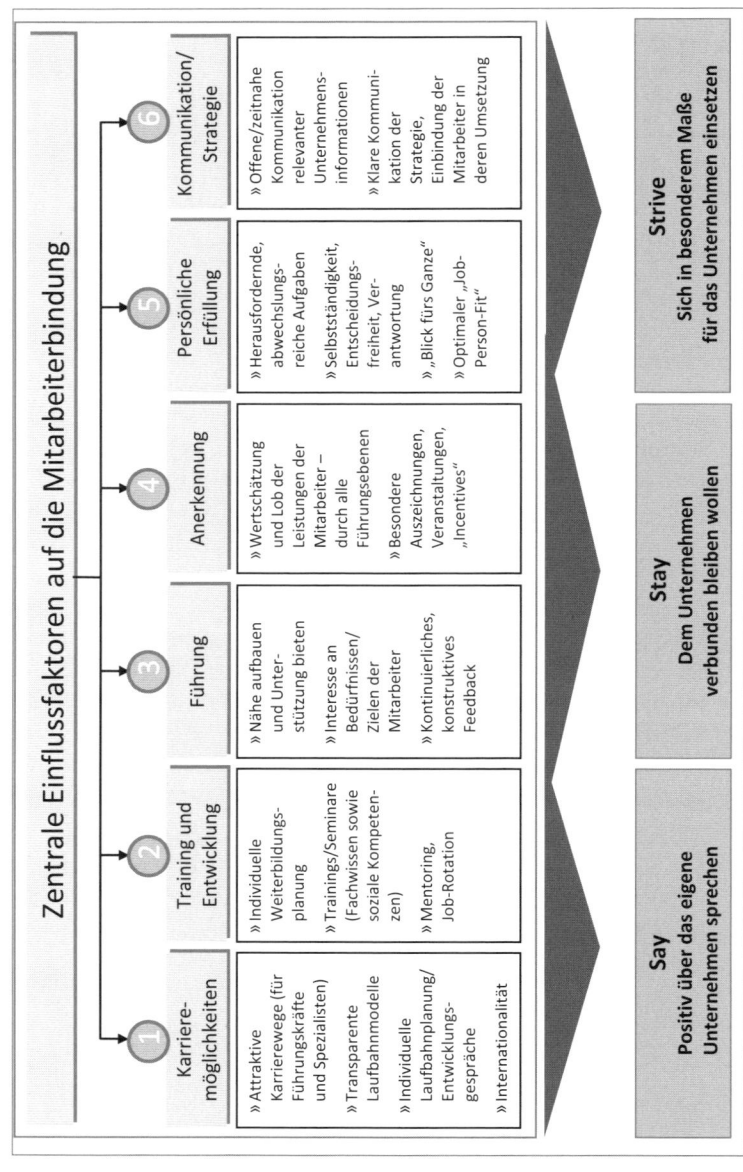

Abb. 8: Überblick über die Einflussfaktoren der Mitarbeiterbindung

So verstärken Sie die Bindung der Mitarbeiter an Ihr Unternehmen

Insbesondere die letzten beiden Punkte erscheinen für das Talent-Management interessant: Beide richten sich an besonders (karriere- bzw. entwicklungs-)motivierte bzw. leistungsstarke Mitarbeiter. Daraus ergeben sich – mit Blick auf die Talente des Unternehmens – klare Handlungsfelder zur Erhöhung der Bindung:

1. Entwicklung und Anbieten konkreter Entwicklungspfade mit transparenten Kriterien
2. Auf dieser Basis Festlegung und Kommunikation möglicher Karrierewege – transparent und realistisch – für jedes definierte Talent in Abstimmung mit den individuellen Zielen
3. Ableitung unterstützender Maßnahmen zur Erreichung der Karriere- bzw. Entwicklungsziele (vgl. „Learning-Management")
4. Verknüpfung von Beförderungs- und Besetzungsentscheidungen in nachvollziehbarer Weise mit den Ergebnissen
5. Implementierung klarer „Vorfahrtsregeln"; Vorfahrt der Talente bei der Besetzung bestimmter Hierarchieebenen bzw. der im Karriereplan definierten Positionen. Denn nichts ist für einen talentierten Mitarbeiter frustrierender, als auf eine Position hin entwickelt zu werden, um dann bei Vakanzen externe Besetzungen zu erleben.
6. Für den Mitarbeiter (!) erkennbare Abhängigkeit von Gehalts- und Besetzungsentscheidungen zu der gezeigten Leistung.

Kernfeld 4: Placement

Am Ende des Lebenszyklus eines Talentes steht – entsprechende Bewährung vorausgesetzt – die Platzierung auf eine entsprechende Position im Unternehmen. Im Idealfall ist dieses Placement das Ergebnis eines systematischen Nachfolgemanagements. In der Praxis wird die Verantwortung jedoch nicht immer als Ergebnis des Prozesses „Talent-Management" angesehen, sondern als operative Einzelfallentscheidung der betroffenen Führungskraft.

Im Sinne des Talent-Management-Modells stellt das Placement hingegen den Abschluss eines ganzheitlichen Entwicklungsprozesses der Talente dar. Daher setzt das Placement wesentlich früher im

Talent-Management ein – in Form eines langfristig angelegten Nachfolgemanagements.

Aufgaben des Nachfolgemanagements

Im Fokus des Nachfolgemanagements steht ein Matching zwischen den vorhandenen Talenten und ihren (vorhandenen oder noch zu entwickelnden) Kompetenzen einerseits und den Anforderungen wichtiger (so genannter erfolgskritischer) Positionen andererseits. Durch dieses Matching beantwortet man zwei wesentliche Fragen am Ende des Talent-Management Prozesses:

1. Wie unterstützen (platzieren) wir unsere Topleister/Talente?
2. Wie unterstützen (besetzen) wir unsere wichtigsten (erfolgskritischen) Positionen?

Was sind erfolgskritische Positionen?

Erfolgskritische Positionen zeichnen sich im Wesentlichen durch folgende Faktoren aus:

1. Sie sind für den Ablauf der operativen Wertschöpfungskette im Unternehmen wesentlich. Eine längere Vakanz auf dieser Position würde den Wertschöpfungsprozess des Unternehmens – das eigentliche Kerngeschäft – direkt oder indirekt in empfindlicher (d. h. merkbarer und quantifizierbarer) Art und Weise beeinflussen.
2. Sie beinhalten besondere und spezifische Anforderungen an den jeweiligen Stelleninhaber. Bei einer Vakanz ist eine derartige Position nur sehr schwer extern nachzubesetzen. Abbildung 9 zeigt eine Auswahl differenzierter Auswahlkriterien für erfolgskritische Positionen.

Kriterien für erfolgskritische Positionen
Wirkung auf Geschäftstreiber
Direkte Verbindung zu kritischen Geschäftsprozessen
Hohe Anforderungen an Erfahrung und Kompetenz
Schwierigkeiten, Positionen neu zu besetzen
Position mit enormem Einfluss auf Kunden, Gewinne und Produktivität
...

Abb. 9: Kriterien für erfolgskritische Positionen (Auswahl)

Üblicherweise sind erfolgskritische Positionen nicht zwangsläufig an Hierarchieebenen gebunden. Es ist im Gegenteil sogar zu beobachten, dass Positionen im Topmanagement recht schnell nachbesetzt werden können, da die zugrunde liegenden Anforderungen eher generalistisch erscheinen. Anders verhält es sich bei Expertenpositionen, die in der Unternehmenshierarchie nicht unbedingt hoch angesiedelt sein müssen. Hier sammelt sich häufig ein sehr unternehmensspezifisches Know-how, welches bei Vakanz und externer Besetzung erst wieder mühsam aufgebaut werden muss.

Arbeitsweise des Nachfolgemanagements

Ein erfolgreiches Nachfolgemanagement agiert in folgenden groben Schritten:

Übersicht: Arbeitsweise des Nachfolgemanagements	
Schritt 1	Identifikation der im Unternehmen vorhandenen erfolgskritischen Positionen
Schritt 2	Analyse des Retention Risk des aktuellen Stelleninhabers, also der Wahrscheinlichkeit, dass dieser Stelleninhaber in absehbarer Zeit das Unternehmen verlässt. Abbildung 10 auf der folgenden Seite verdeutlicht einige ausgewählte Kriterien, die Sie bei der Berechnung des individuellen Retention Risk berücksichtigen sollten.
Schritt 3	Matching des so ermittelten Retention Risks mit den identifizierten erfolgskritischen Positionen (vgl. Abb. 11)
Schritt 4	Zugriff auf die (hoffentlich) bereits identifizierten Talente; Abgleich der Kompetenzen der Talente mit den Anforderungen der Positionen (bei größeren Organisationen meist nur IT-technisch realisierbar) mit dem größten Retention Risk
Schritt 5	Identifikation von mindestens zwei, in Einzelfällen auch drei potenziellen Nachfolgern für jede dieser Positionen
Schritt 6	Sobald eine Vakanz eingetreten ist: Besetzung der Position mit einem der definierten Nachfolger aus dem Talent-Pool

Kriterium	Bandbreite	Punktwert
Individuelle Faktoren	Geringe Mobilität, hohes Commitment, unkritisches Alter	10 Punkte
	Mobil, persönliche Wünsche zur Laufbahnplanung hinterlegt, Vita drückt Flexibilität aus	20 Punkte
	Kritisches Alter (> 60 Jahre (ATZ) bzw. High Potential < 40 Jahre), hohe Mobilität und Flexibilität	30 Punkte
Letzter Positionswechsel/ Karriereschritt	... vor weniger als 2 Jahren	10 Punkte
	... länger als 2 aber weniger als 5 Jahre her	20 Punkte
	... vor mehr als 5 Jahren	30 Punkte
Alleinstellungsmerkmale	Wenige Alleinstellungsmerkmale, Kompetenzprofil auch bei mehreren MA anzutreffen oder auf externem Markt sind relativ einfach Kandidaten zu rekrutieren	10 Punkte
	Einige spezielle Kompetenzen/Erfahrungen, die schwer zu ersetzen sind	20 Punkte
	Sehr viele spezielle Kompetenzen/Erfahrungen, die auch auf dem externen Markt sehr gefragt sind	30 Punkte

Summe der Punktwerte:

Ergebnis	Niedrig	Mittel	Hoch	Sehr hoch
	< 41 Punkte	41 bis 55 Punkte	56 bis 75 Punkte	76 bis 90 Punkte

Abb. 10: Berechnung des individuellen Retention-Risk (Beispiel)

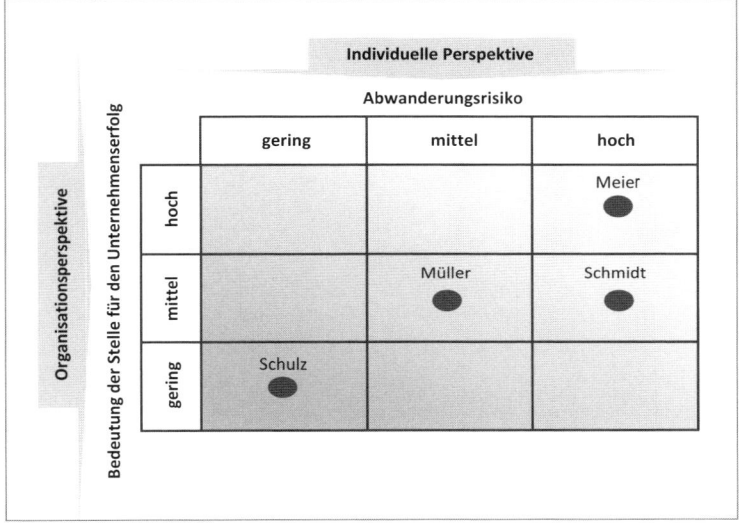

Abb. 11: Risikoportfolio als Grundlage des Nachfolgemanagements

Zusammenfassung: Ein ganzheitliches Modell strategischen Talent-Managements

Ein ganzheitliches Talent-Management-Modell besteht aus den vier Kernbereichen Attraction, Development, Retention und Placement. Es bezieht sich somit auf den gesamten Lebenslauf eines Talents im Unternehmen – von der Suche, Einstellung bzw. Identifikation über die Entwicklung und Kompetenzerweiterung sowie dem Karriere-management hin zu konkreten Besetzungsentscheidungen. Dabei stehen sämtliche dargestellten Facetten und Kernelemente in Inter-aktion. So ist z. B. ein erfolgreiches Placement an sich sicherlich auch ein Bindungsfaktor im Sinne des Retention-Managements.

Bei größeren Organisationen kann es zudem empfehlenswert sein, unterschiedliche Talent-Pools zu bilden – z. B. nach unterschiedli-chen Job-Gruppen – und unterschiedliche Karrierewege zu entwi-ckeln und anzubieten (z. B. Fach- versus Führungslaufbahnen etc.).

Je nach dem aktuellen Status quo Ihrer Organisation ergeben sich möglicherweise unterschiedliche Handlungsfelder. Möglicherweise ist eine Organisation in einzelnen Kernelementen bereits gut aufgestellt, in anderen ergeben sich noch Anpassungsbedarfe. Daher bietet das Kapitel 3 die Möglichkeit, den Entwicklungsstand Ihres Talent-Managements einzuschätzen und somit individuell für Ihre Organisation Optimierungs- und Handlungsfelder zu identifizieren. Zur Umsetzung dieser Handlungsfelder geben Ihnen die Kapitel 4 und 5 entsprechende Anregungen.

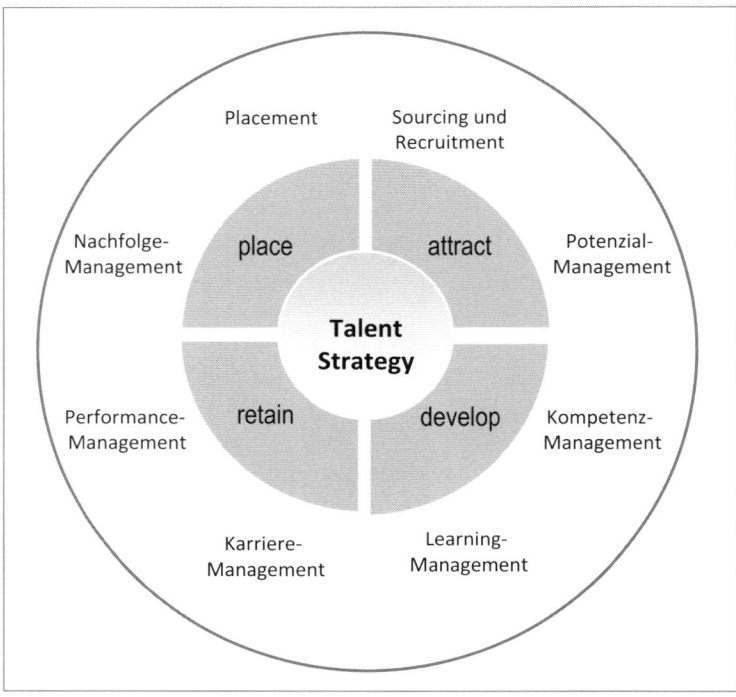

Abb. 12: Grundmodell des Talent-Managements

2 Rahmenbedingungen für ein erfolgreiches Talent-Management

Bevor die Einführung eines Talent-Management-Systems angegangen und geplant wird, stellt sich die Frage, ob ein solches System in der vorliegenden Organisation überhaupt angemessen erscheint. Denn Talent-Management findet nicht in einem luftleeren Raum statt, sondern integriert in unterschiedlicher Art und Weise die verschiedensten Stellen und Institutionen eines Unternehmens.

Erfahrungsgemäß wird es sich nicht bewähren, Talent-Management als alleinige Aufgabe der Personalabteilung zu verstehen, die hinter verschlossenen Türen abläuft. Als Konsequenz daraus ergibt sich die Notwendigkeit, die verschiedenen Rahmenbedingungen und Beteiligten im Unternehmen zu berücksichtigen und einzubinden.

Berücksichtigt werden sollten

- die Rolle des HR-Bereichs und
- das Unternehmen als Ganzes.

Die Rolle des HR-Bereichs für das Talent-Management

Ist der HR-Bereich überhaupt in der Lage, ein Talent-Management einzuführen? Dahinter verbirgt sich nicht nur die offensichtliche Frage nach der fachlichen Expertise und der Erfahrung der beteiligten HR-Professionals, sondern auch die Frage nach dem Ansehen oder der Positionierung des HR-Bereiches.

- Faktor Akzeptanz: Wird die Organisation ein Talent-Management akzeptieren, welches von der Personalabteilung entwickelt wurde?
- Faktor Instrumente: Bestehen überhaupt die hierzu notwendigen HR-Instrumente, auf denen ein Talent-Management aufsetzen kann?

Das Unternehmen als Ganzes

Ist das Unternehmen reif für ein Talent-Management? Diese Frage betrifft die folgenden Faktoren:

- Faktor Marktabhängigkeit im Recruiting:
  Ist ein internes Recruiting unabdingbar?
- Faktor Größe:
  Welche Größenvariablen müssen berücksichtigt werden? Ab wann lohnt sich ein Talent-Management?
- Faktor Commitment und Führungssupport:
  Besteht ein klares Commitment der Unternehmensleitung? Wird Talent-Management nicht nur als Aufgabe der Personalabteilung gesehen, sondern als zentraler Faktor im Hinblick auf die allgemeine Wettbewerbsfähigkeit unternehmensweit erkannt und akzeptiert? Sind die Führungskräfte willens und fähig, im Prozess mitzuwirken?

2.1 Die Rolle des HR-Bereichs

Da in der Regel der HR-Bereich der hauptverantwortliche Bereich eines Talent-Managements ist oder sein wird, sollte frühzeitig geklärt werden, ob er in der Lage ist, das Programm zu entwickeln, zu implementieren und langfristig zu begleiten bzw. zu steuern. Dabei sollten Ihre Überlegungen von verschiedenen Fragestellungen ausgehen:

Welche Rolle übernimmt der HR-Bereich im Unternehmen?

Zunächst stellt sich die Frage nach der Rolle, die der Personalbereich im Unternehmen einnehmen möchte. In welcher Rolle wird er tatsächlich von der Organisation bzw. den Führungskräften wahrgenommen und akzeptiert?

Die Rollen reichen u. a.

- vom *klassischen Dienstleister*, der rein reaktiv auf Anforderungen seiner internen Kunden reagiert (und seine Dienstleistungen möglicherweise mit einem hohen Qualitäts- und Servicestandard erbringt),

- über den *Spezialisten*, der in der Organisation als Know-how-Träger akzeptiert und in entsprechende Entscheidungen aktiv einbezogen wird,
- bis hin zum *Business-Partner*, der auch in geschäftspolitische und strategische Business-Entscheidungen einbezogen wird und damit die gesamte strategische Entwicklung des Unternehmens mitgestaltet.

Abbildung 13 fasst die möglichen Rollen des HR-Bereichs nochmals für Sie zusammen.

Welche Rolle der Personalbereich schließlich einnimmt und in welcher er auch intern akzeptiert wird, ist von vielfältigen Faktoren abhängig. Ohne Anspruch auf Vollständigkeit zählen zu den wesentlichen Faktoren:

- Das eigene Rollenverständnis bzw. der Anspruch an die eigene Arbeit der Personaler
  - Wie wollen wir uns innerhalb der Organisation positionieren?
  - Wie wollen wir arbeiten?
  - Welchen Themen wollen wir uns annehmen?
- Die Qualifikation (fachlich und überfachlich) der im HR-Bereich tätigen Mitarbeiter
  - Sind die HR-Mitarbeiter in der Lage, ihren internen Kunden (i. d. R. Führungskräfte) auf Augenhöhe zu begegnen? Dabei steht erfahrungsgemäß weniger das fachliche Wissen als vielmehr die überfachliche Qualifikation (Auftreten, Überzeugungskraft, Durchsetzungsvermögen etc.) im Vordergrund.
  - Werden die HR-Mitarbeiter daher von Ihren Kunden akzeptiert und als Ansprechpartner gesucht?
- Die zugestandene Rolle innerhalb der Organisation (v. a. durch die Unternehmensleitung)
  - Wo ist der Bereich in der Aufbauorganisation positioniert?
  - Ist der HR-Leiter z. B. Mitglied der Geschäftsleitung, eines Leitungskreises etc.?

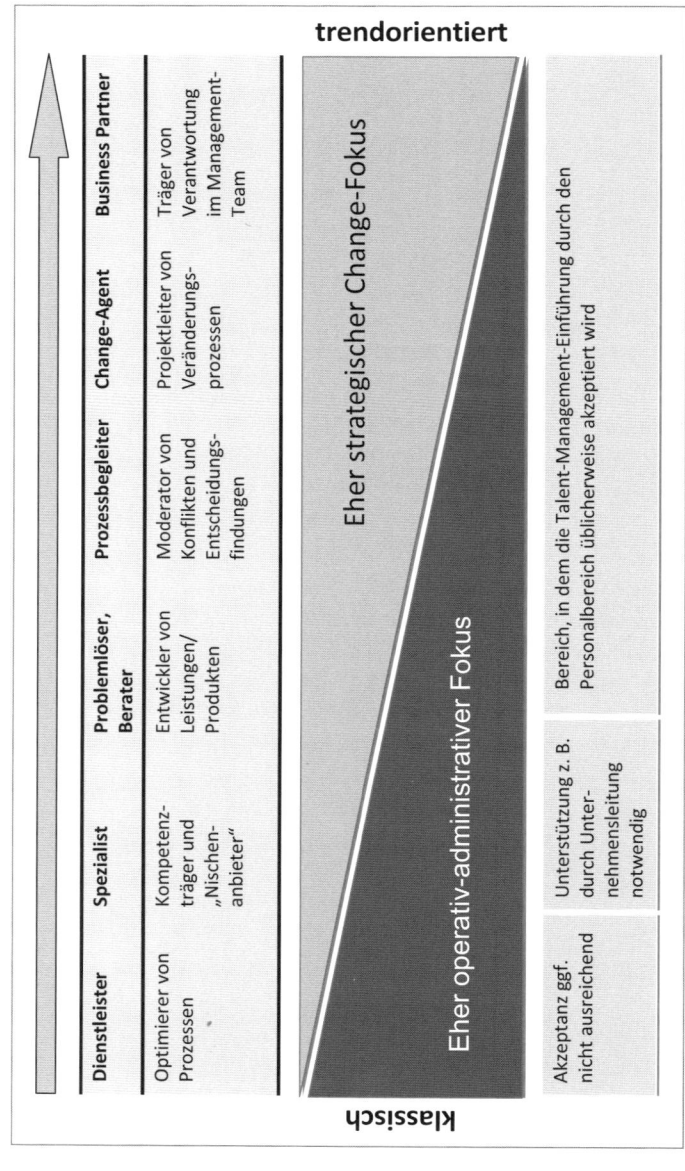

Abb. 13: Mögliche Rollen von Personalbereichen

Abbildung 14 gibt einen groben Überblick über häufig anzutreffende Organisationsformen von Personalbereichen.

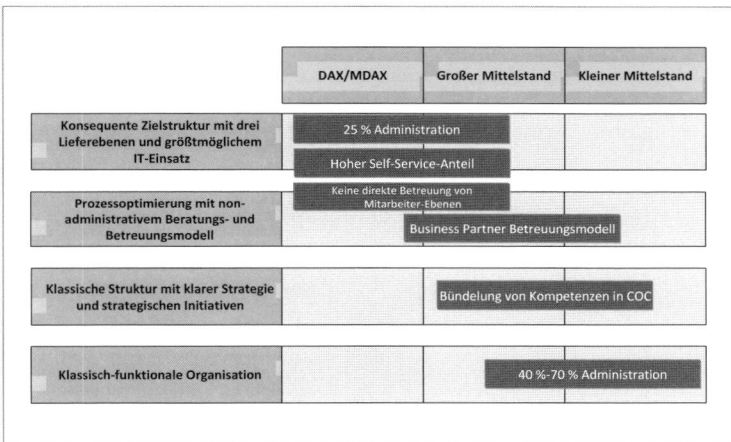

Abb. 14: Aufstellung und Rollen von Personalbereichen (Projekterfahrungen)

Akzeptanz des Personalbereiches

Alle diese Faktoren beeinflussen letztendlich die Akzeptanz des Personalbereiches und damit auch der HR-Arbeit. Die Akzeptanz des HR-Bereichs ist ein wesentlicher Faktor, wenn über die Einführung und Entwicklung eines Talent-Management-Systems nachgedacht wird. Denn wie auch immer ein solches System letztendlich in Ihrem Unternehmen aussehen wird – Sie werden es ohne Akzeptanz, Offenheit und Mitwirken der Führungskräfte niemals langfristig und erfolgreich durchführen können.

Aus Abbildung 13 lässt sich daher ebenfalls ablesen, bei welcher ausgefüllten und wahrgenommenen Rolle des HR-Bereichs dieser als verantwortlich für die Implementierung eines Talent-Management-Systems akzeptiert wird. Selbstverständlich handelt es sich dabei lediglich um eine grobe Orientierung, basierend auf Projekterfahrungen mit vergleichbaren Aufgabenstellungen. Festzuhalten ist jedenfalls, dass ein HR-Bereich, der sich bislang ausschließlich auf ein klassisches, dienstleitungsorientiertes Selbstverständnis verlassen konnte, nicht von heute auf morgen als verantwortlicher Bereich für ein Talent-Management-System akzeptiert werden dürfte.

Welche HR-Instrumente und -Prozesse liegen vor?

Bei dieser Frage geht es nicht nur um die Instrumente- und Prozesssicht. Vielmehr steht indirekt auch die Erfahrung der Organisation bzw. der Führungskräfte mit HR-Themen im Fokus. Denn es stellt eine triviale Erkenntnis dar, dass die Konzeption von HR-Instrumenten alleine nicht ausreicht: die Anwender (i. d. R. die Führungskräfte) müssen diese Instrumente auch anwenden *können* und *wollen*.

Denn wie auch immer ein Talent-Management-System in Ihrem Unternehmen letztendlich aussehen wird – Sie werden es ohne Akzeptanz, Offenheit und Mitwirken der Führungskräfte niemals langfristig und erfolgreich durchführen können.

Ein wie in Kapitel 1 dargestelltes Gesamtmodell „Talent-Management", das aus den vier Kernbereichen Attraction, Development, Retention und Placement besteht, stellt eine enorme Herausforderung dar, wenn praktisch bei null begonnen werden muss. Neben der rein konzeptionellen Arbeit, also der Entwicklung der notwendigen Instrumente und Prozesse, werden die meisten Führungskräfte – die ja erfahrungsgemäß keine HR-Experten sind – von solch einem ganzheitlichen Vorgehen schlichtweg inhaltlich als auch zeitlich überfordert sein. Daher sollten Sie hier mit Augenmaß agieren und bei der Implementierung schrittweise vorgehen.

Kapitel 4 gibt einen pragmatischen Überblick über die Möglichkeiten einer Einführung einzelner Teilbereiche des Talent-Managements. Da in diesem Kapitel der Fokus jedoch auf den Rahmenbedingungen liegt, stehen hier zunächst die folgenden Fragen im Vordergrund:

- Verfügen Sie im Unternehmen über ein Personalmarketing, das Sie als Arbeitgeber strategisch positioniert und Talente anspricht?
- Können Sie attraktiv gestaltete Arbeitsplätze bieten (inhaltlich interessant, verantwortungsvoll, herausfordernd etc.)?
- Sind Entgeltgestaltung und gebotene Sozialleistungen konkurrenzfähig?
- Ist ihr Rekrutierungsprozess effizient und einheitlich gestaltet?

- Sind Sie ausgestattet mit einem abgestimmten Kompetenzmodell, welches als Grundlage für alle Prozesse des Talent-Managements dienen kann? (Zur Begriffsbestimmung und Qualitätskriterien eines Kompetenzmodells vgl. Kapitel 5.1).
- Haben Ihre Führungskräfte Erfahrungen mit Beurteilungs- und Feedbackprozessen? Gibt es ein – auf dem Kompetenzmodell aufbauendes – Beurteilungssystem? Nur wenn die Führungskräfte bereits Erfahrung mit Beurteilungsinstrumenten machen konnten und dieses Verfahren auch von ihnen akzeptiert wird, macht die Einführung eines deutlich weitergehenden Talent-Managements Sinn. Denn nur dann werden sie willens und in der Lage sein, sich bei der Suche und Förderung von Talenten z. B. mit einer deutlich komplexeren Potenzialeinschätzung auseinanderzusetzen.
- Wie werden Talente in Ihrem Unternehmen identifiziert? Gibt es einen genormten Nominierungs- und Auswahlprozess?
- Besteht – mit Blick auf das Kernelement „Development" ein bedarfsgerechtes Weiterbildungs- und Seminarprogramm? Das heißt, sind Ihre Führungskräfte und Mitarbeiter mit der Durchführung und mit der Sinnhaftigkeit derartiger Interventionen überhaupt vertraut?
- Auch wenn sich dieser Punkt eher trivial anhört, in vielen Unternehmen wird der Bereich der Personalentwicklung nur unter rein fachlichen Gesichtspunkten betrachtet. Ein langfristig angelegtes Development-Programm mit Fokus auf überfachliche Qualifikationen sowie strategischen, erfolgskritischen Kompetenzen, wie es im Rahmen eines ganzheitlichen Talent-Managements Sinn macht, liefe dann Gefahr, auf sehr geringe Akzeptanz zu stoßen.
- Setzen Sie im HR-Bereich auf eine gezielte Bindung von Talenten?
- Gibt es eine Karriereberatung? Kennen Sie beispielsweise Ziele und Karrierewünsche der Talente und können Sie so konkrete Entwicklungspfade anbieten oder ist dies alleinige Aufgabe der direkten Führungskraft des Leistungsträgers?
- Nach welchen Maßstäben werden in Ihrem Unternehmen Beförderungs- und Besetzungsentscheidungen getroffen? Sind diese

nachvollziehbar und am Leistungsprinzip orientiert? Gibt es eine Vorfahrtregelung für Talente?

- Existiert ein durchdachtes und stringentes Nachfolgemanagement?
- Sind erfolgskritische Positionen identifiziert und existieren konkrete Stellenanforderungsprofile?
- Ist das Abwanderungsrisiko des aktuellen Stelleninhabers bekannt?
- Existieren Profile der Talente? Sind deren Entwicklungswünsche und -bedarfe bekannt?

Selbstverständlich ist die Implementierung eines Talent-Management-Systems immer einfacher, je mehr der hierzu benötigten Instrumente bereits bestehen – vorausgesetzt, diese Instrumente werden auch eingesetzt und die Anwender (Führungskräfte) haben entsprechende Erfahrungen sammeln können.

Achtung

Eine komplette Neueinführung des Talent-Management-Modells, ohne auf bestehende und akzeptierte Prozesse und Instrumente aufbauen zu können, kann – wenn überhaupt – nur in einem langfristigen und. schrittweisen Prozess gelingen. Daher ist stets sorgfältig zu analysieren, welche (akzeptierten) Instrumente bereits vorliegen, um auf diesen aufbauen zu können.

2.2   Die Rolle des Unternehmensumfeldes

Selbstverständlich agiert der HR-Bereich nicht losgelöst von der Unternehmenskultur oder sonstigen Charakteristika des jeweiligen Unternehmens. Die oben genannten Faktoren – Rolle und Akzeptanz des HR-Bereichs sowie vorhandene Instrumente – sind letztendlich abhängig von den Möglichkeiten, die dem HR-Bereich im Gesamtunternehmen eingeräumt werden.

Die erste und häufig gestellte Frage ist sicherlich: „Lohnt sich für mein Unternehmen ein Talent-Management?" Leider ist diese Frage aufgrund vieler individueller Einflussfaktoren nicht einfach pauschal zu beantworten.

Wenn die folgenden Kriterien zutreffen, sollten Sie das Thema Talent-Management jedoch dringend auf die Agenda setzen:

Kriterium: Marktabhängigkeit im Recruiting

- Sie haben Grund zu der Annahme, dass Sie von der demografischen Entwicklung unverhältnismäßig stark getroffen werden.
- Sie haben einen hohen Anteil erfolgskritischer Positionen mit hohem Know-how-Bedarf, welcher extern auf dem Arbeitsmarkt schwer zu rekrutieren ist.
- Sie haben wenige Möglichkeiten, Ihre Arbeitgeberattraktivität im externen Arbeitsmarkt zu platzieren.
  - wegen eines geringen Bekanntheitsgrades Ihres Unternehmens
  - wegen begrenzter Budgets
  - wegen einer wenig offensiven Kultur
  - wegen objektiver Nachteile (z. B. Standort, Gehaltsgefüge etc.)

Grundsätzlich kann festgehalten werden: Je weniger Möglichkeiten Sie für die Besetzung Ihrer kritischen Positionen durch externe Bewerber besitzen, desto mehr müssen Sie auf ein internes Recruiting – also ein Talent-Management – setzen.

Kriterium: Commitment und Support

Weitere wesentliche Faktoren – wenn nicht sogar die wichtigsten Faktoren für den Erfolg eines Talent-Management-Programms im Unternehmen – sind die gelebte Führungskultur und die Unterstützung durch die Führungskräfte.
Neben der Bereitschaft, entsprechende Budgets bereitzustellen, zählt hierzu vor allem die Bereitschaft der Organisation (v. a. der Führungskräfte), den Prozess mitzutragen.

Kienbaum Expertentipp

Sehen Ihre Führungskräfte Talent-Management als wichtigen Wettbewerbsfaktor? Wenn nicht, so sollten Sie vor der eigentlichen Entwicklung und Einführung zunächst Überzeugungsarbeit und Führungskräftequalifizierung betreiben. Nicht umsonst wird immer wieder die Unterstützung des Topmanagements (Geschäftsführung, Vorstand) als der wesentliche Erfolgsfaktor für die Einführung von Talent-Management-Systemen benannt. Entsprechend gilt es, insbesondere hier Überzeugungsarbeit zu leisten.

Die in Kapitel 1.1 genannten Faktoren können hier als Argumentationsgrundlage dienen. Der demografische Wandel, Fach- und Führungskräftemangel sowie die Notwendigkeit für Unternehmen, sich veränderten Rahmenbedingungen immer schneller anpassen zu müssen, machen ein Talent-Management-System in vielen Fällen zu einem kritischen Faktor für einen nachhaltigen Unternehmenserfolg. Vor allem die mittlerweile nicht mehr ganz neue Grundsatzfrage „Make or buy?" in Bezug auf Fach- und Führungskräfte stellt sich in vielen Fällen gar nicht mehr, da der Arbeitsmarkt die „Buy-Alternative" nicht mehr hergibt und sich der Kampf um Talente auch in Zukunft weiter verschärfen wird. Dementsprechend wird die Notwendigkeit eines umfassenden Talent-Managements und die damit verbundene Möglichkeit, Leistungs- und Potenzialträger zu identifizieren und langfristig an das Unternehmen zu binden, auf der Topmanagement-Ebene bereits mehrheitlich gesehen.

Von mindestens ebenso großer Bedeutung ist jedoch die Überzeugung jener Führungskräfte, die operativ in das Talent-Management involviert sind. Hier kommen kulturelle Facetten des Unternehmens in besonderem Maße zum Tragen:

- Sehen die Führungskräfte ihre Aufgabe auch in der Entwicklung von Talenten? Oder sind in der Kultur des Unternehmens eher Bereichsdenken und interner Wettbewerb vorherrschend? Oft bestehen beispielsweise Bedenken, die eigenen Talente zu identifizieren und im Unternehmen bekannt zu machen, aus Angst, die „guten Leute" an andere Bereiche abgeben zu müssen. Hier sollten die Führungskräfte dafür sensibilisiert werden, dass die oberste Maxime eines Talent-Managements immer der Unternehmenserfolg sein muss – auch wenn dies für die einzelne Führungskraft einen „persönlichen Verlust" bedeutet. Der „persönliche Verlust" eines Talents bzw. Leistungsträgers innerhalb des Unternehmens ist zudem klar dem endgültigen Weggang eines Leistungsträgers, der ausgebremst wird und so keine persönlichen Entwicklungsmöglichkeiten und Karrierechancen sieht, vorzuziehen.

- Zeichnet sich die Unternehmenskultur durch eine aufgeschlossene Haltung zum „Elite-Gedanken" aus? Sobald ein Talent-Pool o. Ä. gebildet wird, bekommen die Teilnehmer sehr schnell das interne Image einer Elite. Nicht jede Unternehmenskultur verträgt sich mit derartigen Fragestellungen.

Missbrauch des Talent-Management-Systems

Wenn Führungskräfte das Talent-Management-System missbrauchen, um unbequeme Mitarbeiter wegzuloben, muss unbedingt eingegriffen werden. Denn wird Mitarbeitern nur deshalb ein hohes Potenzial bescheinigt, um sie über den Umweg eines Talent-Pools loszuwerden, schadet dies dem Ansehen des Talent-Managements und zerstört das Vertrauen der Führungskräfte in das System. Entsprechend muss ein solcher Missbrauch durch einheitliche Instrumente und Prozesse der Talent-Identifikation verhindert werden und die Führungskräfte müssen von einer konstruktiven Nutzung des Systems überzeugt werden.

Zusammenfassend sollte betont werden, dass nicht nur der Top-Level-Support im Unternehmen sicherzustellen ist, sondern insbesondere die beteiligten Führungskräfte im mittleren Management von der Sinnhaftigkeit eines Talent-Managements überzeugt werden müssen.

Kriterium: Unternehmensgröße

Die Größe des Unternehmens erscheint hingegen für die Einführung eines Talent-Management-Systems als zweitrangig. Selbstverständlich ist nicht das komplette Modell für jedes Unternehmen die richtige Wahl. Als grobe Größenordnung kann jedoch festgehalten werden, dass sich unter allen Mitarbeitern ca. 10–20 % Talente in einem Unternehmen finden. Entsprechend kann das Risiko, welches auftritt, wenn man kein Talent-Management betreibt, ebenso grob beziffert werden.

Kienbaum Expertentipp

Ein systematisches Talent-Management kann auch für kleine und mittelständische Unternehmen sinnvoll sein – auch wenn die schiere Anzahl der Talente nicht besonders groß ist. Denn insbesondere diese

Gruppe von Unternehmen hat oft signifikante Schwierigkeiten bei der Rekrutierung von Leistungs- und Potenzialträgern am externen Bewerbermarkt.

Den Umfang des Talent-Pools betreffend gilt es zu beachten, dass nicht zu viele Talente benannt werden, falls anschließend der „Placement-Prozess" nicht erfolgreich durchgeführt werden kann. Denn wenn es einfach an entsprechenden vakanten Positionen mangelt, kann ein Talent-Management langfristig nicht funktionieren.

Zusammenfassung

Das Talent-Management findet nicht in einem luftleeren Raum statt, sondern integriert im Kontext der Organisation. Als Konsequenz daraus ergibt sich die Notwendigkeit, die verschiedenen Rahmenbedingungen und Beteiligten im Unternehmen zu berücksichtigen und einzubinden.

Wichtig ist eine gute Positionierung des HR-Bereichs als Business-Partner. Denn nur wenn die Vertreter eines Talent-Managements akzeptiert werden, kann eine Implementierung oder Ausgestaltung reibungslos funktionieren.

Zudem gilt es, die notwendigen HR-Instrumente und den Erfahrungsstand der Führungskräfte in Bezug auf die Nutzung dieser Instrumente zu berücksichtigen. Bedeutung sollten Sie auf alle Fälle den Instrumenten des Personalmarketings, des Nominierungs- und Auswahlprozesses und des Nachfolgemanagements schenken. Zudem sollten Talent-Bindungsprogramme, ein unternehmensspezifisches Kompetenzmodell und überfachliche Qualifizierungsprogramme einbezogen oder aufgebaut werden.

> **Achtung**
>
> Lohnenswert ist der Aufbau eines Talent-Managements unabhängig von der Größe des Unternehmens. Je schwieriger es für Ihr Unternehmen jedoch ist, erfolgskritische Positionen durch externe Rekrutierung zu besetzten, desto riskanter wäre es, auf eine interne Talent-Schmiede zu verzichten.

Zu guter Letzt gilt es, die Unterstützung der Führungskräfte – sowohl des Topmanagements als auch der operativ involvierten Führungskräfte – zu gewinnen und Talent-Management als zentralen Faktor im Hinblick auf die allgemeine Wettbewerbsfähigkeit zu platzieren.

2.3 Talent-Management-Ziele aus der Unternehmensstrategie ableiten

Ein wichtiger Erfolgsfaktor für ein Talent-Management-System ist die direkte Ableitung der Zielsetzungen für das Talent-Management aus der Unternehmensstrategie. Talent-Management ist immer nur so gut bzw. erfolgreich, wie es die Erreichung der strategischen Unternehmensziele unterstützt. Um die Strategie des Unternehmens optimal unterstützen zu können, muss das Talent-Management eng mit diesen strategischen Zielsetzungen verknüpft sein.

> Das Hauptziel von allen Bemühungen im Rahmen des Talent-Managements muss die Umsetzung der Unternehmensstrategie mit den richtigen Mitarbeitern, zur richtigen Zeit, am richtigen Ort sein.

Eine wichtige Voraussetzung dieses Hauptziels ist zunächst einmal das Vorhandensein und die klare Kommunikation einer differenzierten Unternehmensstrategie. Die Strategie muss beispielsweise Antworten auf folgende Fragestellungen liefern:

- Wo wollen wir als Unternehmen grundsätzlich hin?
- Was sind die Kernkompetenzen des Unternehmens?
- Wie soll das Produktportfolio in Zukunft aussehen?
- In welchen Märkten wollen wir als Unternehmen (heute und zukünftig) aktiv sein?
- Wer ist unsere (Kunden-)Zielgruppe?

Ist die Unternehmensstrategie hinreichend genau beschrieben und bekannt, lassen sich daraus grundsätzliche Fragestellungen im Hinblick auf das Human Ressource Management ableiten. Im Kern lässt sich die Strategie auf zwei grundsätzliche Fragen zurückführen:

- Welche Kompetenzen auf der Ebene der Führungskräfte und Mitarbeiter benötigen wir für die Umsetzung der strategischen Ziele?

- Welche Schlüsselpositionen im Unternehmen sind für die Umsetzung der strategischen Ziele von besonderer Bedeutung?

Aufgabe des HR-Bereichs ist es nun, die strategischen Ziele und die daraus resultierenden Anforderungen an den Personalkörper in eine konkrete Zielsetzung für das Talent-Management zu überführen. An einem sehr trivialen Beispiel sei dies hier illustriert:

Beispiel

Beinhaltet die Unternehmensstrategie die Expansion in einen ausländischen Markt, so gilt es, entsprechende Kompetenzanforderungen abzuleiten (z. B. interkulturelle Sensibilität, Internationalität, Sprachkenntnisse etc.) sowie (neue) Schlüsselpositionen im Unternehmen zu identifizieren, die für diese Expansion erfolgskritisch sind.

Sowohl die Kompetenzanforderungen als auch die definierten Schlüsselpositionen müssen sich im Anschluss in den Kernprozessen des Talent-Managements wiederfinden. So werden z. B. bei der Identifikation und Entwicklung von Talenten entsprechende Kompetenzanforderungen gestellt und in Nachfolgekonferenzen entsprechende Schlüsselpositionen in Verbindung mit entsprechenden (Nachfolge-)Kandidaten besprochen.

Die SWOT-Analyse

Als Instrument zur Analyse des aktuellen Talent-Management-Systems und zur Ableitung von Zielen für das Talent-Management aus der Unternehmensstrategie findet beispielsweise die SWOT-Analyse Anwendung. Der Begriff SWOT steht für folgende Faktoren der aktuellen Situation des Talent-Management-Systems:

S	Strengths (Stärken)
W	Weaknesses (Schwächen)
O	Opportunities (Chancen)
T	Threats (Gefahren)

Dieses klassische Analyseinstrument hilft bei der systematischen Status-quo-Analyse. Bei der SWOT-Analyse ist zu beachten, dass sich die Stärken und Schwächen auf interne Gegebenheiten des Unternehmens beziehen, während die Chancen und Gefahren im Kontext externer Rahmenbedingungen betrachtet werden. So lässt sich auch in Bezug auf das Talent-Management eine umfassende Situationsanalyse unter Einbeziehung sowohl externer als auch interner Faktoren erstellen.

Ergebnisse einer SWOT-Analyse

Beispielhafte Ergebnisse einer solchen SWOT-Analyse können sein:

Stärken

- ein unternehmensweit implementiertes und akzeptiertes Kompetenzmodell (siehe hierzu auch Kapitel 5.1)
- vorhandene erfolgskritische Kompetenzen im Unternehmen (Ist-Profile anhand des Kompetenzmodells und im Abgleich mit den strategischen Anforderungen)
- eine attraktive Arbeitgebermarke im Inland und entsprechend hoher Bewerberzulauf

Schwächen

- fehlende erfolgskritische Kompetenzen (Lücke zwischen Ist- und Soll-Profilen)
- zahlreiche vakante Schlüsselpositionen, die nicht durch interne Kandidaten besetzt werden können
- fehlende interne Personalentwicklungsmaßnahmen zur Förderung der erfolgskritischen Kompetenzen

Chancen

- hohe Absolventenzahlen im Bereich des Zielmarktes
- wechselwillige Arbeitnehmer im Bereich des Zielmarktes

Risiken

- demografische Entwicklung
- Engpässe am „heimischen" Bewerbermarkt (Fachkräftemangel)
- drohende Abwanderung von Leistungsträgern

Ableitung von Zielen für das Talent-Management

Orientiert an diesen Analyseergebnissen und den Implikationen der Unternehmensstrategie lassen sich im Nachgang eine klare Talent-Strategie sowie Ziele für das Talent-Management ableiten, die wie folgt aussehen können:

- gezielte Entwicklung der erfolgskritischen Kompetenzen im Unternehmen (Entwicklungsmaßnahmen zur Steigerung der relevanten Sprachkompetenzen und interkultureller Sensibilität)
- Etablierung der bereits vorhandenen Arbeitgebermarke auf dem Zielmarkt
- zeitnahe Besetzung von vakanten Schlüsselpositionen (vorzugsweise durch interne Kandidaten)
- Bindung von Leistungsträgern und Inhabern von Schlüsselpositionen (z. B. durch attraktive Karrierechancen und Entwicklungsmöglichkeiten)

Durch ein strukturiertes Vorgehen bei der Ableitung von Talent-Management-Zielen aus der Unternehmensstrategie lassen sich typische Fehler bei der Implementierung von Talent-Management-Systemen vermeiden. Beispielsweise lässt sich so verhindern, dass Talente identifiziert werden, die dann im Unternehmen keine Verwendung finden, da die Kompetenzanforderungen nicht mit den Unternehmenszielen in Einklang stehen. Denn ein Talent mit Potenzial für eine Funktion, die im Unternehmen aufgrund der strategischen Ausrichtung nicht mehr gebraucht wird, ist nicht zielführend. Ferner lassen sich Personalentwicklungsbudgets gezielter einsetzen und genau auf jene Kompetenzen ausrichten, die zur Umsetzung der Unternehmensziele erfolgskritisch sind.

Die zwei wichtigsten Verbindungen zwischen der Strategie und dem Talent-Management-System sind also erfolgskritische Kompetenzen und die Definition von Schlüsselpositionen.

3 Wie gut ist Ihr Talent-Management?

3.1 Selbsteinschätzung Ihres Talent-Managements

Meist ist eine Organisation in einzelnen Kernelementen des Talent-Managements bereits gut aufgestellt, in anderen ergibt sich noch Anpassungsbedarf. Daher bietet Ihnen der in diesem Kapitel präsentierte Bewertungsbogen die Möglichkeit,

- den aktuellen Stand Ihres Talent-Managements einzuschätzen,
- den Entwicklungsstand sowie individuelle Stärken und Schwächen Ihres Talent-Managements zu bestimmen und
- darauf aufbauend aus dieser Einschätzung wesentliche Optimierungs- und Handlungsfelder für Ihre Organisation abzuleiten.
  Zur Umsetzung dieser Handlungsfelder gibt Ihnen Kapitel 5 entsprechende Anregungen.

So arbeiten Sie mit dem Bewertungsbogen

Bewerten Sie die einzelnen Fragestellungen jeweils auf einer 5-stufigen Skala. Die Bedeutung der Skalenstufen ist dabei (sofern nicht anders angegeben) wie folgt:

1   trifft gar nicht zu
2   trifft nicht zu
3   trifft teilweise zu
4   trifft zu
5   trifft voll zu

Dabei beziehen sich die Fragen im Wesentlichen auf die Bewertung eines (zumindest teilweise) existierenden Talent-Management-Systems. Befindet sich Ihr Unternehmen noch vor der eigentlichen Konzeptions- und Implementierungsphase, so beantworten Sie bitte nur Teil 1 des Fragebogens.

Fragebogen: Wie gut ist Ihr Talent-Management?

Teil 1: Allgemeine Rahmenbedingungen und Voraussetzungen

Talent-Management Rahmenbedingungen	1	2	3	4	5
In Ihrem Unternehmen existiert eine kommunizierte Unternehmensstrategie, die handlungsleitend für die Talent-Management-Aktivitäten ist.					
In Ihrem Unternehmen gibt es ein Talent-Management- Konzept, das im Einklang mit der Geschäftsstrategie steht und konsistent umgesetzt wird.					
Die Identifizierung, fokussierte Förderung und Bindung von Talenten wird als erfolgskritischer Faktor gesehen.					
Voraussetzungen: Führungs- und Unternehmenskultur	1	2	3	4	5
Die Führungskräfte Ihres Unternehmens verstehen Talent-Management als wesentliche Führungsaufgabe.					
Die Führungskräfte sind in der Lage, die Mitarbeiter objektiv einzuschätzen (hinsichtlich Kompetenzen und/oder Potenzialen).					
Talent-Management wird von den Führungskräften und Mitarbeitern in Ihrem Unternehmen als ganzheitlicher Ansatz verstanden und gelebt.					
Es gibt keine/kaum Ressortegoismen und kein/kaum Bereichsdenken (die einem strategischen Talent-Management im Weg stehen könnten).					
Die Führungskräfte verstehen Personalentwicklung grundsätzlich als Führungsaufgabe.					
Voraussetzungen: HR-Instrumente und -Akzeptanz	1	2	3	4	5
In Ihrem Unternehmen besteht eine Grundlage aktueller HR-Instrumente, auf der ein Talent-Management-System aufbauen könnte.					
Die vorhandenen Instrumente versetzen die Führungskräfte in die Lage, Potenzial, Kompetenzen und Leistung der Mitarbeiter separat einzuschätzen.					
Für die Mitarbeiter (Talente) existieren individuelle Entwicklungspläne.					

	1	2	3	4	5
Personalentscheidungen (zu Leistungsbeurteilung, Potenzialeinschätzung, Kompetenzeinstufung, Beförderung etc.) werden durch Teams von Führungskräften getragen und dem Mitarbeiter nachvollziehbar begründet.					
In Ihrem Unternehmen sind die erfolgskritischen Positionen eindeutig identifiziert.					
Führungskräfte und Personaler haben einfachen Zugriff auf die benötigten Informationen, um faktenbasierte Personalentscheidungen zu treffen.					
Es existiert ein HR-IT-System, welches alle relevanten Personaldaten abbildet.					
Der HR-Bereich hat sich im Sinne des Business-Partner-Modells aufgestellt und etabliert (HR-Business-Partner als direkte Ansprechpartner insbesondere für die Führungskräfte).					
Der HR-Bereich verfügt über fundierte fachliche und überfachliche Qualifikationen.					

Teil 2: Einschätzung Ihres Talent-Managements

Arbeitgeberattraktivität und Rekrutierung	1	2	3	4	5
In Ihrem Unternehmen wird eine mittel- bis langfristige Personalplanung systematisch durchgeführt.					
Ihr Unternehmen investiert in Employer Branding, um aktuell und in Zukunft als attraktiver Arbeitgeber positioniert zu sein.					
Ihr Unternehmen nutzt nach Zielgruppen differenzierte Maßnahmen und Instrumente zum Personalmarketing.					
Ihr Unternehmen betreibt Candidate-Relationship-Management.					
In Ihrem Unternehmen existieren/existiert professionelle Rekrutierungsprozesse/ein professionelles Bewerbermanagement.					
Potenzialmanagement	1	2	3	4	5
Der Begriff Potenzial ist in Ihrem Unternehmen einheitlich und eindeutig definiert.					
Instrumente und Prozesse zur Identifikation von Potenzialen sind in Ihrem Unternehmen etabliert und werden von den Führungskräften genutzt.					

	1	2	3	4	5
Ergebnisse von Potenzialeinschätzungen werden systematisch genutzt.					
Potenzialeinschätzungen von Führungskräften werden durch objektive Verfahren (Potenzialanalysen, Assessment-Center) validiert.					
In Ihrem Unternehmen finden Potenzialkonferenzen (auch Talent-Reviews oder People-Reviews) statt.					
Kompetenzmanagement	**1**	**2**	**3**	**4**	**5**
In Ihrem Unternehmen existiert ein einheitliches und strukturiertes Kompetenzmodell.					
Das Kompetenzmodell deckt sowohl fachliche als auch überfachliche Kompetenzen ab.					
Die Mitarbeiter-Kompetenzprofile werden aktuell gehalten und genutzt.					
Die Anforderungen von Stellen oder Job-Families an die Mitarbeiter sind in Anforderungsprofilen dargestellt.					
In Ihrem Unternehmen werden regelmäßig Kompetenz-Gap-Analysen durchgeführt (Vergleich von Ist- und Soll-Profilen der Mitarbeiter und Positionen).					
Learning-Management	**1**	**2**	**3**	**4**	**5**
Die Mitarbeiter Ihres Unternehmens haben individuelle Entwicklungspläne und diese werden umgesetzt.					
Für die Mitarbeiter in Ihrem Unternehmen ist transparent, welches Personalentwicklungsangebot sie in ihrer beruflichen Entwicklung und in der jeweils aktuellen Rolle unterstützt.					
Bei der Planung von Personalentwicklungsmaßnahmen und ihrer Budgetierung werden in Ihrem Unternehmen geschäftliche Prioritäten berücksichtigt.					
Ihr Unternehmen bietet einen geeigneten Mix von Trainingsformaten zur Optimierung von Effektivität und Effizienz der Maßnahmen.					
Der Erfolg von Personalentwicklungsmaßnahmen wird in Ihrem Unternehmen systematisch evaluiert.					
Ihr Unternehmen fördert bereichsübergreifende Mitarbeiterentwicklung und -rotation.					
Karrieremanagement	**1**	**2**	**3**	**4**	**5**
In Ihrem Unternehmen sind die möglichen Karrierewege transparent.					

	1	2	3	4	5
In Aussicht gestellte/zugesagte Karriereschritte und Beförderungen werden durch das Unternehmen eingehalten.					
Es existiert ein umfassender Überblick über die zu besetzenden Stellen im Unternehmen (auch mittelfristig im Sinne einer Personalbedarfsplanung).					
In Ihrem Unternehmen existieren klar definierte Laufbahn- und Karrieremodelle.					
Neben der Führungslaufbahn existieren weitere gleichwertige Karriereoptionen, wie beispielsweise Fach-, Experten- oder Projektlaufbahnen.					
Performance-Management	**1**	**2**	**3**	**4**	**5**
Die Mitarbeiter Ihres Unternehmens verstehen, welche Ziele sie verfolgen sollen und welcher Beitrag zum Bereichs-/Unternehmenserfolg von ihnen erwartet wird.					
In Ihrem Unternehmen werden die Mitarbeiter an ihrer erbrachten Leistung gemessen.					
Wiederholte/andauernde Schlechtleistung eines Mitarbeiters führt in Ihrem Unternehmen zu spürbaren Konsequenzen.					
Herausragende Leistungen werden in Ihrem Unternehmen belohnt.					
In Ihrem Unternehmen herrscht eine „High Performance"-Kultur.					
Führungskräfte werden an ihrem Führungsverhalten und -erfolg gemessen und beurteilt.					
Zielvereinbarung und Leistungsbeurteilung werden auch dazu genutzt, Entwicklungsmaßnahmen abzuleiten.					
Die Vergütungsstruktur Ihres Unternehmens stellt marktgerechte Einkommen sicher.					
Die Vergütungsstruktur Ihres Unternehmens stellt leistungsgerechte Einkommen sicher.					
Nachfolgemanagement und Placement	**1**	**2**	**3**	**4**	**5**
In Ihrem Unternehmen sind Schlüsselpositionen definiert.					
Es existieren Talent-Pools in Ihrem Unternehmen, aus dem sich interne Nachfolgekandidaten rekrutieren.					

In Ihrem Unternehmen wird eine systematische Nachfolgeplanung durchgeführt, die sowohl Schlüsselpositionen als auch Potenzialträger adressiert.				
Talente bzw. Potenzialträger werden in Ihrem Unternehmen grundsätzlich auf geeignet herausfordernden Positionen eingesetzt.				
Ihr Unternehmen bietet spezielle Förderprogramme für ausgewählte Mitarbeitergruppen (z. B. High Potentials, Talente, Potenzialträger).				
Schlüsselpositionen werden in Ihrem Unternehmen vorwiegend intern besetzt.				
Die Fluktuationsrate unter den Talenten/Potenzialträgern/Leistungsträgern Ihres Unternehmens wird aktiv gesteuert.				

3.2 Messen Sie den Erfolg Ihres Talent-Management-Systems

Um den Erfolg und Nutzen eines Talent-Management-Systems aufzeigen zu können und eine kontinuierliche Verbesserung der Prozesse und Instrumente gewährleisten zu können, sind Review-Mechanismen erforderlich. Um zum Beispiel die Vorstandsebene über die Zielerreichung des Talent-Management-Systems zu informieren, ist eine Evaluation anhand nachvollziehbarer Kennzahlen, die die Qualität der Prozesse und Instrumente angeben, notwendig. Die Definition dieser so genannten Key Performance Indicators (KPIs) muss nicht für jedes Unternehmen gleich ausgestaltet sein. Die durch ein Talent-Management-System angestrebten Ziele variieren und lassen sich dementsprechend nicht pauschal formulieren.

Beispiel

Für einen großen, bekannten Konzern mit einem attraktiven Produkt stellt die Rekrutierung von jungen Talenten in der Regel keine große Herausforderung dar, während ein kleiner, relativ unbekannter Mittelständler eher Probleme damit hat, hochqualifizierte Absolventen für das eigene Unternehmen zu interessieren.

Umgekehrt mag es bei der Bindung von Leistungsträgern aussehen. So bleiben vielleicht Mitarbeiter, die einmal den Weg zu dem oben genannten Mittelständler gefunden haben, dem Unternehmen sehr lange erhalten, während der Konzern in einigen Bereichen mit einer hohen Fluktuationsquote insbesondere unter hochqualifizierten und talentierten Mitarbeitern zu kämpfen hat.

Entsprechend diesem Beispiel können die Ziele, die durch ein Talent-Management-System verfolgt werden, sehr unterschiedlich aussehen. Bei dem einen steht die Erhöhung der Bewerberanzahl im Vordergrund, bei dem anderen die Senkung der Fluktuationsrate.

Die Evaluation bzw. Bewertung des Erfolgs eines Talent-Management-Systems hängt also von der individuellen Situation des Unternehmens ab. Aus diesem Grund ist es essentiell, dass auf der Grundlage der Unternehmensstrategie eine Talent-Strategie sowie eindeutige Ziele für das Talent-Management definiert werden. Aus diesen Zielen lassen sich dann konkrete Kennzahlen (KPIs) ableiten, die die Zielerreichung veranschaulichen und Optimierungsmöglichkeiten aufzeigen können. Die Summe der relevanten KPIs stellt dann ein Kennzahlensystem dar, welches mit den Geschäftsverantwortlichen turnusmäßig (z. B. jährlich) abgestimmt werden sollte.

> **Kienbaum Expertentipp**
>
> Sollten Sie vor der erstmaligen Einführung eines Talent-Management-Systems in Ihrem Unternehmen stehen, definieren Sie möglichst frühzeitig geeignete Kennzahlen für die Evaluation – so haben Sie später die Möglichkeit, Vorher-Nachher-Vergleiche anzustellen.

Übersicht: Alle wichtigen Talent-Management-Kennzahlen

Im Folgenden skizzieren wir eine beispielhafte Auswahl an Kennzahlen, jeweils in Bezug auf die vier Kernfelder des Talent-Managements. Diese Auflistung bietet einen guten Überblick über häufig verwendete Kennzahlen, erhebt gleichzeitig aber keinen Anspruch auf Vollständigkeit. Je nach der spezifischen Situation, in der sich Ihr Unternehmen befindet, und den damit verbunden Zielsetzungen lassen sich sicherlich weitere plausible KPIs ableiten und nutzen.

Kernfeld Talent-Management	Zielsetzungen	Beispielhafte Kennzahlen/ Key Performance Indicators (KPIs)
Attract	Bekanntheit als attraktiver Arbeitgeber	• Platzierung in Arbeitgeber-Rankings • Anzahl Referenzen in der Presse • Anzahl Klicks auf Unternehmens- und Karrierewebseiten • Auszeichnungen wie „Great place to work" oder „Toparbeitgeber Deutschland" • Teilnehmerzahlen bei unternehmenseigenen Rekrutierungsveranstaltungen • Besucherzahlen an Messeständen, z. B. bei Absolventenkongressen
	Zugang zu den richtigen (talentierten) Bewerbern/Verbesserung der Bewerberqualität	• Anzahl geeigneter Bewerber • Verhältnis von geeigneten zu nicht geeigneten Bewerbern • Kompetenz- und Leistungsbeurteilung der Neueinstellungen nach einem Jahr
	Erhöhung der Bewerbungseingänge	• Anzahl Bewerbungen auf Stellenausschreibungen • Anzahl der Initiativbewerbungen • (beides ggf. im Vergleich zu der Zeit vor Einführung des Talent-Managements)
	Senkung der Rekrutierungskosten	• Rekrutierungskosten gesamt • Rekrutierungskosten je erfolgreich eingestelltem Mitarbeiter • Kosten für externe Personalsuche und Headhunter
	Übersicht über die im Unternehmen vorhandenen Talente	• Anzahl geeigneter Nachfolgekandidaten für Schlüsselpositionen • Anzahl Mitglieder im Talent-Pool • Prozentsatz der in Potenzialkonferenzen bzw. Talent-Reviews besprochenen Mitarbeiter
	Identifikation von Potenzialen im Unternehmen	• Anzahl identifizierter Talente im Verhältnis zu allen Mitarbeitern • Anzahl identifizierter Potenzialträger im Bewerbungsprozess

Kernfeld Talent-Management	Zielsetzungen	Beispielhafte Kennzahlen/ Key Performance Indicators (KPIs)
Develop	Steigerung der Mitarbeiterkompetenzen	• Durchschnittlicher Gap zwischen Ist- und Soll-Kompetenzausprägung
	Fokussierte Förderung für Talente	• Teilnehmerzahlen für Personalentwicklungsveranstaltungen für Mitglieder des Talent-Pools • Anzahl an Entwicklungsmaßnahmen von Talenten im Vergleich zu „normalen Mitarbeitern" • Existenz und Nutzung individueller Entwicklungspläne
	Erfolgreiche Trainingsmaßnahmen	• Prozentualer Anteil von Mitarbeitern mit hoch ausgeprägten erfolgskritischen Kompetenzen • Bewertung der Lernerfolge und Entwicklungsfortschritte von Mitarbeitern durch die Führungskräfte • Feedback der Teilnehmer
	Nutzung der Personalentwicklungsangebote	• Durchschnittliche Anzahl Weiterbildungstage je Mitarbeiter (Benchmark: 0,5–3,5 Tage) • Investition in Personalentwicklungsmaßnahmen in % vom Personalgesamtaufwand (Benchmark: 0,50–0,70 %)
	Unternehmensweit einheitliche Nutzung des Kompetenzmodells	• Anteil der HR-Instrumente, die direkt auf das Kompetenzmodell abgestimmt sind (z. B. Auswahlverfahren, Beurteilungssystem, Mitarbeitergespräch, Personalentwicklungsmaßnahmen, Entwicklungspläne) • Anwendungsbreite Kompetenzmodell
Retain	Senkung der Mitarbeiterfluktuation unter Talenten	• Fluktuationsraten
	Steigerung der Bindung von Talenten	• Verweildauer von Talenten in der Organisation • Anzahl Abwanderungen von Mitarbeitern aus dem Talent-Pool
	Erhöhtes Mitarbeiterengagement	• Ergebnisse aus Engagement- bzw. Mitarbeiterbefragungen
	Leistungssteigerung der Mitarbeiter (Talente)	• Leistungsbeurteilung aus Mitarbeitergesprächen • Durchschnittliche Zielerreichungsgrade (Vergleich von Talenten und Nichttalenten) • Bonusauszahlungen • Anzahl der Beförderungen und Versetzungen auf anspruchsvollere bzw. herausforderndere Positionen

Kernfeld Talent-Management	Zielsetzungen	Beispielhafte Kennzahlen/ Key Performance Indicators (KPIs)
Placement	Zielgerichteter Einsatz von Talenten	• Anzahl Mitarbeiter aus dem Talent-Pool, die auf eine herausforderndere Stelle gesetzt wurden • Beförderungsquote der Talente • Durchschnittliche Verweildauer im Talent-Pool
	Besetzung von Schlüsselpositionen durch interne Kandidaten	• Prozentsatz interne Besetzungen von Top- und Schlüssel-positionen (interne Besetzungsquote) • Anzahl Vakanzen ohne Nachfolgekandidaten
	Absicherung der Nachfolgebesetzung von Schlüssel-positionen	• Prozentsatz doppelt abgesicherter Top- und Schlüsselpo-sitionen • Prozentsatz Nachfolger, geplant auf mehr als zwei Positi-onen • Anzahl der abgesicherten Positionen zu Anzahl Nachfol-gern • Prozentsatz Besetzungen durch designierte Nachfolger • Anzahl Vakanzen ohne geplante Nachfolger • Performance-Index Positionsnachfolger 1-2 Jahre auf neuer Position
	Erfolgreiche Beset-zungen von Schlüssel-positionen	• Zeit zwischen Freiwerden der Stelle und der Besetzung • Vorgesetzteneinschätzungen • Ergebnisse aus 360-Grad-Feedbacks • Leistungsbeurteilungen

Tab. 3: Key Performance Indicators (KPIs) Talent-Management

Anhand solcher Kennzahlen lässt sich der Erfolg eines Talent-Management-Systems sinnvoll messen. Die Quantifizierung von Kosten-Nutzen-Relationen stellt sich – wie bei den meisten Perso-nalthemen – schwierig dar. Der Zusammenhang zwischen der Ein-führung eines Talent-Management-Systems und Umsatz- oder Ge-winnsteigerungen lässt sich aufgrund der Vielzahl von Einflussfakto-ren auf eine solche Kennzahl nur sehr schwer belegen. Die Amorti-sierung der Kosten für Maßnahmen im Rahmen des Talent-Managements lässt sich häufig über die Betrachtung einzelner Kos-tenfaktoren darstellen. Wird durch das Talent-Management das Ziel erreicht, möglichst viele (Schlüssel-)Positionen durch interne Kan-didaten (Talente) zu besetzen, so werden dadurch zum Beispiel Kosten für die Personalbeschaffung am externen Markt (Stellenanzeigen, administrative Kosten für die Bearbeitung von Bewerbungen, Auswahlverfahren, gegebenenfalls Personalsuche durch Headhunter etc.) sowie für die Einarbeitung und gegebenenfalls notwendige Qualifizierungsmaßnahmen eingespart. Zusätzlich ist es in vielen Bereichen so, dass bei der Besetzung von Schlüsselpositionen das Gehalt eines externen Kandidaten über dem eines internen Mitarbeiters liegt. Gefragte Fach- und Führungskräfte sind heute in der Situation, ein signifikant höheres Einstiegsgehalt zur Bedingung für einen Wechsel von einem zum anderen Arbeitgeber zu machen.

4 Wie Sie ein erfolgreiches Talent-Management implementieren

Ziel des vierten Kapitels ist es, Sie in die Lage zu versetzen, den aktuellen Stand Ihres Talent-Managements selbst einzuschätzen und zu bestimmen. Gleichzeitig können Sie aus den Ergebnissen Ihrer Einschätzung einzelne Handlungsfelder bestimmen, in denen Sie möglicherweise noch nachsteuern müssen. Dieses Kapitel bietet Ihnen pragmatische und konkrete Handlungsanweisungen, um einzelne Kernelemente des Talent-Managements anzugehen und die dahinterliegenden Prozesse zu entwickeln und zu implementieren.

4.1 Attraction: Wie Sie Talente identifizieren und gewinnen

4.1.1 Arbeitgeberattraktivität und Rekrutierung

Ein strategisches und umfassend aufgesetztes Talent-Management beschränkt sich nicht allein auf die unternehmensinternen Prozesse der Identifikation, Auswahl, Entwicklung und Bindung von vorhandenen Leistungsträgern, sondern setzt bereits bei der Rekrutierung, also der Gewinnung von Mitarbeitern am externen Bewerbermarkt, an.

Die Zeiten, in denen sich Unternehmen die Bewerber – insbesondere hoch leistungsmotivierte Talente – aussuchen konnten, sind vorbei. Bereits heute sind gut ausgebildete und hochqualifizierte Kandidaten in der Lage, selbst die Entscheidung für einen attraktiven Arbeitgeber zu treffen. Der Arbeitsmarkt für talentierte und hochmotivierte Mitarbeiter stellt sich aufgrund des demografischen Wandels, dem allgegenwärtigen Fachkräftemangel und dem daraus resultierenden *War for Talents* besonders aussichtsreich dar. Entsprechend gilt es für Unternehmen mehr denn je, Aufmerksamkeit, Interesse und Neugierde zu wecken und sich als Arbeitgeber möglichst attraktiv zu positionieren. Nur so besteht die Möglichkeit, die Entscheidungsfindung von potenziellen Bewerbern zugunsten des eigenen Unternehmens zu beeinflussen.

> Eine Grundvoraussetzung für ein erfolgreiches Talent-Management ist eine attraktive Arbeitgebermarke, die den Zugang von hochqualifizierten und talentierten Mitarbeitern sicherstellt.

An dieser Stelle sei angemerkt, dass sich insbesondere das Themenfeld „Attraction" als Bestandteil des Talent-Management-Systems nicht ausschließlich auf die Zielgruppe der Talente bzw. High Potentials beschränkt, sondern als Basis für die erfolgreiche Rekrutierung von Personal im Allgemeinen gesehen werden muss. Als Unternehmen wollen Sie schließlich nicht nur für Mitarbeiter mit herausragendem Potenzial attraktiv sein, sondern für jeden Mitarbeiter, der seinen Beitrag zum Unternehmenserfolg leistet.

Rahmenbedingungen für eine attraktive Arbeitgebermarke

Die Rahmenbedingungen, die eine attraktive Arbeitgebermarke notwendig machen (insbesondere im Hinblick auf die Rekrutierung von Potenzialträgern), sind vielfältig und lassen sich in drei Kategorien aufteilen:

1. Turbulentes und komplexes Marktumfeld
   - fortschreitende Globalisierung und Internationalisierung und damit einhergehend die gesteigerte Konkurrenz um Talente (der globale *War for Talents*)
   - steigender Bedarf an Fach- und Führungskräften (auch aufgrund anstehender Nachfolgebesetzungen)
   - mangelnde Bekanntheit/Attraktivität einzelner Industrien bzw. Unternehmen (insbesondere im Mittelstand)

2. Gesteigerte Arbeitgeberanforderungen
   - Forderung erhöhter Flexibilität der Arbeitskräfte
   - steigende Anforderung an Kompetenzen, Umgang mit Virtualisierung und Diversity sowie Innovationskraft
   - erschwerende demografische Trends

- Rückgang des Erwerbstätigenpotenzials bei sinkenden Absolventenzahlen
- Anstieg des Fach- und Führungskräftemangels
- wachsende Job-Mobilität
- sinkende Mitarbeiterloyalität, insbesondere von Toptalenten

3. Gesteigerte Arbeitnehmerbedürfnisse
   - neuer Fokus auf die Arbeitgeberwerte; Wertewandel der „Generation Y"
   - erhöhte Bedeutung einer Work-Life-Balance
   - Forderung einer herausfordernden und „erfüllenden" Arbeit
   - Wunsch nach einer inspirierenden Führung

Attraktivität des Arbeitgebers beeinflusst den Geschäftserfolg

Studien beweisen, dass die Arbeitgeberattraktivität signifikant zu einem höheren Geschäftserfolg beiträgt. So erhalten die Arbeitgeber, die als besonders attraktiv wahrgenommen werden, beispielsweise mehr Bewerbungen pro Stelle (teilweise um mehr als100 %) und haben eine um 30 % geringere Fluktuationsrate.[5] Ferner liegen die Rekrutierungskosten um 55 % unter dem Durchschnitt und es kann eine um 78 % höhere Produktivität sowie eine um 40 % höhere Profitabilität festgestellt werden.[6]

Die Arbeitgeberattraktivität lässt sich grundsätzlich mit der Produktattraktivität vergleichen. Vergleichbar einem Konsumenten, der ein bestimmtes Produkt kauft, möchte auch ein Bewerber genau wissen, was er bekommt, wenn er sich für einen Arbeitgeber entscheidet. Er möchte wissen, welchen (Mehr-)Wert ihm die Entscheidung für einen Arbeitgeber im Vergleich mit anderen Arbeitgebern bietet und welche entsprechenden Alleinstellungsmerkmale ein Arbeitgeber aufweist. Diese Fragen muss ein Arbeitgeber heute durch eine klare Positionierung am Bewerbermarkt beantworten können, um insbesondere für hochqualifizierte Mitarbeiter attraktiv zu sein.

---

[5] Silzer & Dowell, 2010, Strategy-Driven Talent-Management: A Leadership Imperative.

[6] Corporate Leadership Council 2006.

Auch wenn eine Arbeitgebermarke schwerlich kurzfristig und entlang eines klassischen Projektstrukturplans implementiert werden kann, so besteht dennoch die Möglichkeit, die langfristige Entwicklung und Festigung einer „Marke am Arbeitsmarkt" gezielt zu verfolgen und zu steuern. Hilfreich bei der Strukturierung des Vorgehens sind hierbei vier Leitfragen, die jeweils ein Handlungsfeld adressieren. Wie steht es also um Ihre Arbeitgebermarke? Fragen Sie sich:

1. Wie sind wir als Unternehmen?
2. Was bieten wir als Arbeitgeber?
3. Worüber verfügen wir?
4. Wie treten wir auf?

Die erste Frage zielt dabei auf die Unternehmenskultur und -werte ab. Sie stellt somit den Faktor der Arbeitgebermarke dar, der am schwierigsten (kurzfristig) zu beeinflussen ist. Nichtsdestotrotz besteht für viele Unternehmen die Möglichkeit, die positiven Aspekte der eigenen Unternehmenskultur, wie z. B. gelebte Führungsgrundsätze und angewandte Regeln der Zusammenarbeit, entsprechend zu vermarkten und so das emotionale Bild signifikant zu beeinflussen.

Die Antwort auf die zweite Frage sollte die konkreten Arbeitgeberattribute und -versprechen enthalten, die für einen potenziellen Bewerber von Interesse sind, beispielsweise:

- Welche Entwicklungs- und Karrieremöglichkeiten haben wir als Unternehmen unseren Mitarbeiter zu bieten?
- Wie positionieren wir uns gegenüber den Wettbewerbern?
- Welche Arbeitszeitmodelle bieten wir an, die sich im besten Fall mit möglichst vielen Lebensmodellen in Einklang bringen lassen?
- Wie sieht die Vergütungsstruktur aus? Warum lohnt es sich für einen Mitarbeiter insbesondere unseres Unternehmens, überdurchschnittliche Leistung zu erbringen etc.

Die dritte Frage richtet sich vornehmlich an den Personalbereich. Hier gilt es, die Arbeit des HR-Bereichs – die HR-Excellence – zu vermarkten und zu kommunizieren:

- Mit welchen Produkten, Instrumenten und Dienstleistungen unterstützt der HR-Bereich beispielsweise die Führungskräfte und Mitarbeiter in ihrer täglichen Arbeit?

- Welche Rekrutierungsstrategie wird verfolgt, um auch in Zukunft gut ausgebildete und zum Unternehmen passende Mitarbeiter zu gewinnen?

Die vierte Frage schließlich zielt auf das Thema Personalmarketing ab:

- Welche Informations- und Kommunikationsmedien werden genutzt?
- Wie treten wir nach außen auf? Wie präsentieren wir uns als Arbeitgeber im Internet, auf Messen, an Hochschulen etc.?
- Welche Instrumente (z. B. Kandidatenbindungsprogramme) und Maßnahmen (z. B. Teilnahme an Wettbewerben der „attraktivsten Arbeitgeber") werden genutzt?

Wenn Sie diese vier Leitfragen substanziell beantworten können, verfügt Ihr Unternehmen über eine gut ausgebildete Arbeitgebermarke. Dennoch sollten Sie berücksichtigen, dass diese Arbeitgebermarke als Erfolgsfaktor auch über einen hohen Bekanntheitsgrad bei den Zielgruppen und ein positives Image verfügen muss. Sollten Sie Defizite festgestellt haben, unterstützt Sie der nächste Abschnitt bei der Implementierung nützlicher Instrumente.

Die folgende Abbildung fasst die vier Handlungsfelder, die in diesem Abschnitt behandelt werden, nochmals zusammen.

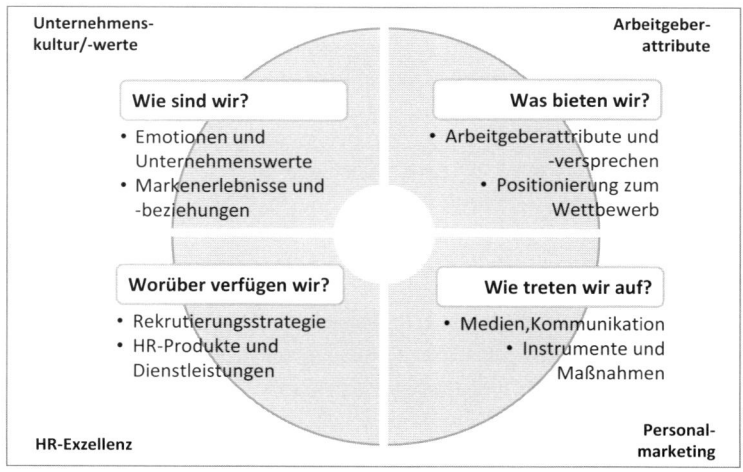

Abb. 15: Facetten des Arbeitgebermarketings

So bauen Sie Ihre Arbeitgebermarke aus

Als übergreifender Prozess in der Personalwirtschaft berühren die Strategie und Praxis des Talent-Managements eine Fülle von HR-Aufgaben. Bei der Personalbeschaffung und im Personalmarketing ist angesichts des Mangels an Talenten eine aktivere und aggressivere Praxis nötig. Es geht zunächst darum, eine für Talente attraktive Arbeitgebermarke (Employer Brand) aufzubauen. Dabei müssen die Unternehmen das eigene Angebot stärker als bislang vom Wettbewerb abgrenzen.

Im Folgenden stellen wir Ihnen ausgewählte Instrumente und mögliche Maßnahmen im Rahmen der vier Handlungsfelder vor. Diese Maßnahmen können für jedes Unternehmen sehr unterschiedlich ausgestaltet sein, abhängig von der Budgetierung sowie von der jeweils angesprochenen Zielgruppe.

Handlungsfeld 1: Wie treten wir auf?

Bei den vorgestellten Instrumenten des Personalmarketings stehen die Kommunikation der Arbeitgebermarke sowie die direkte Ansprache potenzieller Bewerber im Vordergrund. Gleichzeitig erhalten Sie einen Überblick über mögliche Rekrutierungskanäle.

Unternehmensslogans

Mit einem prägnanten Slogan lassen sich nicht nur Produkte bewerben, sondern auch ein Arbeitgeber. Entsprechend kann sich ein Unternehmen mit Hilfe eines Slogans mit hohem Wiedererkennungswert auf dem Bewerbermarkt und bei der entsprechenden Zielgruppe „sichtbar" positionieren. Über einen Slogan können die Arbeitgeberattribute und Unternehmenswerte transportiert werden.

Beispiele für gelungene Unternehmensslogans

Folgende Personalmarketing-Slogans finden beispielsweise in der Praxis Verwendung: „BMW coolest Job", „Building Global Leaders" (McKinsey), „Be Lufthansa" oder „Grow further" (The Boston Consulting Group).

Stellenanzeigen und Imagebroschüren

Bei Stellenanzeigen und Imagebroschüren kommt es heute weniger auf die Auflagenstärke der genutzten Median an, sondern vielmehr auf die zielgerichtete Ansprache der relevanten Zielgruppe. Auch eine hochprofessionelle, ansprechende und prägnante Gestaltung der Anzeigen stellt selbstredend eine Grundvoraussetzung dar. Ferner sollte diese Art von Medien aktiv dazu genutzt werden, herauszustellen, wofür das Unternehmen steht und was es für den einzelnen Bewerber zu bieten hat.

Hochschulmarketing und Kooperationen mit Hochschulen

Um die Zielgruppe der Hochschulabsolventen möglichst früh auf das eigene Unternehmen aufmerksam zu machen, ist die Präsenz an Hochschulen (z. B. bei Hochschulmessen, so genannten *Career Days* etc.) unabdingbar. Auch hier gilt es, die Zielgruppe klar zu definieren und entsprechend so genannte „Target Universitäten" zu identifizieren, an denen eine Positionierung des eigenen Unternehmens als attraktiver Arbeitgeber erfolgversprechend ist. Die Präsenz bei solchen Veranstaltungen bietet die Möglichkeit des direkten Kontaktes und Austausches mit potenziellen Bewerbern.

> **Beispiel**
>
> Neben Unternehmenspräsentationen bieten Messestände, Workshops und Interviews Absolventen die Möglichkeit, das Unternehmen kennenzulernen und sich gezielt über Job-Angebote zu informieren, während das Unternehmen früh den Kontakt zu jungen Talenten knüpfen kann.

Gleiches gilt auch für Kooperationen mit Hochschulen. Hier wird eine Win-win-Situation geschaffen, indem das Unternehmen einerseits Referenten für Vorträge oder praxisorientierte Seminare stellt und so die Attraktivität des Studienangebotes steigert. Auf der anderen Seite erhält das Unternehmen die Möglichkeit, geeignete Kandidaten sehr viel intensiver kennenzulernen und bereits früh für das eigene Unternehmen zu begeistern.

Unterstützung/Sponsoring

Eine Alternative zum klassischen Hochschulmarketing und zu Recruiting-Events bei der zielgruppenspezifischen Ansprache bietet die Förderung von Veranstaltungen, Einzelpersonen, Gruppen und Organisationen in Form von Dienstleistungen, Geld- oder Sachspenden. Ziel ist es, eine die eigenen Kommunikationsziele unterstützende Gegenleistung zu erhalten.

Beispiel: Sponsoring von Universitätsbibliotheken

Eine „streuverlustarme" Ansprache von Studierenden bietet beispielsweise das Sponsoring von Universitätsbibliotheken. Hier finanzieren Unternehmen Lernmaterialien, Fachzeitschriften, Abonnements oder Bücherzukäufe und erhalten im Gegenzug Werbeflächen auf Titel- oder Rückseiten.

Auch Stipendien für Studenten und Abiturienten mit herausragenden Leistungen stellen ein probates Mittel dar, Kandidaten früh an ein Unternehmen zu binden.

Corporate Social Responsibility

Ebenso wie sich Unternehmen soziales Engagement von ihren (potenziellen) Arbeitnehmern wünschen, so erwarten auch immer mehr Arbeitnehmer, dass Unternehmen Umweltbelange berücksichtigen sowie soziales und kulturelles Engagement zeigen. Viele Firmen engagieren sich daher bereits wohltätig und vermarkten ihre freiwilligen Aktivitäten für eine nachhaltige Entwicklung unter dem Begriff „Corporate Social Responsibility".

Arbeitgeberrankings, Qualitätslabel und Auszeichnungen

Insbesondere im Hinblick auf die relevanten Werte und Wünsche der nachwachsenden Generation wie einer ausgeglichenen Work-Life-Balance, der Vereinbarkeit von Beruf und Familie, Fairness etc., bieten Rankings, Label und Auszeichnungen einen Imagegewinn und eine Positionierungshilfe für Unternehmen und für Bewerber eine willkommene erste Entscheidungshilfe bei der Suche nach dem passenden Arbeitgeber.

Beispiel: Auszeichnungen für Arbeitgeber

Fair Company Siegel, Audit berufundfamilie, Trendence Europe's Top 500 Employers, Top Arbeitgeber Deutschland, Top Job etc.

Jobbörsen und Businessportale

Onlinejobbörsen und -portale bestimmen inzwischen den Markt und verdrängen traditionelle Rekrutierungsmedien wie Printinserate zunehmend. Eindeutige Vorteile wie Kostenersparnis gegenüber den traditionellen Methoden der Personalsuche, Schnelligkeit (die Veröffentlichung ist nicht an fixe Termine gebunden, sondern kann jederzeit erfolgen) und Effektivität (mit minimalem Aufwand kann eine breite Masse erreicht werden), führen dazu, dass Onlinerekrutierung bereits heute einen festen Bestandteil im Personalmarketing bildet. Zudem ist es für Firmen aufgrund des veränderten Medienverhaltens gerade bei der Rekrutierung internetaffiner Generationen unabdingbar, Onlinemedien zu nutzen und in diesen aktuell vertreten zu sein.

Auch Bewerber nehmen das neue Medium bei der Jobsuche dankend an, denn mit Hilfe von ausgeklügelten Suchfunktionen und E-Mail-Newslettern kann aktuell und unkompliziert auf ein breites Stellenangebot zurückgegriffen werden.

Virtuelle Jobbörsen offerieren zudem einen weiteren Vorteil: Arbeitssuchende können ausführliche Profile mit Skills, beruflichen Erfahrungen, sozialer Kompetenz und erbrachten Studienleistungen hinterlegen, auf die annoncierende Unternehmen zurückgreifen und so ebenfalls nach passenden Kandidaten suchen können.

Business-Portale verfolgen das gleiche Prinzip: Kandidaten veröffentlichen ihre Vita in Form von Profilen und hoffen auf eine Kontaktanbahnung durch potenzielle Business-Partner oder Arbeitgeber. Im Gegensatz zu Jobbörsen spielt hierbei zudem der Networking-Gedanke eine verstärkte Rolle.

Beispiel: Jobbörsen und Businessportale im Internet

Das Internet bietet eine Vielzahl von Jobbörsen. Beispielhaft seien zu nennen: „monster.de", „jobscout.de", „stellenanzeigen.net", „stepstone.de" etc. Zu den bekanntesten Business-Portalen zählen sicherlich „linkedIn" und „Xing".

Unternehmenseigene Karriereportale

Wie bereits erwähnt, greifen immer mehr Bewerber bei der Jobsuche auf das Internet zurück. Als Folge daraus stellt der Internetauftritt eines Unternehmens in vielen Fällen den ersten (und oft einzigen) Berührungspunkt von Bewerbern mit dem potenziellen Arbeitgeber dar. Die Homepage ist die „Visitenkarte des Unternehmens". Übersichtliche und ansprechende Karriere-Websites sind daher ein wichtiges Instrument im Rekrutierungsprozess. Sie machen es dem Kandidaten leicht, sich zu bewerben, und bieten dem Arbeitgeber die Möglichkeit, Rekrutierungskosten zu senken, da der administrative Aufwand, der mit der Bearbeitung von klassischen Bewerbungsunterlagen verbunden ist, minimiert werden kann. Überdies werden eigene Karriere-Websites häufig dafür genutzt, in aller Ausführlichkeit über die Vorzüge des Unternehmens zu berichten, etwa in Form von Erfolgsgeschichten aktueller Mitarbeiter, mit Hilfe kurzer Videos oder Artikel, durch die Erwähnung von Auszeichnungen etc.

Social Media/Web 2.0

Aktuell sind Web-2.0-Anwendung und Onlinenetzwerke in aller Munde. Auch im Bereich des Personalmarketings werden die Nutzungsmöglichkeiten von Social Communities wie Facebook, Twitter, (Video-)Podcasts und Blogs rege diskutiert. Vereinzelt greifen Unternehmen bereits auf diese Kanäle zurück, um einen möglichst direkten Kontakt zu der definierten Zielgruppe herzustellen und diese über die Medien und Plattformen zu erreichen, auf die sie tagtäglich zugreifen. Chancen, die Web-2.0-Anwendungen für das Personalmarketing bieten, sind:

- der zeitgemäße Zugang zu unterschiedlichen Zielgruppen,
- der Abbau von Distanz durch einen verstärkten (interaktiven) Austausch zwischen Kandidat und potenziellem Arbeitgeber,
- die Individualisierung und Personalisierung des Informationsangebots,
- Einblick in das Unternehmen durch unterschiedliche Medien.

Die Risiken, wie beispielsweise der mögliche Kontrollverlust über die ausgetauschten Informationen, die unzweifelhaft mit der Nutzung von Web-2.0-Angeboten verbunden sind, sorgen jedoch nach wie vor dafür, dass die Möglichkeiten im Bereich des Personalmarketings gegenwärtig kaum genutzt werden.

Messen und Absolventenkongresse

Nicht nur Universitäten bieten Unternehmen die Plattform, ihre Qualitäten als Arbeitgeber darzustellen. Auch regionale, überregionale und internationale Veranstaltungen bieten alljährlich diese

Möglichkeit. Um eine fokussierte Ansprache zu erleichtern, sind diese Veranstaltungen meist branchen- und zielgruppenspezifisch.

Vor allem der persönliche, direkte Kontakt potenzieller Bewerber mit Unternehmensvertretern ermöglicht eine erfolgversprechende Annäherung an Talente. Diese Annäherung kann durch persönliche Bewerbergespräche und gegebenenfalls im Vorfeld vereinbarte Interviews intensiviert werden. Neben der Rekrutierung qualifizierter Mitarbeiter bieten Kongresse zudem gerade unbekannteren Unternehmen die Möglichkeit, sich durch ihre Präsenz einer großen Anzahl von Aspiranten als attraktiver Arbeitgeber vorzustellen und diese für einen Karrierestart in ihrem Haus zu gewinnen. Bei Bewerbern sind sie überdies beliebt, da vor Ort konkrete Fragen nach Einstellungsvoraussetzungen, Entwicklungsmöglichkeiten und Ausbildungswegen aus erster Hand beantwortet werden können.

Unternehmenseigene Recruiting-Events

Ein weiteres Instrument des Personalmarketings bieten unternehmenseigene Recruiting-Events. In oft aufwendig gestalteten halb- bis mehrtägigen Veranstaltungen wird interessierten Personen die Möglichkeit geboten, das Unternehmen bzw. verschiedene Unternehmensbereiche kennenzulernen. Um die Veranstaltung attraktiver zu gestalten und so mehr Teilnehmer anzulocken, werden vermehrt praxisrelevante Workshops und Trainings angeboten oder hochrangige Referenten aus Wirtschaft, Politik und Wissenschaft eingeladen. Zudem gewinnen die Unternehmen durch die intensive Zusammenarbeit z. B. in Workshops oder Summer-Schools einen ausführlichen Eindruck von den Teilnehmern.

„Mitarbeiter werben Mitarbeiter"

Das wahrscheinlich beste Aushängeschild eines jeden Unternehmens sind zufriedene oder sogar begeisterte Mitarbeiter, die den eigenen Arbeitgeber gerne weiterempfehlen. Mitarbeiterempfehlungsprogramme basieren auf der Annahme, dass leistungsfähige Arbeitnehmer Menschen mit vergleichbaren Fähigkeiten innerhalb oder außerhalb des Unternehmens kennen und empfehlen. Kommt es schließlich zu einer Einstellung der empfohlenen Person, so erhält der Mitarbeiter, der die Empfehlung ausgesprochen hat, eine Gratifikation. Programme wie „Mitarbeiter werben Mitarbeiter" nutzen so gezielt die sozialen Netzwerke aktueller Mitarbeiter und geben Unternehmen wertvolle Tipps bei der Suche von Talenten.

Ausbildung, Studium, Trainee

Gerade in Anbetracht des drohenden Fachkräftemangels kann es von Vorteil sein, bereits junge Bewerber an das Unternehmen zu binden und so den eigenen Personalbedarf sicherzustellen. Das Angebot von Ausbildungsplätzen, dualen Studiengängen oder Traineeprogrammen bietet zudem Imagevorteile als Ausbildungsbetrieb, teure Fehlbesetzungen können vermieden werden und im Falle guter Betreuung während der Ausbildung kann eine stärkere Identifikation und somit eine höhere Mitarbeiterbindung erzeugt werden.

Vergabe von Praktika oder Abschlussarbeiten

Eine direkte Ansprache potenzieller Bewerber kann ebenfalls durch die Vergabe von Praktika oder Abschlussarbeiten geschehen. Während viele Studenten diese Angebote nutzen, um Praxiserfahrungen zu sammeln oder einen ersten Einblick in den Arbeitsalltag des Wunschunternehmens zu erhalten, können Unternehmen einen ersten Eindruck potenzieller Arbeitnehmer gewinnen. Die Einrichtung oder Nutzung eines Talent- bzw. Candidate-Relationship-Managements (CRM) forciert überdies das Kontakthalten und somit die Bindung besonders talentierter Praktikanten oder Diplomanden.

Candidate-Relationship-Management (CRM)

Das Candidate-Relationship-Management (CRM) befasst sich mit der Frage, wie der potenzielle Kandidat in den Mittelpunkt aller Rekrutierungsaktivitäten gestellt werden kann. Das konventionelle „Schreibtischrecruiting" der vergangenen Jahre ist nun passé. Wollen Sie als Unternehmen die besten Bewerber für sich gewinnen, so gilt es, schon früh mit möglichen Kandidaten in Kontakt zu gelangen und diesen beispielsweise bis zum Abschluss des Studiums oder einer Promotion zu halten. Viele Arbeitgeber, die angeben, die jeweils besten Absolventen eines Jahrgangs für sich gewinnen zu wollen, sind bereits dazu übergegangen, nicht mehr auf entsprechende Bewerbungen zu warten, sondern aktiv auf potenzielle Bewerber zuzugehen, für das eigenen Unternehmen zu werben und die einmal entstandenen Kontakte zu pflegen, bis eine Bewerbung für den Kandidaten selbst in Frage kommt (z. B. mit Abschluss eines Studiums).

Für das Candidate-Relationship-Management können insbesondere die Kontakte, die durch die oben genannten Initiativen, wie unternehmenseigene Rekrutierungs-Veranstaltungen, Job-Messen, Kooperationen mit Hochschulen oder Praktika geschaffen wurden, genutzt werden. Dies beinhaltet oft die Kreation einer selektiven Datei voller potenzieller Kandidaten (ehemalige herausragende Praktikanten, Diplomanden, Alumni, Initiativbewerber etc.) für aktuelle oder zukünftige Positionen. In regelmäßigen Abständen können aussichtsreiche Kandidaten schon während ihres Studiums kontaktiert werden, um die hinterlegten Profile zu aktualisieren und zu unterschiedlichen Karriere-Events einzuladen, die das Unternehmen eigens für diese Zielgruppe ausrichtet.

Auch kleine Aufmerksamkeiten wie Geburtstags- oder Weihnachtsgrüße können ein Unternehmen bei interessanten Kandidaten wieder ins Gespräch bringen und sind daher lohnenswert. Schließlich zielt ein systematisches Candidate-Relationship-Management darauf ab, aussichtsreiche Kandidaten nachhaltig an den möglichen zukünftigen Arbeitgeber zu binden.

Handlungsfeld 2: Was bieten wir?

Die folgenden Instrumente und Maßnahmen unterstützen Sie bei der gelungenen Positionierung Ihrer Arbeitgeberattribute und -versprechen. Während der vorangegangene Abschnitt „Handlungsfeld 1: Wie treten wir auf?" vornehmlich den direkten und indirekten Kontakt des Unternehmens mit dem externen Bewerbermarkt behandelte, beleuchtet dieser Abschnitt vorwiegend interne Facetten der Arbeitgebermarke, also Angebote und Möglichkeiten, die Mitarbeitern im Unternehmen zur Verfügung gestellt werden und so einen eher indirekten Einfluss auf die Wahrnehmung als attraktiver Arbeitgeber haben.

Weiterbildungsmöglichkeiten

Viele Kandidaten berücksichtigen bei der Wahl ihres zukünftigen Arbeitgebers insbesondere die Perspektiven, die sich im Sinne der fachlichen und persönlichen Entwicklung im Unternehmen bieten. Der Umfang und die attraktive Ausgestaltung des Weiterbildungsprogramms spielen bei dieser Beurteilung eine entscheidende Rolle.

Einige Unternehmen bieten daher neben obligatorischen Modulen auch vielfältige optionale Angebote, beispielsweise das Erlernen exotischer Sprachen, Zeit- und Selbstmanagement oder Softwareschulungen. Teilweise verfügen die Mitarbeiter sogar über ein eigenes Bildungsbudget, über das sie – innerhalb gewisser Grenzen – selbstbestimmt verfügen können. Diese Wertschätzung wird meist wohlwollend aufgenommen.

Beispiel: Darbietung der Trainingsinhalte

Auch die Form der Darbietung der Trainingsinhalte sollte variieren, um allen Bedürfnissen zu entsprechen und zielgerecht sein. Denkbar sind beispielsweise allgemeine Trainings-, Seminar- und Workshopangebote, speziell auf das Unternehmen zugeschnittene Schulungen, E-Learnings oder gar Aufbaustudiengänge und Auslandsaufenthalte.

Karriereentwicklung

Zu einer gelungenen Positionierung des Unternehmens gehört auch das Vermarkten der Karrieremöglichkeiten, die Sie potenziellen Bewerbern bieten können. Einige Unternehmen beispielsweise werben mit flachen Hierarchien, schnellen Aufstiegschancen, vorwiegend internen Besetzungen oder interdisziplinären Karriereaussichten bei Tochterfirmen im In- und Ausland. Auch das Angebot von konkreten Entwicklungspfaden in Führungs-, Fach- oder Projektlaufbahnen gehört meist zum Standard (siehe hierzu auch Kapitel 4.3).

Sozialleistungen des Unternehmens, geldwerte und sonstige Vorteile

Neben gängigen Sozialleistungen, wie der betrieblichen Altersvorsorge, Entgeltumwandlungsprogrammen, Firmenwagen, kostenlosen Parkplätzen oder Abonnements für den öffentlichen Nahverkehr, können sich Unternehmen auch mit einer Reihe anderer Leistungen profilieren, die nicht zwangsläufig kostspielig sein müssen. Hoch im Kurs bei potenziellen Arbeitnehmern stehen auch Kinderbetreuungsmöglichkeiten sowie unternehmenseigene Sport- und Freizeitclubs. Insbesondere für junge, gut ausgebildete und talentierte Mitarbeiter wird die Möglichkeit sehr geschätzt, Beruf und Familie durch entsprechende Angebote unter einen Hut zu bekommen.

Beispiel: Gesundheitsmanagement und Wohnungsfürsorge

Auch über ein Gesundheitsmanagement im Unternehmen, das gesundheitsfördernde Kurse, Informationsveranstaltungen und Impfungen anbietet, sollte nachgedacht werden, ebenso wie über die Errichtung einer Wohnungsfürsorge, die Wohnungen an Standorten mit angespanntem Wohnungsmarkt bietet.

Vergütungssysteme

Auch wenn repräsentative Studien immer wieder zu dem Ergebnis kommen, dass Manager sich vermehrt durch qualitativ-inhaltliche Faktoren motivieren lassen, ist der Einfluss monetärer Anreize bei der Wahl des Arbeitgebers nicht von der Hand zu weisen. Zu motivierenden Rahmenbedingungen gehört daher ein attraktives, als gerecht empfundenes Grundgehalt, das im Markt- und Unternehmensvergleich angemessen erscheint.

Beispiel: Monetäre Leistungsanreize

Neben einem attraktiven Grundgehalt gibt es noch weitere monetäre Leistungsanreize, wie z. B. Boni, Prämien, Tantiemen, Provisionen, Aktienoptionen und -programme und regelmäßige Sonderzahlungen wie Weihnachts- und Urlaubsgeld.

Herausfordernde Aufgaben

Wie bereits erwähnt, spielen qualitativ-inhaltliche Faktoren eine große Rolle bei der Arbeitsmotivation. Sie sind somit auch bei der Wahl des Arbeitgebers relevant. Immer wieder werden herausfordernde, als wichtig empfundene Aufgaben und Entscheidungsbefugnisse bzw. Autonomie als wesentlich genannt. Insbesondere für die Zielgruppe eines Talent-Management-Systems (kompetente Mitarbeiter mit zusätzlichem Potenzial) stellen die Aufgabeninhalte ein wesentliches Entscheidungskriterium bei der Wahl des Arbeitgebers dar.

Arbeitszeitmodelle

Bieten Sie Arbeitszeitmodelle an, die sich im besten Fall mit möglichst vielen Lebensmodellen in Einklang bringen lassen. Eine flexible Arbeitszeitgestaltung – soweit dienstlich darstellbar –, Teilzeitbeschäftigung, Telearbeit sowie Beurlaubungen werden gerade von Arbeitnehmern mit dem Bedürfnis nach einer Work-Life-Balance vermehrt gewünscht.

Handlungsfeld 3: Worüber verfügen wir?

Dieser Abschnitt behandelt Produkte und Instrumente, die insbesondere dem HR-Bereich zur Verfügung stehen sollten, um bei dem Aufbau einer attraktiven Arbeitgebermarke optimal unterstützen zu können. Einen besonders wesentlichen Baustein stellt hier die Rekrutierungsstrategie bzw. der Rekrutierungsprozess dar.

Eine professionelle Rekrutierungsstrategie wählen

Bei der Rekrutierung und Auswahl von Bewerbern besteht für die Personalabteilungen die Herausforderung, direkt bei diesem ersten intensiven Kontakt eines Kandidaten mit dem Unternehmen einen positiven Eindruck von dem Unternehmen zu erzeugen. Dabei gilt es, schon den Bewerbungsprozess selbst hochprofessionell zu gestalten. Ein erster Schritt dabei besteht bereits in optisch und inhaltlich ansprechender Formulierung der Ausschreibungen. Insbesondere bei der Zielgruppe der hochqualifizierten und talentierten Kandidaten geht es ferner darum, vom ersten Kontakt an ein absolut professionelles Vorgehen zu demonstrieren. Schon bei dem ersten telefonischen Kontakt ist es wichtig, dass der Bewerber kompetent betreut wird.

> **Kienbaum Expertentipp**
>
> Reaktionszeiten auf eingegangene Bewerbungsunterlagen sind ein erstes wichtiges Kriterium für die Exzellenz des gesamten Bewerbungsprozesses. Gute Bewerber haben schon heute oft die Auswahl zwischen mehreren attraktiven Job-Angeboten, sodass eine allzu lange Reaktionszeit auf eine Bewerbung schon den Ausschlag dafür geben kann, dass der Kandidat an ein Konkurrenzunternehmen verloren geht.

Ebenso wichtig ist ein professionelles Personalauswahlverfahren, das je nach Bedarf des Unternehmens aus einem mehrstufigen Prozess mit einer Vorselektion anhand der Bewerbungsunterlagen, ersten Telefoninterviews, Einstellungsinterviews und Assessment-Centern bestehen kann.

Welche Verfahren ein Bewerber passieren muss, um an einen Job zu gelangen, hat großen Einfluss auf die Wahrnehmung der Arbeitgeberattraktivität des jeweiligen Unternehmens. Auch wenn viele Bewerber, vor allem unerfahrene Absolventen, sich vor mehrstufigen und umfangreichen Selektionsverfahren fürchten oder den Aufwand als zu hoch empfinden, so kann doch durch einen professionellen Auswahlprozess bereits der Wert der betreffenden Stelle im Unternehmen signalisiert werden. Hoch leistungsmotivierte Kandidaten stellen sich gerne der Herausforderung und sind bereit, auch schon für die Einstellung entsprechende Leistung zu zeigen.

> **Achtung**
> Bei der Gestaltung des Bewerbungs- und Auswahlprozesses sowie der Instrumente kommt es darauf an, eine Balance zu finden, geeignete Bewerber einerseits nicht abzuschrecken, gleichzeitig hohe und differenzierte Anforderungen zu stellen, die das Unternehmen vor Fluten unpassender Bewerber schützen kann.

Fehler bei der Personalauswahl vermeiden

Hat man es als Unternehmen geschafft, eine kontinuierlich hohe Zahl an grundsätzlich vielversprechenden Bewerbern zu generieren, so gilt es, zwei grundsätzliche Fehler zu vermeiden: zum einen den Fehler, Kandidaten trotz mangelnder Qualifikation einzustellen, und zum anderen den Fehler, einen geeigneten Kandidaten (irrtümlicherweise) nicht einzustellen.

Der Fehler, irrtümlich ungeeignete Kandidaten einzustellen, wird als „Alpha-Fehler" bezeichnet. Er lässt sich schnell – aber zu spät – erkennen und ist u. a. mit folgenden Kosten verbunden:

* Kosten für die längere und intensivere Einarbeitung
* Personalentwicklungskosten, um die Person für die Stelle im Nachhinein zu qualifizieren
* Kosten, die durch eine geringere Produktivität und Leistung der Person auf der betreffenden Stelle verursacht werden
* Rekrutierungskosten, die erneut anfallen, um einen geeigneten Kandidaten für die Stelle zu finden

Um diese Risiken sowie das Risiko, einen geeigneten Kandidaten nicht einzustellen („Beta-Fehler") zu minimieren, sollten schon im

Personalauswahlprozess differenzierte Kompetenzanforderungen für die jeweilige Stelle vorliegen und in den genutzten Auswahlverfahren Anwendung finden. Diese Anforderungen sollten in einem Kompetenzmodell zusammengefasst sein. Zu den Instrumenten Anforderungsprofil und Kompetenzmodell finden Sie in Kapitel 5.1 nähere Informationen.

Das Auswahlverfahren

Zudem gilt es, stringent festzulegen, welche Personen und Abteilungen am Auswahlverfahren beteiligt werden und entscheidungsbefugt sind. Meist erfolgt eine Vorauswahl durch die Personalabteilung, die der Fachabteilung anschließend geeignete Kandidaten präsentiert und gegebenenfalls Assessment-Center oder Einstellungsinterviews in Zusammenarbeit mit den Linienverantwortlichen durchführt. Natürlich sollte hierbei die Kommunikation zwischen den beteiligten Abteilungen stimmig sein und definiert werden, welche Kompromisse tragbar sind. Auch hier gilt es, die Balance zwischen einer zu geringen Selektivität – was gegebenenfalls zu einer Überbeanspruchung der Fachabteilung führt – und einer zu hohen Auslese, bei der auch eigentlich geeignete Kandidaten abgelehnt werden, zu halten.

Generell sollten Sie bedenken: Wann immer Sie einen Kandidaten ablehnen, tun Sie dies taktvoll und versuchen Sie, unhöfliche Standardfloskeln durch elegantere und freundlichere Formulierungen zu ersetzten. So schaffen Sie es, sich trotz Absage ein positives Arbeitgeberimage zu erhalten.

Freundliche Absagen formulieren

Gekonnte, freundliche Absagen werden im Recruiting als „Eisschreiben" bezeichnet – eine Übersetzung des englischen Begriffs „ice letter".

Welche Rekrutierungskanäle Ihnen für die Personalauswahl zur Verfügung stehen, wurde bereits eingehend in dem Abschnitt „Handlungsfeld 1: Wie treten wir auf?" (S. 83 ff.) behandelt.

Vernetzte HR-Instrumentenlandschaft

Eine strategische Ausrichtung aller HR-Instrumente im Sinne einer ganzheitlich integrierten HR-Instrumentenlandschaft stellt einen weiteren wesentlichen Faktor für die Arbeitgeberattraktivität dar. Sind alle HR-Instrumente, die in diesem Buch mit dem Fokus auf Talent-Management dargestellt sind, systematisch aufeinander abgestimmt und eindeutig auf die strategischen Geschäftsziele ausgerichtet, so erhöht dieser Sachstand die Attraktivität eines Arbeitgebers signifikant. Ausgehend von einem strategischen Kompetenzmodell (siehe Kapitel 5.1) sollten alle Instrumente von der Rekrutierung über die Personalentwicklung, den Performance-Management-Prozess, das Nachfolgemanagement bis hin zu einem integrierten Talent-Management einheitlich ausgerichtet und aufeinander abgestimmt sein sowie prominent vermarktet werden.

Kienbaum Expertentipp

Setzen Sie also gezielt Instrumente ein, die Ihre Arbeitgeberattraktivität erhöhen, und kommunizieren Sie diese beispielsweise auf Ihrer unternehmenseigenen Karriereseite. So fühlen sich leistungswillige Bewerber angesprochen und sehen ihre Karriereambitionen in guten Händen.

Paten- und Mentoring-Programme, Karriere-Coachings

Großen Anklang (bei gleichzeitig hohem Nutzen und vergleichsweise geringen Kosten) finden neben den klassischen HR-Instrumenten z. B. Paten- oder Mentoring-Programme oder das Angebot von Karriere-Coachings für talentierte Mitarbeiter. Ambitionierte Mitarbeiter schätzen oftmals auch das Angebot einer individuellen Karriereberatung oder -planung durch die Personalabteilung. Idealerweise erfolgt so eine strukturierte, fachlich kompetente und vor allem unabhängige Betreuung, losgelöst von Bereichsdenken und Ressortegoismen der Führungskräfte.

Auch der prognostizierte Einsatz von Instrumenten wie Job-Enrichment und Job-Rotation als Teil der Personalentwicklungsstrategie oder die Option mehrmonatiger Auslandsaufenthalte ist ansprechend und kann bei entsprechender Vermarktung die Arbeitgeberattraktivität erhöhen.

Handlungsfeld 4: Wie sind wir als Unternehmen?

Abschließend betrachten wir das Handlungsfeld der Unternehmenskultur und -werte. Auch hier können Sie einiges tun, um angewandte Werte der Führung und Zusammenarbeit entsprechend zu vermarkten und das emotionales Bild Ihres Unternehmens signifikant zu beeinflussen.

Attraktive Produkte oder Dienstleistungen

Die Wirkung und Wichtigkeit von Gefühlen wird oft unterschätzt. Dabei spielen sie gemäß aktuellen Befragungen bei der Arbeitgeberwahl eine Vorreiterrolle, denn die Mitarbeiter möchten sich mit ihrem Arbeitgeber identifizieren. Als maßgeblich wird dabei die Arbeit mit interessanten Produkten oder Dienstleistungen genannt. Einen klaren Vorteil haben somit Unternehmen, die über bekannte Konsumprodukte oder Dienstleistungen verfügen. Doch auch Hersteller eher unbekannter Produkte können attraktiv wirken, wenn sie die Bedeutung und Wichtigkeit ihrer Leistung in Szene zu setzen wissen.

Faktoren der Unternehmenskultur

Neben diesen grundsätzlichen Attraktivitätsfaktoren, die durch das Produkt oder die angebotene Dienstleistung bestimmt werden, stellen zusätzlich interne Faktoren der Unternehmenskultur einen wesentlichen Aspekt der Arbeitgeberattraktivität dar. Können Sie die konsequente Umsetzung von Leitlinien oder Grundsätzen der Führung und Zusammenarbeit für Ihr Unternehmen bestätigen, dann ist auch dies ein Grund für viele Kandidaten, sich für Ihr Unternehmen als zukünftigen Arbeitgeber zu entscheiden. Eine positive und konstruktive Kultur in Bezug auf die Führungsbeziehungen sowie die Zusammenarbeit mit Kollegen lässt sich zum einen aktiv vermarkten (z. B. auf Unternehmens- und Karrierewebseiten), zum anderen spricht sich ein positives Arbeitsklima, welches auf guter Führung und konstruktiver Zusammenarbeit basiert, schnell herum und prägt das Bild Ihres Unternehmens in der Öffentlichkeit.
Dieses Bild muss sich für einen neuen Mitarbeiter nach Möglichkeit in den ersten Tagen und Wochen bestätigen, um schon früh den Grundstein für eine effektive Bindung an das Unternehmen zu legen.

Kienbaum Expertentipp

Ein neuer Job und berufliche Veränderungen stellen für die Bewerber zudem immer eine Konfrontation mit dem Unbekannten dar und das verursacht zuweilen heftiges Unbehagen. Nehmen Sie ihnen daher diese Angst und ermöglichen Sie eine erfolgreiche Integration durch ein Onboarding-Programm während der Einarbeitungsphase.

Eine intensive Begleitung während dieser Zeit zahlt sich auch für das Unternehmen aus: Denn in dieser kritischen Zeit werden viele Eindrücke gesammelt, die über einen dauerhaften Verbleib im Unternehmen entscheidend sind und sogar die Leistungsfähigkeit beeinflussen.

Beispiel: Bindung eines neuen Mitarbeiters

Laut einer Studie der Aberdeen Group entscheiden 90 % der Neueingestellten in den ersten sechs Monaten, ob sie in einem Unternehmen bleiben oder wieder ausscheiden möchten – für die Bindung eines neuen Mitarbeiters sind sogar die ersten 24 Stunden entscheidend.

Eine von Texas Instruments geleitete Studie zeigte, dass Angestellte mit einem begleitenden Integrationsprogramm ihre volle Leistungsfähigkeit bereits zwei Monate früher erreichen konnten als eine Vergleichsgruppe.

Bestandteile eines Onboarding-Programms

Aufgrund unternehmensspezifischer Anforderungen und Herausforderungen ist es schwierig, eine allgemeingültige Lösung für ein erfolgreiches Onboarding-Programm aufzuzeigen. Um Ihnen eine Idee zu vermitteln, seien an dieser Stelle jedoch als beispielhafte Bestandteile genannt:

- detaillierter Einarbeitungsplan für die ersten 30–100 Tage
- Checklisten
- Einführungsveranstaltung
- Begrüßung durch die gesamte Belegschaft
- kleine Überraschung am Arbeitsplatz, z. B. Blumen oder Pralinen
- persönliche Worte des Vorgesetzten
- Vorstellen eines direkten Ansprechpartners (Paten)
- Vorstellungsrundgang
- Einführung in den vollständig eingerichteten Arbeitsplatz
- Informationsmaterial für den neuen Mitarbeiter durch das Intranet (z. B. Schulungskalender, Kennzahlen, Videobotschaften

des Vorstands, Mentoren- oder Coaching-Programme, Richtlinien und Vorlagen)
- Informationsstände, an denen der Betriebsrat und die Personalabteilung informieren (beispielsweise über die Regelungen zu Vergütungssystemen, Sozialleistungen und dem Talent-Management-System)
- monatliche After-Work-Treffen oder Stammtische für neue Mitarbeiter

Um die Vorzüge Ihrer Unternehmenskultur zu betonen, können Sie beispielsweise darauf hinweisen, dass – falls vorhanden – in Ihrem Unternehmen ein kollegiales Arbeitsklima herrscht, eine Fehlerkultur gelebt wird und eine offene Kommunikationskultur angestrebt wird (z. B. forciert durch Mitarbeiterzeitungen, ein lebendiges Intranet, Web-2.0-Foren oder Stammtische).

4.1.2 Der Potenzial-Management-Prozess

Der Potenzial-Management-Prozess hat primär die Identifikation interner Talente zum Inhalt. Wie bereits in Kapitel 1.4 dargestellt, bildet eine stringente Potenzialmessung die Grundlage für alle weiteren Aktivitäten im Bereich Talent-Management. Im Zusammenhang mit der Messung von Leistung (Performance) und der Beurteilung von Kompetenzen ermöglicht die Potenzialerhebung die Erstellung von umfassenden Mitarbeiterprofilen, auf deren Basis jene Mitarbeiter im Unternehmen identifiziert werden können, die Voraussetzungen für die Aufnahme in ein Talent-Management-Programm und die Kriterien für Nachfolgeentscheidungen erfüllen. Das Unternehmen steht hier vor der Herausforderung, die Frage zu beantworten, wer im Unternehmen eigentlich Potenzial hat.[7] Entsprechend bedarf es eines stringenten und unternehmensweit einheitlichen Prozesses sowie valider Instrumente zur Einschätzung von Potenzial. In diesem Kapitel möchten wir sowohl einen idealtypischen Prozess zur Potenzialidentifikation als auch mögliche Instrumente vorstellen.

Die Definition von Potenzial bezieht sich im Unternehmenskontext meist auf die Möglichkeit (das Potenzial), in Zukunft eine andere

---

[7] Zur Frage der Definition und Messung von Potenzial siehe Kapitel 1.4.

bzw. herausforderndere Position bekleiden und erfolgreich ausfüllen zu können. Entsprechend bezieht sich die Potenzialaussage meist auf konkrete weiterführende Aufgaben und hat weniger einen Pauschalcharakter. So ist es z. B. nicht zwangsläufig richtig, dass ein Mitarbeiter, dem hohes Potenzial für die Übernahme verantwortungsvollerer Controllingaufgaben bescheinigt wird, auch gleichzeitig über das Potenzial verfügt, eine gute Führungskraft zu werden. Diese Vorüberlegung zum Thema Potenzial sollte in einem späteren Nachfolge- und Besetzungsprozess berücksichtigt werden.

Es lassen sich allerdings so genannte Potenzialindikatoren definieren, die das allgemeine Vorhandensein von Potenzial anzeigen. Wie bereits in Kapitel 1.4 erörtert, zählen hierzu:

- Lernfähigkeit, Veränderungsfähigkeit, Flexibilität
- Motivation, Leistungswille
- Intelligenz, intellektuelle Möglichkeiten, kognitive Leistungsfähigkeit

Auch wenn sich Talent-Management aus unserer Sicht nicht in der Entwicklung von Nachwuchsführungskräften erschöpfen sollte, so wird in vielen Unternehmen innerhalb des Talent-Management-Systems doch der Hauptfokus auf die Entwicklung der Führungsmannschaft von morgen gelegt. Dementsprechend muss die Liste der Potenzialindikatoren um eine weitere Facette ergänzt werden.

> Die Führungsmotivation und der Wille, Menschen im unternehmerischen Kontext zu führen, spielen bei der Potenzialbeurteilung eine wesentliche Rolle. Je nachdem, ob Potenzial im Sinne einer Fach-, Experten-, Projekt- oder eben Führungslaufbahn betrachtet werden soll, ist dies bei der Einschätzung von Potenzial zu berücksichtigen.

Der Prozess und die Instrumente der Potenzialidentifikation

Im Sinne der Akzeptanz ist es sinnvoll, einen einheitlichen, stringenten Prozess zur Identifikation von Potenzialen zu etablieren. Idealtypisch sieht ein solcher Prozess zunächst eine Potenzialaussage der Führungskraft vor. In diesem ersten Schritt beurteilt der direkte Vorgesetzte das Potenzial der eigenen Mitarbeiter, beantwortet also die Frage, inwieweit er dem einzelnen Mitarbeiter die Übernahme von anspruchsvolleren Aufgaben zutraut. Diese Vorauswahl bzw.

„Potenzialvermutung" wird als Nominierung für den weiteren Prozess des Potenzialmanagements angesehen. Beispielhafte Instrumente für diesen ersten Prozessschritt sind Mitarbeiterbeurteilungen anhand des Kompetenzmodells oder so genannte Potenzial-Quick-Checks, die eine Hilfestellung für Führungskräfte bei der pragmatischen Potenzialeinschätzung von Mitarbeitern darstellen. Ist ein Beurteilungssystem bereits etabliert, so bietet es sich an, auch die Potenzialindikatoren im Rahmen dieser Mitarbeiterbeurteilung zu erfassen. So werden dann in einem Mitarbeitergespräch nicht nur die Leistungs- und Kompetenzbeurteilungen mit dem Mitarbeiter besprochen, sondern zusätzlich wird eine Einschätzung der Potenzialindikatoren vorgenommen. Neben der Potenzialeinschätzung können auch daraus resultierende Entwicklungsmaßnahmen bereits Bestandteil des Mitarbeitergesprächs sein.

Schritt 1: Potenzialindikatoren identifizieren

Alternativ können so genannte Potenzial-Quick-Checks zum Einsatz kommen. Diese bilden die definierten Potenzialindikatoren in Form von Operationalisierungen oder Verhaltensankern ab. Dabei werden kurze Fragen oder Aussagen formuliert, die die Potenzialindikatoren repräsentieren und möglichst einfach im Arbeitsalltag beobachtbar sind. Diese Aussagen können durch die Führungskraft beispielsweise anhand einer Antwortskala (z. B. fünfstufig von „trifft nicht zu" bis „trifft voll zu") bewertet werden. Tabelle 4 gibt ein Beispiel eines solchen Potenzial-Quick-Checks.

Potenzial-Quick-Check

Anhand der folgenden Aussagen können Sie als Führungskraft das Potenzial ihrer Mitarbeiter pragmatisch einschätzen.

Unter Potenzial verstehen wir die Fähigkeit, weiterführende oder anspruchsvollere Aufgaben erfolgreich zu bewältigen. Hierbei kann es sich sowohl um Aufgaben einer nächsthöheren Hierarchiestufe als auch um Aufgaben in einer anderen Funktion auf derselben Hierarchiestufe handeln. Bei der Potenzialeinschätzung geht es also um die Beantwortung der Frage, ob Sie Ihrem Mitarbeiter zutrauen, in einem anderen Aufgabenbereich zu reüssieren.

Verhaltensanker/Kriterium für hohes Potenzial	Einschätzung				
Lernfähigkeit/Veränderungsfähigkeit/Flexibilität					
• Der Mitarbeiter zeigt ausgeprägtes Interesse, sich in neue, unbekannte Themenfelder einzuarbeiten.					
• Der Mitarbeiter ist schnell in der Lage, neue Aufgaben selbstständig zu übernehmen („lernt schnell").					
• Der Mitarbeiter ist bestrebt, die eigenen Fähigkeiten und Kenntnisse weiterzuentwickeln und auszubauen, neue Erfahrungen zu sammeln.					
• Der Mitarbeiter übernimmt gerne Verantwortung für Themen und Aufgaben, die durch die aktuelle Stellenbeschreibung nicht gefordert sind.					
• Der Mitarbeiter kann sich schnell auf Veränderungen der Rahmenbedingungen einstellen und sieht in Veränderungen eher Chancen als Probleme.					
• Der Mitarbeiter verfolgt leidenschaftlich und mit Neugier neue Ideen und Innovationen.					
• Der Mitarbeiter reflektiert eigene Stärken und Schwächen und ist bestrebt, daraus zu lernen.					
Motivation/Leistungswille					
• Der Mitarbeiter ist stets bereit und hat den Anspruch an sich selbst, überdurchschnittliche Leistungen zu erbringen. Er gibt sich nicht mit Mittelmaß zufrieden.					
• Der Mitarbeiter zeigt starkes Interesse an weiteren Karriereschritten.					
• Der Mitarbeiter zeigt Eigeninitiative bei der Bearbeitung von anspruchsvollen Aufgaben.					
• Der Mitarbeiter verfügt über eine „gesunde" Wettbewerbsorientierung, zeigt Freude daran, sich mit anderen zu messen („möchte bessere Leistungen erbringen als andere").					

• Der Mitarbeiter zeigt hohe persönliche Einsatzbereitschaft und großes Engagement.					
• Der Mitarbeiter verfolgt auch langfristig schwierige Ziele konsequent.					
• Der Mitarbeiter fokussiert sich eher auf das Ergebnis, das Ziel, als auf den Weg dorthin.					
Intelligenz/intellektuelle Möglichkeiten/kognitive Leistungsfähigkeit					
• Der Mitarbeiter zeigt ausgeprägte analytische/kognitive Fähigkeiten.					
• Der Mitarbeiter verfügt über eine ausgeprägte Lösungsorientierung.					
• Der Mitarbeiter geht Problemlösungen strukturiert und organisiert an.					
• Der Mitarbeiter trifft Entscheidungen auf der Grundlage von logischen Vorüberlegungen.					
• Der Mitarbeiter verfügt über eine schnelle Auffassungsgabe. Er ist in der Lage, neue Informationen schnell zu verarbeiten.					
• Der Mitarbeiter agiert auch unter Stress und Druck konzentriert, strukturiert und überlegt.					
Führungsmotivation					
• Der Mitarbeiter übernimmt beispielsweise in Projekten gerne und erfolgreich eine (inoffizielle) Führungsrolle.					
• Der Mitarbeiter macht einen klaren Führungsanspruch deutlich.					
• Der Mitarbeiter übernimmt gerne die Verantwortung (auch für Ergebnisse aus der Teamarbeit).					
• Der Mitarbeiter leitet gerne Menschen an und zeigt den Willen, andere inhaltlich zu überzeugen und zu beeinflussen.					
• Der Mitarbeiter verfügt über hohe soziale Kompetenz (z. B. im Bereich der Kommunikation).					
• Der Mitarbeiter wird schnell in einer Führungsrolle von Anderen akzeptiert.					

Tab. 4: Potenzial-Quick-Check

Schritt 2: Bewertung der Potenzialaussagen

In einem zweiten Schritt werden die getroffenen Potenzialaussagen durch ein objektives Verfahren validiert. Hier bietet sich ein situatives Verfahren wie ein Assessment-Center bzw. Potenzialanalyseverfahren an. Im Rahmen eines solchen Verfahrens können zukünftige Situationen und Herausforderungen simuliert werden, die durch Beobachtung Rückschlüsse auf das Potenzial des Teilnehmers ermöglichen. Klassische Bausteine eines solchen Verfahrens sind neben einem ausführlichen Interview Fallstudien, Simulationsübungen (z. B. Mitarbeiter-, Kunden-, oder Kollegengespräch), Präsentationsübungen, schriftliche Ausarbeitung von Konzepten oder Gruppendiskussionen.

Als Bewertungskriterien werden auch hier die Potenzialindikatoren herangezogen, die im Kompetenzmodell als Kompetenzdimensionen abgebildet sind. Als Beurteiler treten in solchen Verfahren idealerweise Personen auf, die nicht in einer direkten Führungsbeziehung zu dem Kandidaten stehen. Beispielsweise können andere Führungskräfte, HR-Professionals oder externe Berater zum Einsatz kommen. Auf diese Weise wird ein gewisser Grad an Objektivität bei der Beurteilung sichergestellt. Durch den Einsatz mehrerer unabhängiger Beobachter gelangt man zu objektiven Ergebnissen und einer validen Potenzialaussage. Neben den Potenzialindikatoren können in einem solchen Verfahren auch die weiteren Kompetenzen des Kompetenzmodells beurteilt werden und direkte Personalentwicklungsempfehlungen für den einzelnen abgeleitet werden.

Schließlich muss bei solchen Potenzialanalysen berücksichtigt werden, dass es sich um ein verhältnismäßig aufwendiges Verfahren handelt, welches die Schulung der Beobachter notwendig macht, um eine einheitliche und objektive Beurteilung der Kandidaten zu garantieren.

Die Erwartungshaltung der Teilnehmer berücksichtigen

Durch die Durchführung solcher Potenzialanalyseverfahren wird bei den Teilnehmern eine Erwartungshaltung erzeugt, die bei Nichterfüllung zu Frustration und Demotivation führen kann. Ein Mitarbeiter, der sich im Rahmen eines Talent-Management-Systems einer Potenzialanalyse stellt, erwartet daraus abgeleitete nächste Schritte, die die eigene Karriere im Unternehmen bzw. die persönliche Weiterentwicklung betreffen. Können diese Erwartungen nicht erfüllt werden, weil beispielsweise gar keine Positionen im Unternehmen frei sind oder frei werden, die durch Talente besetzt werden könnten, verkehrt sich der intendierte positive Effekt solcher Potenzialanalysen ins Gegenteil.

Beispiel: Weitere Instrumente zur Potenzialeinschätzung

Weitere Instrumente, die sowohl zur erstmaligen Potenzialbeurteilung als auch im Sinne einer Validierung eingesetzt werden können, sind beispielsweise Persönlichkeitsfragebögen für die Erhebung von Werten und Einstellungen (wie z. B. Veränderungsbereitschaft etc.), Motivationsfragebögen oder kognitive Leistungstests, um den Potenzialtreiber Intelligenz zu erfassen.

Schritt 3: Bestätigung der Potenzialaussagen

In einem dritten Schritt der Potenzialidentifikation geht es schließlich darum,

- die Potenzialaussagen abschließend zu bestätigen,
- gegebenenfalls erste Personalentwicklungsmaßnahmen für die Talente zu initiieren und
- final über die Aufnahme in so genannte Talent-Pools zu entscheiden.

Dies geschieht im Rahmen so genannter Potenzialkonferenzen (auch als People-Review oder Talent-Review bezeichnet). An diesen Konferenzen nehmen alle Führungskräfte einer bestimmten Führungsebene sowie die Führungskräfte der nächsthöheren Ebene teil. Jede Führungskraft stellt hier die Potenzialkandidaten des eigenen Teams bzw. Bereichs vor und diskutiert die eigenen Einschätzungen sowie die Ergebnisse der Potenzialanalyseverfahren mit seinen Kollegen. Im gesamten Unternehmen werden diese Potenzialkonferenzen in verschiedenen Gruppen jeweils nach demselben Ablaufschema durchgeführt. Grundsätzlich gilt: wird über Kandidaten der Ebene n gesprochen, sind die Führungskräfte der Ebenen n+1 und n+2 anwesend. Moderiert werden die Konferenzen vornehmlich durch einen HR-Business-Partner. Tabelle 5 fasst den Ablauf einer solchen Potenzialkonferenz zusammen.

Teilnehmer
• Führungskräfte der Ebenen n+1 und n+2
• HR-Business-Partner
• diskutiert werden Kandidaten der Ebene n
Input
• Potenzialeinschätzung des jeweiligen Vorgesetzten
• Ergebnis des Potenzialanalyseverfahrens
• Kompetenzbeurteilungen (aus dem Mitarbeitergespräch)
Ablauf
1. Jede Führungskraft stellt die eigenen Potenzialkandidaten mit Kompetenz- und Potenzialeinschätzungen vor.
2. Anhand einer Potenzial-Kompetenz-Matrix werden die Kandidaten im Abgleich miteinander dargestellt (Potenzial-Matrix).
3. Die anderen anwesenden Führungskräfte geben ihr Feedback und steuern gegebenenfalls zusätzliche Informationen zu den Kandidaten bei.
4. Alle Anwesenden einigen sich auf eine abschließende Potenzialaussage und entscheiden über die Aufnahme in den Talent-Pool.
5. Personalentwicklungsmaßnahmen werden diskutiert und gegebenenfalls bereits initiiert.
6. Die Ergebnisse werden für ein anschließendes Feedback an den Mitarbeiter aufbereitet.

Tab. 5: Potenzialkonferenz

Die Durchführung solcher Konferenzen als „Korrektiv" im Potenzial-Management-Prozess sorgt dafür, dass sich die Führungskräfte zu Beurteilungsstandards bei der Talent-Identifikation bzw. Potenzialeinschätzung austauschen können, die eigenen Sichtweisen anhand des Feedbacks der Kollegen kalibrieren, Fehleinschätzungen gegebenenfalls revidieren können und schließlich zu einer möglichst fairen Beurteilung der eigenen Mitarbeiter gelangen.

Abbildung 16 fasst abschließend ein idealtypisches Vorgehen im Rahmen des Potenzialmanagements zusammen. Dabei handelt es sich um eine von vielen möglichen Vorgehensweisen, mit der die Autoren unter verschiedenen Rahmenbedingungen gute Erfahrungen gemacht haben.

Potenzialeinschätzung/ Nominierung durch die Führungskraft	Validierung der Potenzialaussage durch ein Potenzialanalyseverfahren	Potenzialkonferenz/ People Review
• Erste Potenzialeinschätzung durch die direkte Führungskraft z. B. anhand eines „Potenzial-Quick-Checks" bzw. auf Basis des Kompetenzmodells • Die Potenzialeinschätzung kann ggf. auch Bestandteil des Mitarbeitergesprächs sein (neben Leistungs- und Kompetenzbeurteilungen) • Diese Potenzialeinschätzung stellt die erste Voraussetzung für die Aufnahmen in ein Talent-Management-Programm dar	• Objektives Verfahren (z. B. Assessment Center, Management Audit, Potenzialanalyse) zur Bestätigung der Potenzialaussage der Führungskraft • Merkmale eines solchen Verfahrens: • Mehrere unabhängige Beobachter/Beurteiler • Unterschiedliche Bausteine im Verfahren (z. B. Interview, Fallstudie, Simulations-, Präsentations- und Gruppenübungen) • Möglichkeit zur Simulation von zukünftigen Herausforderungen • Bewertungskriterien: Potenzialindikatoren und Kompetenzdimensionen • Ergebnis: valide Aussage über die vorhandenen Potenziale des Mitarbeiters sowie erste weiterführende Personalentwicklungsempfehlungen	• Verabschiedung der Potenzialaussage und Entscheidung über die Aufnahme in den Talentpool • „Korrektiv" des Potenzialmanagement-Prozesses • Abgleich und Kalibrierung der Potenzialaussagen mit Kollegen der gleichen Führungsebene

Abb. 16: Prozessdarstellung Potenzialmanagement

4.2 Development: Wie Sie Talente fördern und entwickeln

4.2.1 Der Kompetenzmanagement-Prozess

Jede Personalentwicklungsaktivität – und da macht das Talent-Management keine Ausnahme – baut auf einer grundlegenden Informationsquelle auf: der Übersicht über die im Unternehmen vorhandenen Kompetenzen und deren Ausprägungen. Hierzu sind zwei wesentliche Instrumente bzw. Prozessschritte notwendig:

Schritt 1: Ein Kompetenzmodell entwickeln

Im ersten Schritt geht es um die Entwicklung und Implementierung eines – auf dem Kompetenzmodell aufbauenden – Erhebungsinstrumentes bzw. -prozesses für die Kompetenzen im Unternehmen. Aufgrund der Bedeutung des Kompetenzmodells für alle wesentlichen Schritte des Talent-Managements (auch im Rahmen z. B. der bereits oben beschriebenen Recruiting-Prozesse) wird in Kapitel 5.1 ausführlich auf den Aufbau und auch die Entwicklung eines Kompetenzmodells eingegangen.

Letztendlich bringt die bloße Existenz eines solchen, idealerweise strategischen Kompetenzmodells ein Unternehmen hinsichtlich seiner Talent-Management-Aktivitäten nicht wirklich weiter. Wesentlich ist daher vielmehr, inwiefern diese Inhalte auch tatsächlich genutzt werden. Dies können Sie anhand der folgenden drei Fragen überprüfen:

- Existiert ein methodisch sauberes Instrument zur Erhebung der Kompetenzen der Mitarbeiter?
- Wird dieses Instrument auch verbindlich und (möglichst) objektiv eingesetzt?
- Wie werden die so erhaltenen Informationen über vorhandene Kompetenzen im weiteren Prozess genutzt?

Somit stellt ein erfolgreiches Kompetenzmanagement drei wesentliche Anforderungen, denen das Unternehmen sich stellen muss:

- Ist der HR-Bereich in der Lage, ein methodisch sauberes Instrument zu entwickeln?

- Besteht Aussicht darauf, dass dieses Instrument anschließend auch tatsächlich von den Anwendern (i. d. R. den Führungskräften) verbindlich eingesetzt wird?
- Ist ein klarer Prozess definiert, was mit den Ergebnissen passiert?

Schritt 2: Instrumente zur Erhebung der Kompetenzen auswählen

Ausgehend von der abgeschlossenen Konzeption eines strategischen, unternehmensweiten Kompetenzmodells (zur konkreten Vorgehensweise sowie wesentlichen inhaltlichen Rahmenbedingungen siehe Kapitel 5.1) stellt sich zunächst die Frage danach, welches Instrument eingesetzt werden soll.

In den allermeisten Fällen wird man an dieser Stelle an der Einschätzung der Kompetenzen durch die direkte Führungskraft denken. In der Tat handelt es sich bei dem Instrument der Vorgesetzteneinschätzung (mit einem damit verbundenen Rückmeldeprozess in Form eines Mitarbeiter- oder Feedbackgespräches) um die mit Abstand häufigste Vorgehensweise. Grundsätzlich sind zwar alle in der Übersicht auf Seite 31 dargestellten Instrumente denkbar, die Einschätzung durch den Vorgesetzten besitzt jedoch zwei wesentliche Vorteile:

- Sie ist recht pragmatisch, da es eigentlich ohnehin zur Führungsaufgabe gehört, die eigenen Mitarbeiter einzuschätzen und zu beurteilen.
- Sie nutzt die Beobachtungen eines Feedback-Gebers (der direkten Führungskraft), der in der Regel auf umfangreiche Wahrnehmungen zurückgreifen können sollte. Denn schließlich erlebt die direkte Führungskraft ihren Mitarbeiter im Extremfall täglich.

Allerdings bestehen auch Nachteile, insbesondere hinsichtlich der Fähigkeit (und möglicherweise auch der Bereitschaft) des Vorgesetzten, eine tatsächlich objektive Beurteilung vorzunehmen. Dennoch erscheint das so resultierende Vorgesetztenurteil als grundsätzlich empfehlenswerte Vorgehensweise. Wichtig ist dabei

- die Qualifizierung der Führungskräfte und
- die Rückmeldung der Beurteilung an den Mitarbeiter.

Dabei ist der zweite Punkt, die Rückmeldungen der Beurteilungsergebnisse an den betroffenen Mitarbeiter, in jedem Fall eine unab-

dingbare Erfolgsvoraussetzung für das Gelingen eines Kompetenzmanagements – auch wenn diese Rückmeldung für die reine Erfassung der vorhandenen Kompetenzen streng genommen nicht nötig
wäre, wird bei dem Verzicht auf eine solche ehrliche und transparente Rückmeldung der Prozess spätestens bei der Frage nach der
Verwendung der Ergebnisse scheitern.

Beispiel: Nachteile einer verdeckten Beurteilung

Angenommen, man würde die Ergebnisse dem Mitarbeiter nicht zu-
rückmelden, aber diese Einschätzung im Rahmen eines Bildungs- bzw.
Learning-Prozesses nutzen, um Lernfelder zu identifizieren und den
Mitarbeiter daraufhin auf entsprechende Bildungsmaßnahmen zu schicken. Man kann sich leicht vorstellen, dass die Bereitschaft des Mitarbeiters gering sein dürfte, wenn man ihm den Grund für seine Teilnahme an dieser Bildungsmaßnahme nicht vorab im Rahmen eines Feedbacks rückgemeldet hat und er somit den Sinn der Maßnahmen möglicherweise nicht erkennen kann.

Abgesehen davon, dass eine verdeckte Beurteilung, die ohne Rückmeldung an den Mitarbeiter erfolgt, grundsätzlich abzulehnen ist,
bewegt man sich mit der Frage nach der Beurteilung von Mitarbeitern ohnehin in einem mitbestimmungspflichtigen Themengebiet.
Es erscheint zu Recht schwer vorstellbar, dass eine Arbeitnehmervertretung ein solches Vorgehen akzeptieren dürfte.

Rahmenbedingungen für den Einsatz der Beurteilungsinstrumente

Die Konzeption des Instrumentes sollte sich an folgenden idealtypischen Rahmenbedingungen orientieren:
Ausgehend von einem vorliegenden Kompetenzmodell inklusive der
notwendigen Operationalisierungen (vgl. Kapitel 5.1) ergibt sich die
Notwendigkeit, diese operationalisierten Kompetenzen in ein Beur-
teilungsraster zu überführen. Hierzu ist zunächst eine Beurteilungs-
skala festzulegen. In der Praxis findet man hierzu meist 4er-, 5er-
oder 6er-Skalen. Nach unserer Erfahrung ist die Frage nach der
Skala sicherlich nicht unwichtig, aber doch als zweitrangig zu bewerten. Derartige Instrumente oder Prozesse scheitern in der Regel
nicht an einer „falschen" Skala, sondern eher an mangelnder Transparenz oder Einbindung im Rahmen der Konzeption oder mangelnder Qualifizierung der Führungskräfte im Rahmen der Einführung.

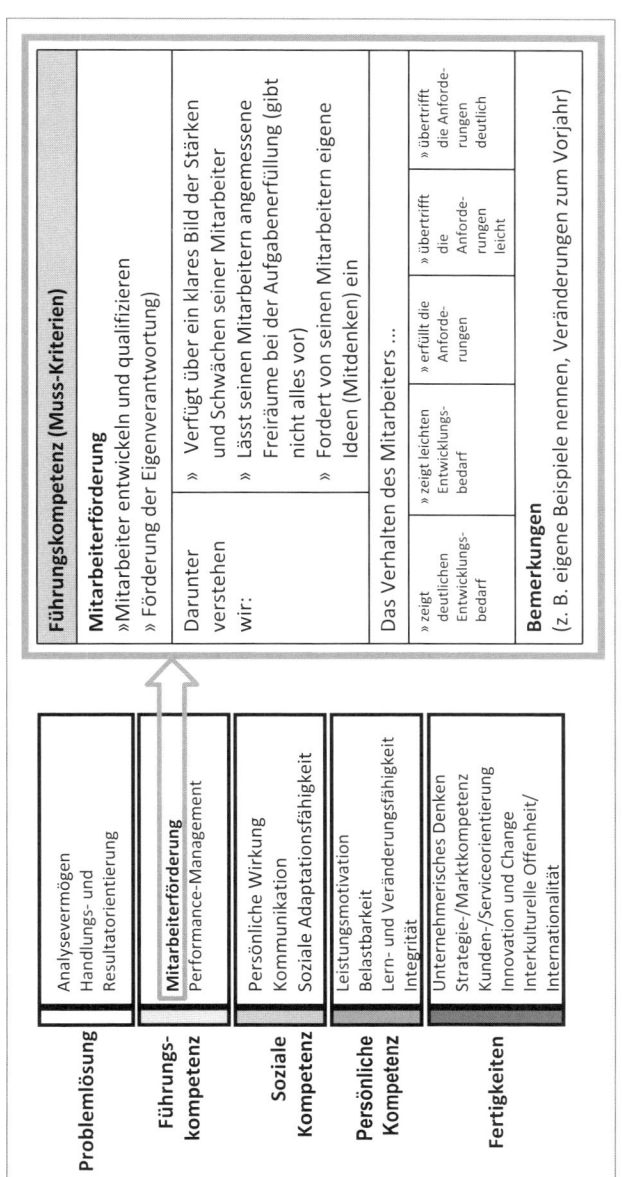

Problemlösung
- Analysevermögen
- Handlungs- und Resultatorientierung

Führungs-kompetenz
- Mitarbeiterförderung
- Performance-Management

Soziale Kompetenz
- Persönliche Wirkung
- Kommunikation
- Soziale Adaptationsfähigkeit

Persönliche Kompetenz
- Leistungsmotivation
- Belastbarkeit
- Lern- und Veränderungsfähigkeit
- Integrität

Fertigkeiten
- Unternehmerisches Denken
- Strategie-/Marktkompetenz
- Kunden-/Serviceorientierung
- Innovation und Change
- Interkulturelle Offenheit/ Internationalität

Führungskompetenz (Muss-Kriterien)

Mitarbeiterförderung
»Mitarbeiter entwickeln und qualifizieren
» Förderung der Eigenverantwortung)

Darunter verstehen wir:	» Verfügt über ein klares Bild der Stärken und Schwächen seiner Mitarbeiter » Lässt seinen Mitarbeitern angemessene Freiräume bei der Aufgabenerfüllung (gibt nicht alles vor) » Fordert von seinen Mitarbeitern eigene Ideen (Mitdenken) ein

Das Verhalten des Mitarbeiters …

» zeigt deutlichen Entwicklungs-bedarf	» zeigt leichten Entwicklungs-bedarf	» erfüllt die Anforde-rungen	» übertrifft die Anforde-rungen leicht	» übertrifft die Anforde-rungen deutlich

Bemerkungen
(z. B. eigene Beispiele nennen, Veränderungen zum Vorjahr)

Abb. 17: Ableitung von Beurteilungskriterien aus dem Kompetenzmodell

Erläuterung zur Abbildung

Die Abbildung 17 zeigt am Beispiel der Kompetenz „Mitarbeiterförderung" die Ableitung der entsprechenden Beurteilungskriterien aus dem Kompetenzmodell. Die Punkte unter „... darunter verstehen wir" entsprechen dem Verhaltensanker aus dem Kompetenzmodell, wobei zwei Punkte zu beachten sind:

- Es werden meist nicht alle Operationalisierungen bzw. Verhaltensanker aus dem Kompetenzmodell übernommen. Im Kompetenzmodell haben diese Verhaltensanker das Ziel, die Kompetenz vollständig zu beschreiben und zu operationalisieren. Das Ziel der Verhaltensanker im Beurteilungsbogen hingegen besteht darin, ein einheitliches Verständnis der Kompetenz zu erzeugen und der Führungskraft die Einschätzung zu erleichtern. Daher empfiehlt sich bei der Konzeption des Beurteilungsinstrumentes eine Auswahl derjenigen Verhaltensanker, die in der täglichen Arbeit am einfachsten durch die Führungskraft beobachtbar sind.
- Eine Bewertung aller einzelnen Verhaltsanker mit anschließender (eventuell mathematischer) Bildung des Gesamturteils hat sich in unseren Projekten nicht bewährt. Zum einen erscheint ein solches Vorgehen zu aufwendig. Denn Führungskräfte sind häufig nicht in der Lage, *alle* Verhaltensweisen differenziert zu beobachten und zu beurteilen, z. B. weil einzelne Verhaltensweisen gar nicht gezeigt wurden. Zum anderen erscheint dieses Vorgehen zu mechanistisch, denn den Führungskräften wird wenig Freiraum bei der Beurteilung ihrer Mitarbeiter gelassen. Ein Instrument, gleich wie gut und sorgfältig es konzipiert ist, kann kaum alle möglichen Eventualitäten und Besonderheiten berücksichtigen, die in einem Beurteilungszeitraum auftreten.

Im Kapitel 5.2 wird noch ausführlich auf das Instrument „Mitarbeitergespräch" eingegangen.

An dieser Stelle – mit Blick auf den Kompetenzmanagement-Prozess – stellt sich nun die Frage nach der Durchführung bzw. der Anwendung des Instrumentes.

Schritt 3: Die Anwendung des Instrumentes sicherstellen

Die Sicherstellung einer verantwortungsvollen, qualitativ hochwertigen und verbindlichen Anwendung des Beurteilungsinstrumentes lässt sich durch drei wesentlichen Faktoren erreichen:

- Transparenz und Partizipation bereits bei der Konzeption des Kompetenzmodells
- Qualifizierung der Führungskräfte (und gegebenenfalls auch der Mitarbeiter) hinsichtlich der Anwendung

Konsequenzen der Einführung eines Kompetenzmanagements

Die Einführung eines Beurteilungsinstrumentes als Grundlage eines Performance-Management-Prozesses ist mehr als nur eine Instrumenteneinführung im Sinne einer Qualifizierung in der Handhabung dieses Instrumentes. Vielmehr greift ein solches Instrument – vorausgesetzt, es stellt für die Organisation etwas Neues dar – in grundlegende kulturelle Eigenschaften ein. Ein solches Instrument bzw. der zugrunde liegende Prozess

- verändert die Kultur der Zusammenarbeit,
- begründet neue Führungsaufgaben und damit u. U. ein neues Führungsverständnis in der Organisation,
- begründet eine grundlegenden Feedback- und damit auch Kommunikationskultur und
- beeinflusst direkt den Umgang der Führungskraft mit Ihren Mitarbeitern.

Über diese Konsequenzen der Einführung eines Kompetenzmanagement-Prozesses müssen Sie sich im Klaren sein. Daher wird deutlich, dass den oben genannten Erfolgsfaktoren der Transparenz, der Partizipation und der Qualifizierung eine entsprechend hohe Bedeutung zukommt.

Wie diese Erfolgsfaktoren in der Praxis erreicht werden, ist im Kapitel 5.1 im Rahmen eines idealtypischen Vorgehens dargestellt.

Schritt 4: Verwendung der Ergebnisse

Ein Kompetenzmanagement sollte stets mit einem konkreten Ziel vor Augen eingeführt werden. Wie bereits eingangs erwähnt, stellt ein Überblick über die im Unternehmen vorhandenen Kompetenzen die Grundlage für sämtliche weiteren Schritte dar. Besonders naheliegend sind zwei Zielsetzungen für ein Kompetenzmanagement:

- Identifikation von Potenzialträgern bzw. Talenten (über die Beurteilung von Potenzialtreibern im Beurteilungsinstrument)
- Identifikation von Entwicklungsfeldern zur anschließenden bedarfsorientierten Förderung und Qualifizierung der Mitarbeiter

> **Achtung**
> Die Identifikation von Minderleistern stellt keine Zielsetzung im Rahmen des Talent-Management-Systems dar. Die direkten Führungskräfte sollten auch ohne ein detailliertes Kompetenz-Management-System in der Lage sein, Minderleister in ihrem Führungsbereich zu identifizieren.

Selbstverständlich kann auch die Zielsetzung verfolgt werden, so genannte Minderleister zu identifizieren. Auf diesen Punkt wird jedoch im Weiteren aus zwei Gründen nicht weiter eingegangen:

1. Eine solche Zielsetzung stellt kein Ziel im Rahmen eines Talent-Management-Systems dar.
2. Die direkten Führungskräfte sollten auch ohne ein detailliertes Kompetenz-Management-System in der Lage sein, so genannte Minderleister in ihrem Führungsbereich zu identifizieren.

Strenggenommen ist ein Instrument, wie die hier dargestellte Beurteilung durch den Vorgesetzten, kein optimales Verfahren zur Identifikation von Potenzialen (vgl. hierzu auch den Abschnitt über den Potenzialmanagement-Prozess auf Seite 99 ff.). Grundsätzlich können alle dort dargestellten Instrumente und Vorgehensweisen auch zur Erfassung von Kompetenzen genutzt werden, ebenso wie häufig auch Potenzialaussagen aus den oben dargestellten Vorgesetztenbeurteilungen bzw. Mitarbeitergesprächen abgeleitet werden. Dies macht eine methodische Abgrenzung der einzelnen Prozesse nicht leichter. Dennoch empfehlen wir die Nutzung des Vorgesetztenurteils bzw. Mitarbeitergespräches im Rahmen des Kompetenzmanagements und die Nutzung der dargestellten Vorgehensweise für die Potenzialanalyse.

Daher fokussiert die Anwendung des Kompetenzmanagements in der Regel auf den sich im Gesamtmodell anschließenden Learning-Management-Prozess:

- Identifikation von Lernfeldern im Rahmen des Kompetenzmanagements und
- anschließende Ableitung, Konzeption und Durchführung von Interventionsmaßnahmen im Rahmen des Learning-Managements (s. u.).

Zusammenfassung: Idealtypisches Vorgehen zur Entwicklung und Implementierung eines Kompetenzmanagements

Das mögliche und nach unserer Auffassung idealtypische Vorgehen wird im Folgenden an einem realen Projektverlauf deutlich gemacht. Abbildung 18 zeigt einen solchen idealtypischen Verlauf.

Zu Beginn des Projektes werden zunächst die Zielsetzungen festgelegt. Falls es um die Konzeption eines Mitarbeitergespräches als Beurteilungsinstrument geht, so stellt sich z. B. die Frage bereits zu Beginn, wofür diese Beurteilungsergebnisse anschließend genutzt werden sollen. Handelt es sich um ein reines Entwicklungsgespräch (d. h. die Ergebnisse finden sich anschließend ausschließlich im Rahmen des Learning-Management-Prozesses wieder) oder soll das Instrument auch Informationen liefern zu Potenzialträgern, Besetzungs- und Nachfolgeentscheidungen etc.?

Zeitpunkt und Rhythmus der Durchführung

Des Weiteren gilt es, im Rahmen klassischer Projekt-Management-Tools die Zeitplanung festzulegen. Eng damit verbunden sind Fragen nach operativen Rahmenbedingungen, insbesondere Zeitpunkt und Rhythmus der Durchführung. Meist werden derartige Mitarbeitergespräche jährlich durchgeführt – in diesem Fall sollte man bereits zu Beginn die Frage stellen, wann im Jahr die Durchführung sinnvoll ist und wann die dazugehörigen Entwicklungsmaßnahmen durchgeführt werden sollen. Hier ist dann im Jahresverlauf z. B. zu berücksichtigen, wann die Budgetplanungen für Personalentwicklungsmaßnahmen im Unternehmen stattfinden. Der Prozess der Beurteilung und Auswertung, d. h. die Zusammenfassung der Ergebnisse, muss bis zu diesem Zeitpunkt abgeschlossen sein, damit diese Ergebnisse in der Budgetplanung berücksichtig werden können. Dies ist ein administratives Detail, aber häufig verzögert sich durch solche Details die Durchführung vereinbarter Maßnahmen, was im Nachgang bei den Mitarbeitern zu Enttäuschung und dem Gefühl fehlender Nachhaltigkeit führt.

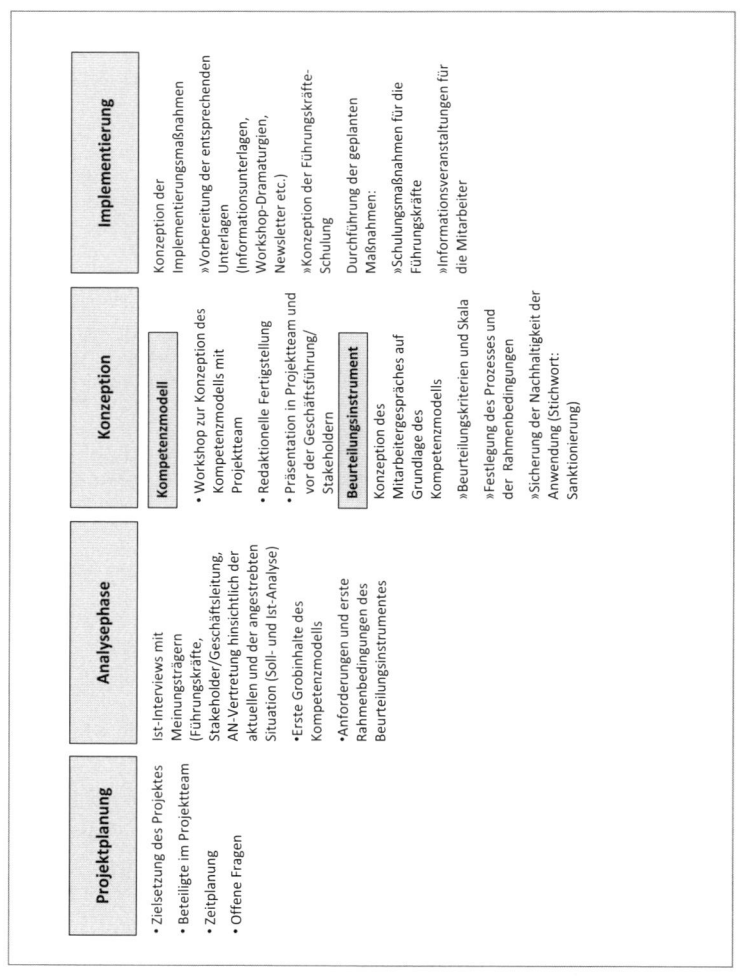

Abb. 18: Idealtypischer Projektverlauf „Implementierung Kompetenzmanagement"

Zusammensetzung des Projektteams

Der möglicherweise wichtigste Punkt besteht in der Zusammensetzung des Projektteams. Wer soll im Rahmen des Projektes die eigentliche inhaltliche Arbeit übernehmen? Zudem gilt es, regelmäßige Zwischenstände an die Stakeholder (meist die Geschäftsführung) zurückzumelden.

Nach unserer Erfahrung hat sich bei der Zusammensetzung eines Projektteams die Berücksichtigung folgenden Anregungen bewährt:

* hierarchische Durchmischung, d. h. nicht nur Führungskräfte, sondern auch Mitarbeiter;
* in jedem Fall Einbezug der Arbeitnehmervertretung;
* Berücksichtigung von Meinungsbildnern, sowohl auf Mitarbeiter- wie auf Führungskräfteebene. Dabei handelt es sich nicht unbedingt um hierarchisch wichtige und exponierte Personen, sondern um Personen, deren Meinung in der jeweiligen Gruppe gehört wird und Gewicht hat. (Häufig, aber nicht zwangsläufig kann ein Betriebs- oder Personalrat diese Rolle auf der Ebene der Mitarbeiter übernehmen.)

Sollte hierbei das Projektteam – gerade in größeren Organisationen – zu umfangreich werden, hat sich die Bildung eines Kernteams (mit maximal sechs bis acht Mitgliedern) bewährt.

Durchführung von Interviews im Rahmen der Analysephase

Bevor nun mit der eigentlichen konzeptionellen Arbeit begonnen wird, sollte im Rahmen einer Analysephase mit den wesentlichen Personen im Unternehmen gesprochen werden. Diese Teilnehmergruppe wird in der Regel nicht dem Projektteam entsprechen. In jedem Fall sollten sämtliche Mitglieder der Geschäftsleitung (Geschäftsführer, Vorstand etc.) interviewt werden. In kleineren Organisationen kann man möglicherweise eine gesamte Führungsebene einbinden, in größeren Organisationen wird man eine repräsentative Auswahl treffen.

Inhalte dieser Interviews sollten sein:

* Erwartungen an das Projekt bzw. an das resultierende Instrument
* erste Inhalte (z. B. Kompetenzen des Kompetenzmodells)

- wichtige Rahmenbedingungen (z. B. Aufwand für die Durchführung, Rhythmus etc.)

Eine beispielhafte Fragen- bzw. Themensammlung für diese Gespräche ist in der folgenden Tabelle zusammengestellt:

Themensammlung für Gespräche zum Kompetenzmodell	
Erwartungen	
• Erfahrungen mit dem „alten" Instrument (falls vorhanden)	
• Erwartungen (Wünsche) an das „neue" Instrument	
Strategie und Ziele	
• Strategie des Unternehmens	
• strategische Geschäftsfelder	
• Wettbewerbssituation	
• langfristige/operative Unternehmensziele	
• daraus resultierende (zukünftige) Anforderungen an die Mitarbeiter und Führungskräfte	
Leitbild/Werte/Kultur	
• Unternehmensleitbild und Unternehmensphilosophie	
• Unternehmenskultur, Führungskultur und zentrale Werte	
• Daraus resultierende (zukünftige) Anforderungen an die Mitarbeiter und Führungskräfte	
Erste Inhalte des Beurteilungssystems	
• die wichtigsten zukünftigen Herausforderungen (wichtige Projekte, zu lösende Kernprobleme)	
• Konsequenzen für die Führungskräfte und Mitarbeiter	
• Differenzierungsmerkmale Leistungsträger auf Mitarbeiterebene („Was macht einen Topmitarbeiter aus?")	
• zusätzliche Eigenschaften oder Differenzierungsmerkmale (ausschließlich) für Topführungskräfte („Was macht eine Topführungskraft aus?")	

Tab. 6: Interviewthemen

Sammlung von Beurteilungskriterien

Schließlich kann eine erste Sammlung von Beurteilungskriterien im Gespräch berücksichtigt werden (vgl. Abb. 19).

		Wie *wichtig** ist Ihnen diese Anforderung im (neuen) Beurteilungssystem?	Was *verstehen* Sie unter dieser Anforderung? (Beispiele/Verhalten)
Arbeitsverhalten	Kundenorientierung		
	Serviceorientierung		
	Selbstständigkeit und Initiative		
	Urteilsvermögen		
	Überzeugungsfähigkeit		
Führungsverhalten	Motivation der Mitarbeiter		
	Einsatz von Mitarbeitern		
	Beurteilung und Förderung		
	Ideenfindung		

* 1 = unwichtig; 5 = sehr wichtig

Abb. 19: Berücksichtigung erster Kompetenzen im Interview

Die hier vorgegebenen Kriterien, die von den Interviewpartnern eingeschätzt werden sollen, kommen entweder aus einem bereits bestehenden Beurteilungssystem oder Kompetenzmodell oder können aus einer vorangegangenen Dokumentenanalyse resultieren. Sollte dies nicht möglich sein, so kann man auch ein Standard-Kompetenzmodell, wie es z. B. im Anhang dargestellt ist, verwenden.

Kienbaum Expertentipp

Wenn Sie eine Sammlung von Kriterien vorgeben, fragen Sie nach Möglichkeit nicht einfach nach der Wichtigkeit der einzelnen Kriterien. Sie werden sonst als Antwort häufig zu hören bekommen, dass alle Kriterien wichtig seien. Hilfreich kann in diesem Fall sein, die Kriterien vom Gesprächspartner z. B. in eine Reihenfolge der Wichtigkeit zu bringen.

Entwicklung des Kompetenzmodells

Im Anschluss an diese Interviews im Rahmen der Analysephase wird in der Konzeptionsphase zunächst das zugrunde liegende Kompetenzmodell entwickelt. Hierzu empfiehlt sich zunächst – sofern möglich – eine Zusammenfassung der Rückmeldungen aus den

Interviews, um bereits mit einem ersten Entwurf in den Workshop starten zu können und nicht bei null beginnen zu müssen.

Im Rahmen dieses Workshops (meist sollte eine eintägige Veranstaltung genügen) werden dann gemeinsam mit dem Projektteam die Inhalte dieser ersten Version überarbeitet. Orientieren kann man sich dabei an drei wesentlichen Fragestellungen:

- Fehlt etwas Wesentliches? Fehlen erfolgskritische Kompetenzen, die ein erfolgreicher Mitarbeiter/eine erfolgreiche Führungskraft in Ihrem Unternehmen besitzen muss?
- Sind Inhalte überflüssig, redundant oder (was recht häufig vorkommt) doppelt enthalten?
- Was verstehen wir unter den jeweiligen Kompetenzen? Dabei reicht es im Rahmen eines eintägigen Workshops meist, sich bis auf die Ebene der Teilkompetenzen (vgl. Kapitel 5.1) zu fokussieren.

Die Ebene der Verhaltensanker erscheint für die Bearbeitung im Rahmen eines solchen Workshops zu detailliert und zeitintensiv. Diese sollte eher im Nachgang des Workshops vorgenommen werden. Das Kompetenzmodell kann dann an die Teilnehmer des Workshops/Projektteams und anschließend auch an die Stakeholder zurückgemeldet werden

Agenda für den Workshop

Eine mögliche Agenda für einen derartigen Workshop orientiert sich daher grob an den oben aufgeführten Fragestellungen. Die Abbildungen 20 und 20a zeigen eine beispielhafte Workshop-Agenda für eine derartige eintägige Veranstaltung sowie das grundsätzliche Vorgehen bei der Entwicklung eines Kompetenzmodells.

Thema	Inhalt	Vorgehen
Einführung	Impulsvortrag: Inhalte und Struktur Kompetenzmodelle Benchmark-Vergleiche	Präsentation
Aktueller Stand	Ergebnisse der Interviews: Aktueller Stand des Kompetenzmodells	Präsentation, Diskussion im Plenum
Zusätzliche Inhalte	Sammlung wesentlicher erfolgskritischer Kompetenzen, die im vorgestellten Entwurf noch fehlen	Kartenabfrage
Funktionstypen	Festlegung evtl. Funktionstypen	Diskussion im Plenum
Detail-Ausarbeitung	Pro Funktionstyp Ausarbeitung der Kompetenzen	Gruppenarbeit: eine Gruppe pro Funktionstyp
Präsentation	Präsentation der Gruppenergebnisse Diskussion evtl. Änderungen	Diskussion im Plenum

Abb. 20: Mögliche Workshop-Agenda zur Erarbeitung eines Kompetenzmodells

Entwicklung eines Kompetenzmodells		
Analyse des Ist-Modells	Welche Rahmenbedingungen sind fix, welche können wir ändern?	Identifikation des Gestaltungsspielraums für das weitere Vorgehen
Konzeption des Kompetenz-modells	Festlegung der Funktionstypen » Variante 1: Funktionstypen nach Laufbahn, dann Untertypen pro Hierarchieebene » Variante 2: Funktionstypen pro Hierarchie, dann Untertypen nach Laufbahn	Empfehlung: Variante 1 – in Abhängigkeit von der Durchgängigkeit der Laufbahnen
Konzeption der Inhalte	Festlegung von » Kompetenzfeldern » Kompetenzdimensionen » Competencies	Erarbeitung in Kleingruppen

Abb. 20a: Entwicklung eines Kompetenzmodells

Der zweite Schritt der Konzeption besteht dabei in der Überführung in das gewählte Instrument (in unserem beispielhaften Vorgehen das Mitarbeitergespräch). Die Grundidee ist bereits komprimiert in Abbildung 17 dargestellt worden. Im Projektteam sind hierzu folgende Fragen zu klären:

• Welche Skala wird zur Bewertung genutzt?

Dies beinhaltet auch, wie die einzelnen Skalenstufen zu benennen sind und welche Skalenstufe der „100 %-Marke" entspricht.

- Wird es Soll- oder Kann-Kriterien geben?
- Sind verschiedene Instrument für unterschiedliche Job-Familien vorgesehen (z. B. für Führungskräfte und Mitarbeiter ohne Führungsverantwortung)?

Zu den einzelnen Punkten finden Sie in Kapitel 5.2 (Mitarbeitergespräch) weitere Hinweise.

Die Implementierung ist häufig der wesentliche Punkt des gesamten Projektes. Während man im Rahmen der Analyse und Konzeption zwar recht viele handwerkliche Fehler begehen kann, wirken sich diese häufig gar nicht so wesentlich auf den Erfolg des Projektes aus. Einen deutlich höheren Einfluss auf den Erfolg hat – wie sich in vielen Projekten immer wieder gezeigt hat – das Vorgehen im Rahmen der Implementierung. Denn an dieser Stelle werden die *Bereitschaft* und die *Fähigkeit* der Führungskräfte beeinflusst, das entwickelte Instrument tatsächlich anzuwenden.

In dieser Projektphase entscheidet sich, ob die Führungskräfte

- in der Lage sein werden, das Instrument verantwortungsvoll und professionell anzuwenden, und
- ob sie es auf dieser Grundlage auch tatsächlich tun werden.

Daher ist es so entscheidend, die Führungskräfte so früh wie möglich im Prozess intensiv und transparent einzubinden und ihre Anregungen auch zu berücksichtigen – nur dadurch wird Akzeptanz entstehen, auf die man in der Implementierung bauen kann. Zudem gilt es im Rahmen von Führungskräfteschulungen zu qualifizieren und auch Ängste und Bedenken auszuräumen. Für eine nachhaltige und konsequente Durchführung des Prozesses ist es wesentlich, dass die Führungskräfte mit dem Gefühl aus diesen Schulungen gehen, dass sie sich die Durchführung der Gespräche zutrauen – nur dann werden sie es auch tun.

Kienbaum Expertentipp

Bedenken Sie stets, dass die Einführung eines Kompetenzmanagements meist anspruchsvoller ist als eine reine Instrumentenentwicklung und Schulung der Anwender für dieses Instrument. Die entsprechenden Schulungen sollten daher das grundlegende Führungs- und Rollenverständnis im Unternehmen zum Thema haben.

Die folgende Übersicht enthält einige konkrete Inhalte für die Führungskräfteschulungen:

Übersicht: Inhalte und Zielsetzungen für die Schulungen	
Vertraut machen mit dem Instrument und dem Prozess	
• Wie läuft der Gesamtprozess (Rhythmus, Termine der Gespräche, Teilnehmer)?	
• Wer ist wofür verantwortlich (Einladung, Organisation etc.)?	
• Gibt es eine Selbsteinschätzung des Mitarbeiters? Wenn ja, wie ist mit dieser umzugehen?	
Gesprächsführung und Feedback	
• Wie wird ein Mitarbeitergespräch aufgebaut? Welche Phasen gibt es?	
• In welcher Reihenfolge werden welche Inhalte besprochen?	
• Wer hat welche Rolle/Aufgabe im Gespräch?	
Umgang mit schwierigen Gesprächen	
• Umgang mit unterschiedlichen Einschätzungen und Wahrnehmungen	
• Deeskalation von Konflikten	
• Formelle und notfalls arbeitsrechtliche Rahmenbedingungen	
Einschätzungen/Wahrnehmung und Beurteilung	
• Verständnis der Skala/Vermittlung eines gleichartigen Beurteilungsmaßstabs	
• Beurteilungsfehler und deren Vermeidung	
• Schnittstelle zwischen der Beurteilung und dem sich anschließenden Learning-Prozess	
• Grundmodelle des Lernens. Wann ist welche Lernform angebracht?	
• Wie findet man die richtige Maßnahme bei erkanntem Handlungsbedarf?	

Tab. 7: Inhalte Führungskräfteschulungen

Akzeptanz für das neue Instrument steigern

Des Weiteren kann es durchaus sinnvoll sein, auch die Mitarbeiter zu qualifizieren – wobei es sich hierbei weniger um eine Qualifizierung im engeren Sinne handelt als um eine intensive Information über Prozess, Instrument und Inhalte sowie die eigene Rolle im Prozess. Hierbei steht das Ziel im Vordergrund, Ängste und Bedenken auszuräumen und Werbung für das Instrument zu betreiben, um die Akzeptanz auch auf der Mitarbeiterebene zu steigern. Erfahrungsgemäß steigt die Qualität der Beurteilung und der Gesprächsführung, wenn beide Seiten entsprechend vorbereitet werden. Hier sind meist intensive, halbtägige Informationsveranstaltungen mit folgenden Schwerpunkten ausreichend:

- Transparenz schaffen hinsichtlich der Zielsetzung des Mitarbeitergespräches
- Ängste und Bedenken nehmen durch offensive Transparenz der Instrumente und des Prozesses
- Information über Konsequenzen (Eskalationsstufen, Folgen bei schlechter Beurteilung etc.)

4.2.2 Der Learning-Management-Prozess

Die Ergebnisse aus dem Kompetenzmanagement-Prozess bzw. aus dem Mitarbeitergespräch bilden die Grundlagen für einen systematischen und zielgerichteten Learning-Management-Prozess. Letztendlich geht es um die Kernfrage, wie aus den z. B. im Mitarbeitergespräch gewonnenen Bewertungsinformationen ziel- und bedarfsgerichtete Interventionen abgeleitet und durchgeführt werden können. Die Abbildung 21 gibt einen groben Überblick zu der Schnittstelle zwischen Kompetenzmodell, Beurteilungsinstrument (Beispiel Mitarbeitergespräch) und dem eigentlichen Learning-Management-Prozess.

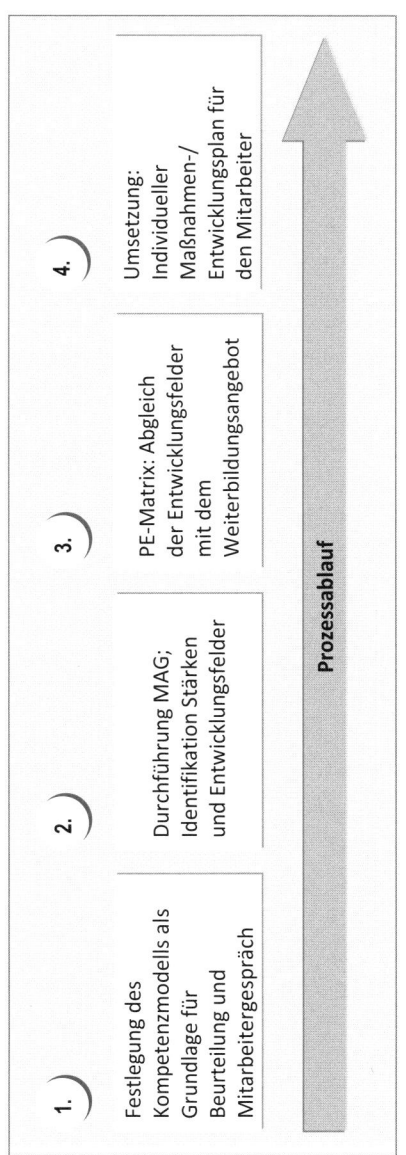

Abb. 21: Prozess vom Kompetenzmodell zur Maßnahme

In der Vergangenheit wurde der Learning-Management-Prozess häufig als reine Organisation und Durchführung recht einheitlicher Seminare oder Trainings verstanden. In den letzten Jahren haben sich jedoch neuere Perspektiven durchgesetzt, die aus – zum Teil recht ernüchternden – Erfahrungen mit den Lernerfolgen solcher klassischer Lernformen resultierten.

Ein gutes Beispiel ist hierfür das klassische Führungskräfteentwicklungsprogramm: Ausgangssituation ist häufig die etwas diffuse (oder vielleicht auch schon sehr konkrete) Zielsetzung, die Führungsqualität im Unternehmen zu optimieren – wobei häufig eine Definition oder gar Operationalisierung von „Führungsqualität" ausbleibt. Als Ergebnis werden nicht selten Entwicklungsprogramme für alle Führungskräfte des Unternehmens zusammengestellt: klassische Inhalte sind dann z. B.

- Grundlagen der Führungstätigkeit
- Gesprächsführung/schwierige Mitarbeitergespräche
- Konfliktmanagement
- strategisches Management
- Zeit- und Selbstmanagement

Dabei wird niemand ernsthaft bestreiten, dass diese genannten Themenfelder für eine Führungskraft wichtig sind. Bei genauerer Betrachtung stellen sich jedoch einige Fragen, die in den klassischen Ansätzen nicht berücksichtigt werden:

1. Was genau ist eigentlich das Lernziel? Was sollen die Trainingsteilnehmer lernen – oder anders ausgedrückt: Was soll nachher besser sein als vorher, denn nur dann hatte die Veranstaltung einen Sinn?
2. Muss jeder Teilnehmer das gleiche Curriculum durchlaufen? Hier wird gerne argumentiert, dass es aufwendiger sei, für jeden Teilnehmer eine bedarfsorientierte Maßnahmenplanung vorzunehmen als einfach jeden Teilnehmer zu jeder Veranstaltung zu schicken.
3. Ist überhaupt ein Seminar bzw. eine Seminarreihe die richtige Lernform?

Mit diesen drei Grundfragen muss sich ein modernes Learning-Management beschäftigen. Letztendlich führen die ersten beiden

Fragestellungen zu einer Definition des Bildungsbedarfsanalyse-Prozesses: Was soll der Teilnehmer können (die Soll-Definition aus Frage 1) und was kann er schon (Ist-Ausprägungen), um den Gap (also den Bildungsbedarf) zu bestimmen (Frage 2)?

Ziel des Learning-Management-Prozesses

Der Learning-Management-Prozess hat das Ziel, für jeden Teilnehmer (also für jedes identifizierte Talent) die Lücke zwischen den Kompetenzen, die er haben müsste (idealerweise definiert durch das Kompetenzmodell – das „Soll") und den Kompetenzen, die er aktuell besitzt (erhoben im Rahmen des Kompetenzmanagements z. B. durch ein Beurteilungssystem, also dem „Ist") möglichst erfolgreich (also durch die geeignetste Lernform) zu schließen.

Betrachten wir die drei wesentlichen Eingangsfragen einmal im Detail.

Lernziel oder Soll-Definition

Im Rahmen eines durchgängigen Talent-Management-Systems sollten die grundlegenden erfolgskritischen Kompetenzen im Kompetenzmodell dargestellt und operationalisiert sein. Dabei fokussiert sich das Kompetenzmodell auf erfolgskritische und gegebenenfalls strategische Kompetenzen, weniger auf operative, für die Bewältigung des operativen Tagesgeschäfts notwendige und damit hoch stellenspezifische Skills.

Die Förderung dieser Skills z. B. im Rahmen des Skill-Managements liegt weniger im Fokus des Talent-Managements. Dies liegt darin begründet, dass sich das Talent-Management auf eher langfristige Entwicklungsmöglichkeiten fokussiert (daher der Fokus auf Potenziale und Kompetenzen) und eher die Frage stellt, wohin sich ein Talent entwickeln kann. Das Skill-Management fokussiert sich eher auf die Frage, was einem Mitarbeiter zur Erfüllung seiner aktuellen Aufgabe noch an konkretem Handwerkszeug fehlt. Es ist also per se wenig strategisch und geht stark von einer Defizitorientierung aus – d. h. dem Mitarbeiter fehlen spezielle, einzelne Skills, um seine tägliche Arbeit erfolgreich zu bewältigen, und dieses Defizit gilt es durch Schulungsmaßnahmen auszugleichen. Das Learning-Management innerhalb eines Talent-Management-Ansatzes geht hingegen von einer Entwicklungsorientierung aus: Welche Kompetenzen kann man bei einem Talent noch weiter fördern, damit dieses Talent mittel- bis langfristig weiterführende Aufgaben übernehmen kann?

Dabei schließen sich beide Sichtweisen – Entwicklungs- und Defizitorientierung – nicht aus, sondern ergänzen sich; denn es ist nachvollziehbar, dass auch ein Talent sein operatives Tagesgeschäft bewältigen und beherrschen muss.

Im Learning-Management stellt somit das Kompetenzmodell das Bildungssoll dar; idealerweise operationalisiert durch die Verhaltensanker. Wenn auf Basis des Kompetenzmodells ein Beurteilungsinstrument entwickelt wurde, so kann sich ein Unternehmen mit Hilfe dieses Beurteilungsinstruments nicht nur einen Überblick über die vorhandenen Kompetenzen verschaffen, sondern auch bei den einzelnen Mitarbeitern/Talenten noch fehlende Kompetenzen, also Lernfelder, identifizieren. Nur mit Hilfe des Kompetenzmodells und eines darauf aufbauenden Beurteilungsinstrumentes kann die Bedarfsorientierung jedweder Bildungsmaßnahme ermöglicht werden.

Bedarfsorientierung der Maßnahmen

Eine Maßnahme – ganz gleich welcher Form, ob Seminar, Fernlehrgang, Literaturstudium oder Blended Learning – muss sich somit auf zwei Ebenen der Frage nach der Bedarfsorientierung stellen:

- auf der unternehmensweiten oder summarischen Ebene und
- auf der individuellen Ebene.

Die Unternehmensweite oder summarische Ebene

Die unternehmensweite oder summarische Ebene berührt die Frage, ob die in der Maßnahme vermittelten Inhalte bzw. die verfolgten Lernziele direkt auf Kompetenzen des Kompetenzmodells wirken. Eine Maßnahme, deren Inhalte keinen Bezug zu den erfolgskritischen Kompetenzen des Kompetenzmodells aufweist, kann per se nicht bedarfsorientiert sein. Auch wenn diese Schlussfolgerung trivial erscheint, erlebt man in der Praxis durchaus Abweichungen von diesem Prinzip.

Beispiel

Bildungsmaßnahmen, deren Inhalte keinen Bezug zu den erfolgskritischen Kompetenzen des Unternehmens haben, sind z. B. Sprachkurse in einem Unternehmen, dass gar keine Internationalisierungsstrategie verfolgt und wo folgerichtig auch keine Kompetenzen wie „Internationalität" oder „Sprachkenntnisse" etc. im Kompetenzmodell auftauchen.

Die individuelle Ebene

Auf der individuellen Ebene stellt sich die Frage, ob für jeden Teilnehmer einer Maßnahme genau diese Maßnahme geeignet ist bzw. ob das dahinterliegende Lernziel ein tatsächliches Entwicklungsfeld genau dieses Mitarbeiters darstellt. Hieraus ergibt sich die klassische Frage: „Bedarfsorientierung oder Gießkannenprinzip?" Während man bei einzelnen Maßnahmen heutzutage in der Regel auf eine hohe Bedarfsorientierung fokussiert, werden umfassende Programme, wie z. B. Führungskräfte-Entwicklungsprogramme, auch heutzutage gerne noch einheitlich aufgestellt.

Dabei ist es sicherlich zu vertreten, wenn alle Führungskräfte – unabhängig ihrer individuellen Bedarfe – gemeinsame Grundlagenveranstaltungen besuchen, z. B. zur im Unternehmen gewünschten und gelebten Führungskultur. Problematisch wird es eher, wenn individuelle Bedarfe nicht zusätzlich (z. B. durch Wahlmodule o. Ä.) angegangen werden können. Daher bestehen moderne Führungskräfte-Entwicklungsprogramme häufig aus einer Kombination beider Vorgehensweisen:

- grundlegende Module für Führungskräfte, bewusst unabhängig von individuellen Bedarfen, z. B. Führungskultur und -verhalten in unserem Unternehmen (Führungsleitlinien, Werte etc.) und
- zusätzlich individuelle Module in Abhängigkeit individueller Bedarfe, wobei hier wiederum ein – auf dem Kompetenzmodell aufbauendes – Beurteilungsinstrument notwendig ist.

Grundlegende Entwicklungsprogramme für alle Führungskräfte bzw. Talente eines Unternehmens mit allen Inhalten, „die Führungskräfte halt so brauchen", erscheinen vor diesem Hintergrund nicht mehr zeitgemäß. Allerdings werden auch in solchen Programmen verstärkt Maßnahmen integriert, die eine individuelle Bedarfsorientierung aufweisen – dazu gehören sämtliche coachingorientierten Ansätze.

Auswahl geeigneter Lernformen

Dass Personalentwicklung nicht nur aus einer Ansammlung von Trainings oder Seminaren besteht, sondern auch andere Maßnahmenformen beinhaltet, dürfte sich inzwischen herumgesprochen haben. Die Frage, welche Maßnahmenform jedoch für welches identifizierte Lernfeld die geeignet ist, ist jedoch nicht so trivial.

Die Kompetenzen eines Kompetenzmodells lassen sich in eine unterschiedliche Sortierung bringen, die auch als Kompetenzpyramide bezeichnet wird (vgl. Abb. 22). Üblicherweise stehen an der Basis dieser Pyramide die so genannten persönlichen Kompetenzen, die auch „Einstellungen", „Persönlichkeitsstruktur" etc. genannt werden. An der Spitze der Pyramide finden sich meist methodische Kompetenzen, die eine große Nähe zu den bereits genannten Skills aufweisen (z. B. Sprachkenntnisse, Projektmanagement, Zeit- und Selbstmanagement etc.). In der Mitte der Pyramide finden sich dann die sozialen und die Führungskompetenzen – also praktisch die Kompetenzen, die für den Umgang mit anderen Menschen benötigt werden.

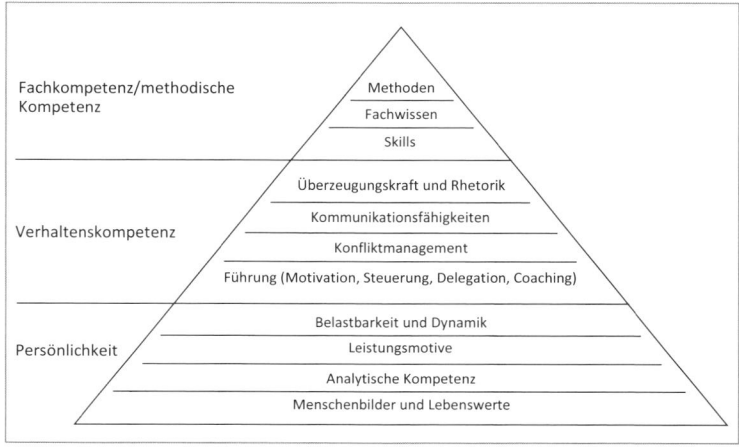

Abb. 22: Kompetenzpyramide

Je weiter man in dieser Pyramide nach oben wandert, desto stärker gelangt man zu Kompetenzen, die einen methodischen Hintergrund besitzen, den man sich aneignen kann (z. B Projektmanagement).

Anders ausgedrückt: die methodischen Kenntnisse an der Spitze der Pyramide sind diejenigen Kompetenzen, die mit vertretbarem Aufwand am einfachsten zu verändern bzw. zu optimieren sind. Die Kompetenz „Projektmanagement" ist hier ein gutes Beispiel:

Beispiel: Kompetenzen sind optimierbar

Wenn eine Führungskraft nicht oder nicht ausreichend über Kenntnisse im Projektmanagement verfügt, so kann sie durch Seminare, Schulungen, Literatur etc. in diesem Themenbereich sicherlich recht schnelle Lernfortschritte realisieren.

Auch die Fachkompetenzen werden häufig an dieser Stelle in der Pyramide verortet. Die meisten fachlichen Kompetenzen können – auf Grundlage einer ausgeprägten Lern- und Veränderungsbereitschaft und eines entsprechenden Aufwandes – sicherlich schnell angeeignet werden.

An der Basis der Pyramide finden sich hingegen eher grundlegende Einstellungen – Werte, Grundüberzeugungen, Motivationsstrukturen –, die für Menschen selbstverständlich in hohem Maße handlungsleitend sind, jedoch wenig durch klassische Personalentwicklungsmaßnahmen beeinflusst werden können. Hierzu gehören z. B. die Leistungsmotivation, die Lern- und Veränderungsbereitschaft, aber auch intellektuelle Fähigkeiten oder die Kundenorientierung, da diese auf einem Grundkonzept „Servicebereitschaft" aufbaut. (Hier zeigt die Praxis, dass sich Seminare z. B. zur Steigerung der Kunden- und Serviceorientierung mittel- bis langfristig nur durch überschaubare Erfolge auszeichnen.)

Diese Erkenntnis kann man nun dazu nutzen, den unterschiedlichen Ebenen der Pyramide unterschiedliche Lern- oder Interventionsformen zuzuordnen.

- Auf der obersten Ebene sind mäßige Interventionsformen (Literaturstudium, Fernlehrgänge, selbstgesteuertes Lernen oder „normale" Seminare etc.) möglicherweise ausreichend.
- Auf der mittleren Ebene wird dies nicht mehr reichen. Hier muss deutlich stärker interveniert werden, z. B. durch hoch interaktive Verhaltenstrainings oder durch individuelle Einzeltrainings- oder auch Coaching-Maßnahmen.

- Auf der Ebene der persönlichen Kompetenzen schließlich wird – wenn überhaupt – nur ein intensives und tiefgehendes Coaching sinnvoll sein.

Allerdings wird dieses Grundmodell deutlich komplizierter, wenn man die einzelnen Kompetenzen, die man üblicherweise in einem Kompetenzmodell wiederfindet, genauer betrachtet. Denn die meisten Kompetenzen interagieren untereinander, sodass die simple und isolierte Beurteilung einer einzelnen Kompetenz noch keine Information darüber liefert, wo denn nun eigentlich das genaue Lernfeld des Mitarbeiters liegt.

Abbildung 23 zeigt diese Überlegung am Beispiel der Führungskompetenz. Angenommen, eine noch recht neue Führungskraft wird von ihrem Vorgesetzten im Rahmen eines Beurteilungsinstrumentes eingeschätzt und es stellt sich heraus, dass die Führungskompetenz als Lernfeld eingeschätzt wird.

Nun drängt sich förmlich die Idee nach einem Führungstraining auf – möglicherweise handelt es sich dabei auch tatsächlich um eine sinnvolle Intervention. Möglicherweise aber auch nicht. Denn wie bereits in Kapitel 1.4 dargestellt, wird in einem solchen Beurteilungsinstrument im Sinne eines Vorgesetztenurteils meist nur beobachtbares Verhalten (sozusagen der Output) beurteilt. Man weiß also aufgrund der oben dargestellten Bewertung, dass die Führungskraft „nicht führen kann". Aber die wesentliche Frage ist doch die nach den Ursachen: *Warum* führt die Führungskraft nicht gut? Und hier gibt es drei mögliche Erklärungsmuster, wie in Abbildung 23 dargestellt, und jede Erklärung führt in der Konsequenz zu einer anderen Form der Intervention:

1. Der Führungskraft fehlt einfach das Wissen um klassische Führungsinstrumente. Sie macht handwerkliche Fehler, weil sie z. B. nie auf ihre Führungsrolle vorbereitet wurde. Schwierige Mitarbeitergespräche werden vielleicht intuitiv geführt, mit klassischen Fehlern. Es fehlt vielleicht das Wissen um arbeitsrechtliche Möglichkeiten etc. Es fehlt also an Wissen, sodass ein „normales" Führungsseminar hier sicherlich sinnvoll sein könnte

2. Die Führungskraft hat sich akkurat auf die Führungsrolle vorbereitet und Unmengen an Büchern zu dem Thema gelesen und

auch erste Seminare besucht. Sie ist daher auf einer theoretischen Ebene fit für die Führungsrolle, konnte dieses theoretische Wissen aber noch nie in die Praxis umsetzen. Die Führungskraft scheitert also an der Umsetzung des vorhandenen theoretischen Wissens in konkretes Verhalten, die Praxis. Hier könnten verhaltensorientierte Maßnahmen hilfreich sein, Trainings (oder auch Coachings) mit hohem Übungsanteil, videogestütztes Feedback etc.

3. Möglicherweise fehlt es der Führungskraft aber an grundlegenden Einstellungen. Vielleicht hatte sie nie die Absicht, Führungskraft zu werden? Vielleicht besteht eine viel zu geringe Führungsmotivation, was möglicherweise dazu führt, dass sie ihren Führungsaufgaben durch klassisches Vermeidungsverhalten ausweicht. Oder sie verfügt über ein negatives Menschenbild, besitzt die Grundüberzeugung, dass Mitarbeiter eng kontrolliert, gesteuert und überwacht werden müssen, um Leistung zu bringen. Und so entstehen Konflikte mit selbstbewussten, gut qualifizierten Mitarbeitern. Hier stellt sich die Intervention als größte Herausforderung dar: Wenn überhaupt, so wird man hier nur mit langfristigen und intensiven persönlichen Coaching-Maßnahmen Erfolge erzielen können.

Die meisten erfolgskritischen Themenfelder (z. B. Führung) basieren sowohl auf Kompetenzen als auch auf Eigenschaften. Wichtig ist, was erfolgsentscheidend ist und wo sich die Kompetenz zeigt.

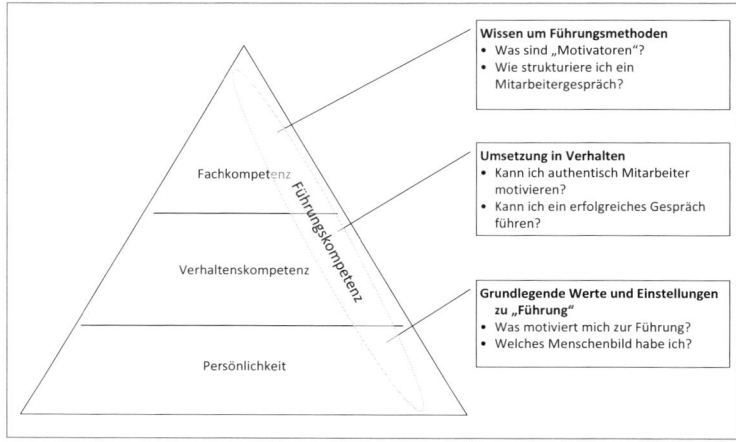

Abb. 23: Kompetenzpyramide – am Beispiel „Führung"

Zusammenfassung: Die Personalentwicklungsmatrix (PE-Matrix)

Um diese Probleme so weit wie möglich zu umgehen, haben sich in unseren Projekten die Entwicklung und der Einsatz einer PE-Matrix bewährt. Dabei handelt es sich von der Grundidee her um nichts anderes als eine Sammlung möglicher Interventionsmaßnahmen, die den einzelnen Kompetenzen des Kompetenzmodells zugeordnet sind. Abbildung 24 zeigt einen Ausschnitt aus einem Projektbeispiel. Die Maßnahmen werden dabei nach einzelnen Maßnahmenarten aufgeteilt – so gibt es Trainings, aber auch Maßnahmen „on-the-job", Literaturvorschläge etc.

Vorteile der PE-Matrix

Eine solche PE-Matrix bringt folgende Vorteile mit sich:

- Die meisten Führungskräfte beschäftigen sich nicht ständig mit Fragen von Lernfeldern, didaktischen Möglichkeiten, Interventionsformen. Ihnen fällt die Beurteilung zwar leicht, aber es fällt ihnen verhältnismäßig schwer, sinnvolle Maßnahmen aus der Beurteilung abzuleiten. Die PE-Matrix vereinfacht diesen Schritt und verhindert gleichzeitig, dass zu jedem Thema direkt ein Seminar zu diesem Thema vereinbart wird.
- Die PE-Matrix ist kein Katalog, der öffentlich zugänglich ist. Seminarkataloge erzeugen häufig bei den Mitarbeitern Bedarfe.

Bei der PE-Matrix, die im Prozess meist im Rahmen des Mitarbeitergespräches eingesetzt wird, muss hinter jeder Maßnahme eine entsprechende Beurteilung stehen.

- Die PE-Matrix macht deutlich, dass Personalentwicklung nicht nur aus Trainings besteht.
- Die PE-Matrix steckt den Rahmen möglicher Maßnahmen ab: Was nicht in der Matrix enthalten ist, wird auch nicht angeboten (wobei es immer eine flexible Möglichkeit für Ausnahmen geben muss). Aber sie verhindert grundsätzlich die Vereinbarung von Maßnahmen z. B. „ungeprüfter" Dienstleister.

Damit diese Vorteile auch tatsächlich zum Tragen kommen, müssen bei dem Einsatz der PE-Matrix einige Rahmenbedingungen klar sein:

- Die Matrix ist kein öffentlich zugängliches Dokument. Sie wird entweder den Führungskräften zur Verführung gestellt (um im Mitarbeitergespräch Vorschläge zu Maßnahmen vereinbaren zu können) oder – noch strikter – sie verbleibt in der Personalabteilung. Das heißt, die Führungskraft trifft nur Aussagen zum Lernfeld, die Vorschläge zu Maßnahmen werden anschließend von der Personalabteilung/Personalentwicklung erarbeitet und besprochen bzw. vorgeschlagen.
- Maßnahmen, die nicht in der Matrix zu finden sind, sind nicht im Angebot und können nicht (zumindest nicht autark zwischen Führungskraft und Mitarbeiter) vereinbart werden.

Wie entwickeln Sie eine solche PE-Matrix?

Ausgangspunkt der Entwicklung einer PE-Matrix ist stets das Kompetenzmodell. Eine möglichst klare und eindeutige Operationalisierung der Kompetenzen ist für die Entwicklung der PE-Matrix unabdingbar. Spätestens an dieser Stelle zeigt sich, wie detailliert und konkret Ihr Kompetenzmodell entwickelt wurde. Je detaillierter die Ausarbeitung, desto einfacher wird es Ihnen an dieser Stelle fallen, die Kompetenzen mit Maßnahmen zu versehen.

Orientierung an Teilkompetenzen oder Lernfeldern

Entscheidend ist die Unterteilung der Kompetenzen in Teilkompetenzen oder Lernfelder. Die in Kapitel 5.1 beim Aufbau des Kompetenzmodells erwähnten Teilkompetenzen können zu diesem Zweck als konkrete Lernfelder angesehen werden. Die Kompetenzdimensionen sind hierzu meist zu grob. Die Verwendung dieser Dimensionen als Grundlage der PE-Matrix führt meistens zu einer wenig aussagekräftigen Darstellung von Seminaren, wie z. B. ein Seminar „Führung" bei Defiziten im Führungsverhalten. Letztendlich sind die Konkretheit der Maßnahmen und damit die individuelle Bedarfsorientierung abhängig von der Detailtiefe des Kompetenzmodells. Eine Orientierung an den Verhaltensankern – d. h. Entwicklung von mindestens einer Maßnahme pro Verhaltensanker – wäre vor diesem Hintergrund durchaus sinnvoll, führt jedoch meist zu einem zu hohen und schwer handhabbaren Umfang der PE-Matrix. Daher hat sich die Orientierung an den Teilkompetenzen bewährt.

Als erster Schritt empfiehlt sich die Analyse des vorhandenen Maßnahmenkatalogs, also z. B. entweder des vorhandenen Katalogs oder der im letzten Jahr durchgeführten Maßnahmen (falls kein offizieller Katalog existiert). Diese Maßnahmen gilt es anschließend den Teilkompetenzen zuzuordnen. Hierzu müssen zu den Maßnahmen die jeweiligen Lernziele definiert bzw. identifiziert werden, die sich dann in den Teilkompetenzen wiederfinden sollten. Dabei wird es insbesondere bei Seminaren und Trainings eher die Regel als die Ausnahme sein, dass die Inhalte bzw. Lernziele einer Veranstaltung sich in verschiedenen Teilkompetenzen wiederfinden.

Fehlende Maßnahmen werden auf diese Weise schnell erkannt – d. h., es können so (Teil-)Kompetenzen aus dem Kompetenzmodell identifiziert werden, zu denen es bislang keine definierten Maßnahmen gibt. In diesem Fall sind neue Maßnahmen zumindest grob zu definieren und in die PE-Matrix aufzunehmen. Allerdings muss nicht zwangsläufig für jede Teilkompetenz jede Art von Maßnahmen definiert werden – entsprechend der oben genannten Besonderheiten einzelner Lernformen und Kompetenzen. So wird man in der Regel kaum eine Maßnahme in Form eines klassischen Seminars zum Thema „Leistungsmotivation" finden, da es sich um eine durch die Lernform Seminar wenig beeinflussbare Persönlichkeitseigenschaft handelt. Stattdessen empfehlen sich andere Formen, wie z. B. ein Coaching.

Lernfeld	Training	Anforderung: Führungspotenzial			
		Self Learning	Coaching durch den Vorgesetzten	Mentoring „On-the-job"	Weitere Maßnahmen
Kennenlernen unterschiedlicher Motivationsaspekte und Methodiken der Mitarbeitermotivation	**Führungskräftetraining (Grundlagen)** • Grundlagen der Motivation und unterschiedlicher Motivatoren Training • Motivation und Kommunikation		**On- und Off-the-job-Coaching** durch • erfahrene Führungskraft oder • Experten		Regelmäßiger Austausch mit anderen Führungskräften
Erfolgreicher Einsatz von Delegation	**Führungskräftetraining (Grundlagen)** • erfolgreiche Delegation, • Delegation von Aufgaben und Verantwortung, • Zusammenhang von Delegation und persönlichem Zeitmanagement	**Reflexion** des eigenen Delegations- und anschließenden Kontrollverhaltens	**On- und Off-the-job-Coaching** durch • erfahrene Führungskraft oder • Experten	Feedback einholen von Mitarbeitern	Regelmäßiger Austausch mit anderen Führungskräften
Kennenlernen effektiver Mess- und Steuerungsinstrumente	**Führungskräftetraining (Grundlagen)** • Grundlagen der Zielvereinbarung, • Definition von Messkriterien und Kennzahlen, Implementierung und Anwendung gezielter Kontrollschleifen	**Implementierung** gezielter Kontrollschleifen in die täglichen Arbeitsvorgänge	**On- und Off-the-job-Coaching** durch • erfahrene Führungskraft oder • Experten	Partnerschaftliches Vorgehen bei Zielvereinbarungen durch Hospitationen in anderen Bereichen	Regelmäßiger Austausch mit anderen Führungskräften
Setzen von realistischen Zielen, Sicherstellen eines einheitlichen Zielverständnisses	**Führungskräftetraining (Aufbau)** • Steuern mit Kennzahlen, Führen mit Zielvereinbarungen - Vertiefung des Grundlagentrainings Training • Mitarbeiter/innengespräche erfolgreich führen (nur, wenn Führungsverantwortung absehbar!)	Gezieltes Führen mit Zielvereinbarungen **Literaturstudium** Sattler/Förster: Führen. Die erfolgreichsten Instrumente und Techniken	**On- und Off-the-job-Coaching** durch • erfahrene Führungskraft oder • Experten	• On-the-job • Mentoring • Hospitationen	Regelmäßiger Austausch mit anderen Führungskräften

137

Lernfeld	Training	Self Learning	Anforderung: Führungspotenzial		
			Coaching durch den Vorgesetzten	Mentoring „On-the-job"	Weitere Maßnahmen
Analyse des persönlichen Führungsstils		**Literaturstudium** Sattler/Förster: Führen. Die erfolgreichsten Instrumente und Techniken.	**Coaching zur Vorbereitung auf weitere Führungsaufgaben** Individuelle, verhaltensnahe **On-the-job-Coachings** bei kritischen Gesprächen oder Situationen: • Gemeinsame Identifikation individueller Entwicklungsfelder, • Gemeinsame Maßnahmenplanung, • Gezieltes Feedback und Zwischenfeedback orientiert an den spezifischen Bedingungen einer Führungskraft. **Off-the-job-Coachings** mit: • pragmatischen Übungen und • theoretischem Input	Übertragung von Führungsverantwortung, • Projektarbeit, • Betreuung von Auszubildenden, Praktikanten	Regelmäßiger Austausch mit anderen Führungskräften
Sensibilisierung auf die Bedürfnisse der Mitarbeiter und die Aufgaben einer Führungskraft	**Führungskräftetraining (Grundlagen)** • Was macht Führung aus, warum folgen Mitarbeiter? • Funktionen der Führung, • Führungsstile, Rolle der Führungskraft und individuelles Führungsverständnis		**On- und Off-the-job-Coaching** durch • erfahrene Führungskraft oder • Experten	Mentoring durch erfahrene Führungskraft / regelmäßiger Austausch mit anderen Führungskräften	
Instrumente und Methoden der Personalentwicklung kennen-lernen und anwenden	**Führungskräftetraining** • Instrumente und Methoden der Personalentwicklung, • Möglichkeiten und Grenzen der Förderung von Mitarbeitern **Training** • Führungsrolle und Identität, • Stellenbesetzung/Personal-auswahl	**Reflexion** eigener Beurteilungs-tendenzen **Literaturstudium** zum Thema Personalentwicklung	**On- und Off-the-job-Coaching** durch • erfahrene Führungskraft oder • Personaler		Teilnahme an Beurteilungsver-fahren mit eigenem Beobach-tungsanteil

Abb. 24: Personalentwicklungsmatrix (PE-Matrix)

Die wichtigsten Personalentwicklungsmaßnahmen

Generell sollte eine PE-Matrix diese verschiedenen Personalentwicklungsmaßnahmen beinhalten:

- *Off-the-job* beinhaltet klassische Maßnahmen in Form von Veranstaltungen wie Trainings, Seminare, Schulungen, aber auch Tagungen oder Kongresse.
- *Self Learning* meint operative Hinweise für konkretes Verhalten, welches der Mitarbeiter in Zukunft zeigen soll. Hier handelt es sich in der Regel um singuläre Verhaltensweisen, für deren Auftreten eher Selbstdisziplin als ein aufwendiges Seminar hilfreich ist (z. B. „Gesprächspartner ausreden lassen", „Gespräche mit Fragephase beginnen"). Diese Lernform empfiehlt sich, wenn man davon ausgehen kann, dass der Mitarbeiter die Verhaltensweise schon beherrscht (z. B. durch bereits erfolgten Besuch einschlägiger Seminare), das Veralten aber dennoch nicht zeigt.
- *Mentoring* meint Maßnahmen, bei denen der direkte Vorgesetzte mit eingebunden ist – also praktisch Self Learning mit Unterstützung durch Anleitung, Steuerung oder Feedback.
- *Coaching* meint klassische Coaching-Maßnahmen durch einen Coach, der nicht (!) die Führungskraft ist.
- *Sonstige Maßnahmen* beziehen sich meist auf Literaturvorschläge, wenn es z. B. darum geht, sich mit Techniken oder neuen Ideen/Entwicklungen auseinanderzusetzen.

Die Anwendung der PE-Matrix stellt den Personalbereich letztendlich vor die Frage, für wen die Matrix eigentlich als Instrument eingesetzt werden soll: durch die Personalabteilung selbst oder durch die Führungskraft? Entsprechend verschieben sich die Aufgaben und Verantwortungen im gesamten Prozess:

- Ist die Führungskraft der Anwender der PE-Matrix, so muss sie in deren Anwendung geschult werden. Dann ist es auch sinnvoll, wenn z. B. im Mitarbeitergespräch direkt konkrete Maßnahmen mit dem Mitarbeiter besprochen und im Gesprächsbogen dokumentiert werden.
- Ist die Personalabteilung hingegen der Anwender, so werden Führungskraft und Mitarbeiter im Gespräch zunächst nur Lernfelder oder Lernziele festhalten. Die Umsetzung in konkrete

Maßnahmen muss von der Personalabteilung vorgenommen werden. Hierzu sind dann weiterführende Gespräche mit der Führungskraft notwendig.

Eine Empfehlung, welche dieser beiden Maßnahmen die bessere ist, kann nicht grundsätzlich gegeben werden. Entscheidend ist eher, welche Zielsetzungen man verfolgt:

- Die erste Vorgehensweise bindet den Vorgesetzten stärker in den Prozess ein, setzt aber auch voraus, dass man dieses Thema den Vorgesetzten auch tatsächlich zutraut.
- Die zweite Vorgehensweise legt diesen nicht trivialen Prozessschritt – Ableitung von Maßnahmen – in die Hand der internen Experten, der Personalabteilung. Zudem können Führungskraft und HR-Experte gemeinsam über diese Themen ins Gespräch kommen. Nachteil ist jedoch ein verlängerter Prozess. So muss im Anschluss nicht nur mit der Führungskraft gesprochen werden, sondern anschließend muss auch der Mitarbeiter informiert werden.

Wenn auch nicht grundsätzlich, so kann doch tendenziell die zweite Variante bevorzugt werden, da die Personalabteilung den Prozess nicht zu sehr aus der Hand gibt und sich gleichzeitig im Gespräch mit der Führungskraft als Experte positionieren kann. In Abhängigkeit von Ihren Rahmenbedingungen vor Ort kann hierzu jedoch keine eindeutige Empfehlung ausgesprochen werden.

In jedem Fall werden die Ergebnisse von der Personalabteilung zusammengetragen (was aufgrund der strukturierten Vorgaben der PE-Matrix mit vertretbarem Aufwand möglich sein sollte). Sie dienen dann als Grundlage der Maßnahmenplanung. Daher empfiehlt es sich, diesen Prozess zeitlich vor dem Planungs- bzw. Budgetierungsprozess Ihrer Organisation abzuschließen. Nur so verfügen Sie über die Möglichkeit, den inhaltlichen Planungsprozess mit dem quantitativen Budgetierungsprozess zu verknüpfen.

4.3 Retention: Wie Sie Talente an das Unternehmen binden

Das Retention-Management beschäftigt sich mit der Frage, was eine Organisation tun kann, um diejenigen Mitarbeiter zu halten, die sie auch tatsächlich halten möchte. Somit ist zu bedenken, dass es nicht das Ziel eines Retention-Managements sein sollte, die Fluktuation auf 0 % zu drücken. Eine derartige Fluktuationsquote wird sich langfristig für jedes Unternehmen als hoch ungesund darstellen. Ziel des Retention-Managements ist es vielmehr, die ungewollte Fluktuation zu verringern. Anders ausgedrückt: Mitarbeiter werden immer kündigen, man kann und sollte das nicht grundsätzlich zu verhindern versuchen. Aber man sollte erreichen, dass die aus Unternehmenssicht richtigen Mitarbeiter kündigen.

Entsprechend unserer Talent-Definition kann man leicht nachvollziehen, dass Talente wohl eher zu der Mitarbeitergruppe zu zählen sind, die man halten möchte. Daher beschäftigen sich die folgenden Absätze mit zwei wesentlichen Faktoren, mit denen Talente bzw. leistungsstarke Mitarbeiter gehalten werden können:

* dem Performance-Management und
* dem Karrieremanagement.

Beide Faktoren sind sehr ähnlich: Beide gehen von der Grundannahme aus, den Talenten Anreize zu bieten, um sie im Unternehmen zu halten – entweder materieller oder karrieretechnischer Art. Selbstverständlich sind diese beiden Faktoren nicht die einzigen Stellhebel, die Ihrer Organisation zu Verfügung stehen, um ungewollte Fluktuation zu vermeiden.

Die Abbildungen 25 und 26 geben einen Überblick über Erwartungen der Mitarbeiter an das Arbeitsverhältnis sowie wesentliche Gründe, den Arbeitgeber zu wechseln. Ein wichtiger Grund für den Wechsel ist die Führungsqualität bzw. die Beziehung zu dem direkten Vorgesetzten. Die Komplexität dieses Themenfeldes würde den Rahmen des vorliegenden Buches sicherlich sprengen. Zudem ist „Führungsqualität" kein Stellhebel, an den eine Organisation gezielt mit Veränderungen ansetzen kann. Sie ist vielmehr das langfristige

Ergebnis verschiedener PE-Prozesse, nicht zuletzt des sauberen Talent-Managements.

Anforderungen an „gute" Arbeit		Höchste Handlungsbedarfe in Unternehmen aus Sicht der Arbeitnehmer	
1 Festes, verlässliches Einkommen	92 %	Einkommenshöhe	45 %
2 Sicherheit des Arbeitsplatzes	88 %	Weiterbildung/Qualifizierung	38 %
3 Arbeit soll Spaß machen	85 %	Führungsqualität der Vorgesetzten	38 %
4 Behandlung „als Mensch" durch den Vorgesetzte	84 %	Arbeitsplatzsicherheit	31 %
5 Unbefristetes Arbeitsverhältnis	83 %	Zusammenhalt unter den Kolleg/innen	28 %
6 Förderung der Kollegialität	76 %	Gestaltung der Arbeitsanforderungen	23 %
7 Gesundheitsschutz bei Arbeitsplatzgestaltung	74 %	Mitbestimmungsrechte	23 %
8 Arbeit soll als sinnvoll empfunden werden	73 %	Arbeitszeitgestaltung	21 %
9 Auf Arbeit stolz sein können	73 %	Leistungsverdichtung/Arbeitstempo	19 %
10 Vielseitige/abwechslungsreiche Arbeits	72 %	Gesundheitsschutz	13 %
11 Einfluss auf die Arbeitsweise	71 %		
12 Vorgesetzte sorgen für gute Arbeitsplanung	66 %		
13 Eigene Fähigkeiten entwickeln	66 %		
14 Vorgesetzte vermitteln Anerkennung/Kritik	66 %		
15 Verantwortungsvolle Arbeitsaufgaben	65 %		
16 Vorgesetzte kümmern sich um fachl./berufl. Entwicklung	64 %		
17 Vorgesetzte haben Verständnis für individuelle Probleme	63 %		
18 Regelmäßige Einkommenssteigerungen	62 %		
19 Arbeitsfelder analysiere, um Ursachen zu analysieren	61 %		
20 Vorgesetzte unterstützen bei der Arbeit	60 %		
21 Sich voll auf eine Aufgabe konzentrieren können	60 %		
22 Kein Leistungswettbewerb unter den Kolleg/-innen	59 %		
23 Mitspracherechte bezüglich Arbeitsplatz	58 %		
24 Einfluss auf das Arbeitstempo/-pensum	58 %		
25 Nichtraucherschutz im Betrieb	57 %		

Abb. 25: Anforderungen und Handlungsbedarfe

Denn wenn ein strategisches und durchgängiges Talent-Management erfolgreich implementiert worden ist, dann sollte mittel- bis
langfristig durch dieses System sichergestellt sein, dass im Unternehmen nur noch Kandidaten mit einer Führungsverantwortung
betraut werden, die anschließend eine entsprechende Führungsqualität sicherstellen. Daher werden im Folgenden die zwei Kernprozesse vorgestellt, die wesentlichen Anteil an einem strukturierten Talent-Management haben: Das Performance-Management und das
Karrieremanagement.

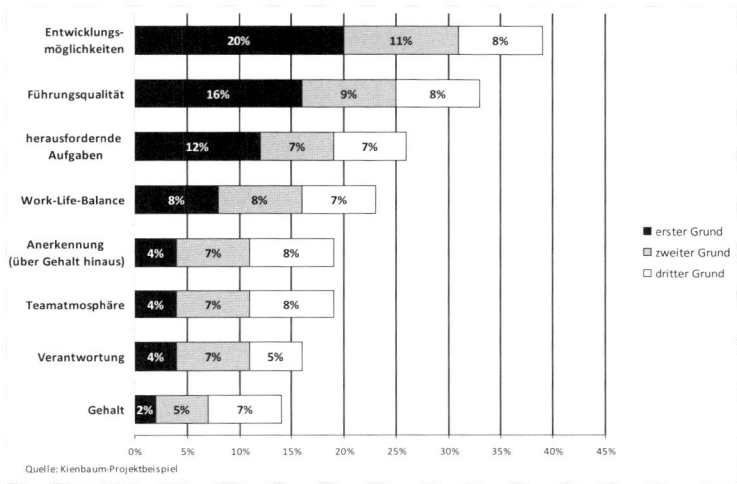

Abb. 26: Austrittsgründe, erhoben durch strukturierte Austrittsinterviews

4.3.1 Performance-Management

Performance-Management bezeichnet alle Vorgehensweisen in einer Organisation, die das Ziel haben, die Leistung der Mitarbeiter zu steuern (was auch beinhaltet, diese Leistung zunächst zu wecken). In erster Linie geht es hierbei um Anreizsysteme gemäß dem bekannten Satz „Leistung muss sich lohnen". Im Rahmen des Talent-Managements lässt sich diese Definition noch etwas weiter konkretisieren:

> **Ziel des Performance-Managements**
>
> Ziel des Performance-Managements ist es, dem Mitarbeiter deutlich zu machen, dass Leistung von Seiten des Unternehmens belohnt, Minderleistung hingegen sanktioniert wird mit dem Ziel, den Mitarbeiter dazu anzureizen, Leistung zu zeigen.

Die Idee dahinter ist, dass Talente meist zu den leistungsstärkeren Mitarbeitern zu zählen sind (auch wenn Leistung per se nicht als Voraussetzung ausreicht, um als Talent bezeichnet zu werden, vgl. Kapitel 1.3). Daher wird das Performance-Management innerhalb unseres Talent-Management-Modells auch in dem Bereich „Retention" aufgeführt: Leistungsstarke Mitarbeiter werden (unter anderem) dadurch an ein Unternehmen gebunden, wenn sie erfahren, dass sich die von Ihnen erbrachte Leistung tatsächlich auszahlt. Problematisch ist dabei häufig, dass unterschiedliche Mitarbeiter (Talente) auf unterschiedliche Anreize reagieren.

Treffen hingegen Anreize wie z. B. Gehaltserhöhungen, Beförderungs- und Platzierungsentscheidungen (siehe hierzu den nächsten Abschnitt „Karrieremanagement") häufig auch auf weniger leistungsstarke Mitarbeiter, so werden sich die tatsächlichen Leistungsträger irgendwann zunächst innerlich und dann tatsächlich vom Unternehmen abwenden. Somit stellt ein transparentes und nachvollziehbares (d. h. auf erlebte Leistung aufbauendes) Anreizsystem für leistungsstarke Talente einen der zwei wesentlichen Retention-Faktoren dar.

Ziele und Instrumente des Performance-Managements

Aus den vorangegangenen Überlegungen kann man bereits einen wesentlichen (und in der Praxis häufig ignorierten) Anspruch an ein Performance-Management-System ableiten und festhalten: Das System muss einfach und transparent sein. Die Mitarbeiter müssen die direkte Abhängigkeit zwischen individueller Leistung und Anreiz erkennen und nachvollziehen können.

Somit muss es das Ziel eines Performance-Management-Systems sein, eine möglichst transparente und klare Verknüpfung zwischen

- der individuellen und wahrgenommenen Leistung und
- dem damit verbundenen Anreiz (meist materieller Art) zu schaffen.

Dies führt zu der Frage der Messung der Leistung. Häufig werden an dieser Stelle klassische Beurteilungsinstrumente genutzt. Diese sehen meist so aus, dass der Mitarbeiter anhand von Kriterien auf einer damit verknüpften Skala beurteilt wird – in der Regel von seinem direkten Vorgesetzten (vgl. hierzu auch Kapitel 5.2). Eine zweite Möglichkeit stellt das Instrument der Zielvereinbarung/MbO dar (vgl. hierzu auch Kapitel 5.3).

Vorteile eines Zielvereinbarungssystems

Beide Instrumente sind grundsätzlich gut geeignet, um die Leistung eines Mitarbeiters zu beurteilen und ein entsprechendes Anreizsystem zu steuern. Allerdings zeichnet das Zielvereinbarungssystem einige Vorteile aus:

- Der Zusammenhang zwischen Leistung und Anreiz ist (bei entsprechender Gestaltung des Systems) direkter und nachvollziehbarer. Bei einem Beurteilungssystem werden meist eher abstrakte Kriterien bzw. Kompetenzen beurteilt. Streng genommen werden also Kompetenzen beurteilt und nicht die Performance/Leistung (vgl. Kapitel 1.3 zum Unterschied der Faktoren Kompetenzen, Performance und Potenzial). Damit eignet sich ein solches Beurteilungssystem eher zur Kompetenzbeurteilung und damit als Grundlage des Kompetenzmanagements.
- Die Bewertung der erreichten Ziele im Rahmen eines Zielvereinbarungssystems hängt hingegen direkt von der Leistung – d. h. dem erbrachten „Output" – des Mitarbeiters ab. Es ist damit deutlich direkter mit der Leistung verknüpft. Dabei sind zwei Zielkategorien zu unterscheiden:
  - Quantitative Ziele: Das Ziel selbst ist direkt und ohne Umwege messbar. Bestes Beispiel ist der Umsatz eines Vertriebsmitarbeiters.
  - Qualitative Ziele: Das Ziel selbst ist nicht messbar. Es ist erforderlich, ein Messkriterium zu nutzen, welches als Indikator für das Ziel dieses messbar macht, z. B. Qualitätsorientierung im Vertrieb (= Ziel) durch Storno- oder Reklamationsquoten (= Messkriterium).

Somit ist der Zusammenhang zwischen Leistung und Anreiz bei der Verwendung quantitativer Ziele sicherlich am höchsten und am direktesten. Qualitative Ziele kommen dort zum Einsatz, wo die Leistung nicht direkt messbar ist, also in den indirekten Bereichen eines Unternehmens: Personalabteilung, kaufmännische Bereiche etc.
Zusammenfassend lässt sich daher festhalten, dass ein Zielvereinbarungssystem als Grundlage des Performance-Managements besser geeignet ist als ein Beurteilungs- oder Mitarbeitergesprächssystem. Letzteres eignet sich hingegen besser als Grundlage des Kompe-

tenzmanagements und – darauf aufbauend – für die Ableitung von Bildungs- und Entwicklungsmaßnahmen im Rahmen des Learning-Managements. Derartige Maßnahmen sind andererseits recht schwierig aus einem Zielvereinbarungssystem ableitbar.

Ausgestaltung des Performance-Management-Systems

Hinsichtlich der verschiedensten Optionen und Faktoren zur Ausgestaltung des Performance-Management-Systems sind unterschiedliche Rahmenbedingungen zu beachten. Stärker noch als bei einem Beurteilungsinstrument im Rahmen des Kompetenzmanagements kommt der Qualifizierung der direkten Führungskraft hierbei eine besondere Bedeutung zu. Denn die Führungskraft muss in die Lage versetzt werden, förderliche und wirksame Ziele mit ihrem Mitarbeiter zu vereinbaren. Aber auch hinsichtlich des eigentlichen Systems sind verschiedene Rahmenbedingungen und Faktoren zu berücksichtigen. Daher möchten wir an dieser Stelle hinsichtlich der möglichen Gestaltungsmöglichkeiten eines Performance-Management-Systems insbesondere auf das Kapitel 5.3 verweisen. Dort werden ausführlich die Gestaltungsparameter eines Performance-Management-Systems dargestellt, insbesondere

* Arten von Zielen, Qualitätskriterien von Zielen,
* Prozess der Zielvereinbarung: von der Zielvereinbarung über die Zielsicherung bis zur Zielerreichung,
* Verknüpfung zwischen Zielvereinbarung/Zielerreichung und Vergütung,
* Durchführung eines Zielvereinbarungsgespräches.

Der Begriff des Performance-Managements ist allerdings nicht zwangsläufig mit einem Zielvereinbarungssystem zur Festlegung variabler Vergütungsbestandteile gleichzusetzen. Selbstverständlich sind auch andere Varianten möglich. So funktionieren z. B. auch solche Zielvereinbarungen, bei denen keine variable Vergütung als Anreiz eingesetzt wird, manchmal erstaunlich gut. Andererseits wären auch Anreize zur Steuerung der Performance denkbar, die nichtmonetär sind (z. B. die im folgenden Abschnitt dargestellten Karrieremöglichkeiten, Weiterbildungsoptionen etc.). In der Praxis wird die Steuerung der Performance jedoch meist über ein materielles Anreizsystem vorgenommen. Und an dieser Stelle hat sich der

Einsatz eines Zielvereinbarungssystems sicherlich grundsätzlich bewährt. Daher wird die Zielvereinbarung als Instrument des Performance-Managements in Kapitel 5.3 intensiv dargestellt.

4.3.2 Karrieremanagement

Das Karrieremanagement beschäftigt sich mit einer weiteren Anreizwirkung für Mitarbeiter. In verschiedenen Befragungen (Abb. 26 zeigt ein Projektbeispiel) kann man immer wieder feststellen, dass die Entwicklungsmöglichkeiten für die Mitarbeiter eine durchaus große Rolle bei der Frage nach einem potenziellen Wechsel des Arbeitgebers spielen – und dies gilt insbesondere für Mitarbeiter mit hohem Potenzial, also die hier im Fokus stehenden Talente.

Nun lassen sich derartige Entwicklungsmöglichkeiten auf verschiedene Faktoren zurückführen.

- Zum einen sind hier die Möglichkeiten zu nennen, die das Unternehmen seinen Mitarbeitern/Talenten zur Verfügung stellt, um sich persönlich weiterzuentwickeln – also klassische Entwicklungsmaßnahmen, wie sie im Abschnitt über das Learning-Management dargestellt wurden.
- Zum anderen sind aber auch die wahrgenommenen Möglichkeiten entscheidend, sich innerhalb der Organisation weiterzuentwickeln – also das Anbieten konkreter und realistischer Perspektiven hinsichtlich zukünftiger Tätigkeiten, Aufgaben oder auch hierarchischer Einordnung.

Während sich also das Learning-Management damit beschäftigt, die Mitarbeiter/Talente zu qualifizieren, um anspruchsvollere Aufgaben zu übernehmen, beschäftigt sich das Karrieremanagement damit, realistische Perspektiven in Form von Entwicklungs- oder Karrierewegen innerhalb der bestehenden Organisation zu entwickeln bzw. zu identifizieren. Damit schließt das Karrieremanagement sozusagen die Lücke zwischen dem Development (Befähigung und Qualifizierung der Mitarbeiter/Talente) und dem Placement (Platzierung auf (Ziel-)Positionen z. B. im Rahmen des Nachfolgemanagements). Zudem erfüllt es über seine Anreizwirkung den Effekt, ungewollte Fluktuation zu verringern. Denn ein qualifizierter Mitarbeiter wird sich wahrscheinlich schwerer tun, ein Unternehmen zu verlassen, wenn ihm dort konkrete Perspektiven in Form zukünftiger Aufgaben oder Positionen eröffnet wurden.

Entscheidend ist dabei jedoch – und dass macht das Karrieremanagement zu einem recht komplexen Thema –, dass es sich um realistische Perspektiven handelt. Leere Versprechungen hinsichtlich zukünftiger Aufgaben zu machen, wird das Problem der ungewollten Fluktuation kaum verringern, sondern höchstens zeitlich nach hinten verschieben. Dabei sind nicht eingehaltene Versprechungen oder Zusagen als Fluktuationsgrund nicht zu unterschätzen.

Somit ergibt sich die Frage, wie konkret derartige Zusagen aussehen können. Der Unterschied zwischen Karrieremanagement und Nachfolgemanagement liegt u. a. darin, dass im Rahmen des Karrieremanagements nicht mit einzelnen Positionen oder Stellen gearbeitet wird. Denn dies ist Aufgabe des Nachfolgemanagements. Das Karrieremanagement beschäftigt sich mit der Frage nach *idealtypischen* Entwicklungswegen, idealerweise verknüpft mit definierten Bildungssolls, d. h. Qualifikationsniveaus, die ein Mitarbeiter/Talent zur Übernahme einer derartigen Position mitbringen sollte.

Selbstverständlich wird eine solche Planung oder Zusage umso schwerer zu kalkulieren sein, je weiter weg der Planungshorizont liegt. Verhältnismäßig einfach fällt die Planung nur für den sich direkt anschließenden Karriereschritt. Hier ist maximal eine Personalbedarfsplanung für die Positionsklasse notwendig. Ein einfaches Beispiel soll dies verdeutlichen:

Beispiel

In einem großen deutschen Konzern der Metall-/Elektrobranche existiert seit den 90er-Jahren ein funktionsbereichsbezogenes Traineeprogramm für den Personalbereich. Für alle Trainees in diesem Programm steht der nächste Karriereschritt fest: Nach Ende des 24-monatigen Programms erfolgt der Wechsel auf eine Stelle als Personalreferent/Business-Partner in einer dezentralen Personalabteilung. Die hierzu notwendigen Qualifikationen wurden im Rahmen des Programms vermittelt. Offen blieb lediglich die Frage nach dem Standort. Aufgrund der Menge der Standorte in Relation zur Anzahl der Personaltrainees konnte stets davon ausgegangen werden, dass für jeden ausgebildeten Trainee eine solche Stelle zur Verfügung steht und damit der nächste Karriereschritt möglich ist – nur das *Wo?* wurde kurzfristig festgelegt (weshalb persönliche Mobilität ein wichtiges Einstellungskriterium für die Stellenbesetzung war). Dies führte – sicherlich zusätzlich flankiert durch weitere Faktoren – zu einer äußerst geringen Fluktuation unter den Trainees und ehemaligen Trainees.

Auch wenn es sich in diesem Beispiel um ein Traineeprogramm handelt, ist die Idee sicherlich sinnvoll, spezielle Förderkreise oder Nachwuchspools für spezielle, erfolgskritische Positionstypen mit hohem Retention-Risk (siehe Kapitel 1.5) zu bilden. Selbstverständlich ist diese Vorgehensweise nicht auf bestimmte Positionen beschränkt, sondern kann ebenso auf Hierarchieebenen („Förderkreis Abteilungsleiter" o. Ä.) oder allgemeine Funktionswege („Förderkreis Führungslaufbahn" versus „Fach-/Expertenlaufbahn" oder „Projektlaufbahn") bezogen werden. In allen Fällen und Varianten sind stets zwei Kernfragen entscheidend:

- Verfügen Sie über eine so gute Personalplanung, dass Sie den Bedarf der Zielposition/-ebene realistisch quantifizieren können? Denn hieraus ergibt sich die Anzahl der Förderkreismitglieder, für die Sie eine entsprechende Karriereplanung vornehmen können. (Als Faustformel kann gelten: „Anzahl zukünftig vakanter Stellen × 1,2 bis 1,5", da Sie immer noch mit einen gewissen Prozentsatz an Unwägbarkeiten rechnen müssen.)
- Haben Sie für die Zielpositionen klare Anforderungs- bzw. Kompetenzprofile, sodass eine differenzierte Aussage hinsichtlich der Entwicklungswege vorgenommen werden kann? Denn nur so können Sie für einzelne Mitarbeiter/Talente Aussagen treffen, die sich später auch einlösen lassen. Besitzen Sie kein Instrument, um z. B. Führungspotenzial sauber zu erfassen, so setzen Sie möglicherweise einen Mitarbeiter/ein Talent in die Führungslaufbahn, bei der sich diese Potenzialvermutung später nicht bestätigt, was dann die geplante Stellenbesetzung schwierig machen dürfte.

Laufbahn- und Karrieremodelle

Eine wesentliche Voraussetzung für die Wirksamkeit eines Talent-Management-Systems sind klar definierte und transparente Laufbahn- und Karrieremodelle. Talenten, die mit einem gewissen Aufwand rekrutiert, identifiziert und entwickelt wurden, muss man als

Unternehmen entsprechende Perspektiven bieten können, die eine langfristige Bindung dieser Mitarbeitergruppe ermöglichen.

Bedarf an alternativen Karrieremodellen

Die Veränderungen von Organisations- und Führungsstrukturen hin zu meist flacheren Hierarchiestrukturen führen naturgemäß zu weniger hierarchischen Aufstiegschancen („Karrierestau"), da insgesamt weniger Führungspositionen im Unternehmen vorhanden sind. Ferner trägt der gesellschaftliche Wertewandel dazu bei, dass nicht mehr nur das Erklimmen der klassischen Karriereleiter im Sinne einer Führungslaufbahn attraktiv erscheint.

> **Achtung**
>
> Die Motivationsstruktur vieler Leistungsträger zeichnet sich nicht mehr nur durch eine Hierarchie- und Führungsorientierung aus. Vielmehr suchen insbesondere technisch-fachliche orientierte Mitarbeiter sowie Mitarbeiter, die besonderen Wert auf Möglichkeiten zur Kreativitätsentfaltung und Autonomie im Arbeitskontext legen, nach beruflichen Entwicklungsmöglichkeiten abseits der klassischen Führungslaufbahn. Entsprechend besteht sowohl aus Unternehmenssicht als auch aus Sicht vieler Mitarbeiter bzw. Talente der Bedarf an alternativen Karriere- und Laufbahnmodellen.

Alternative Fach- und Projektlaufbahnen werden seit vielen Jahren diskutiert. Die meisten großen Unternehmen haben mit der Einführung von solchen Modellen begonnen, doch viele sind auf halbem Wege stecken geblieben. Die vielschichtigen Anforderungen und Abhängigkeiten bei der Einführung von Karrieremodellen werden immer noch weitgehend unterschätzt. Integriertes Karrieremanagement im Rahmen des Talent-Managements stellt sicher, dass für die gesamte Bandbreite von Talenten in allen Lebensphasen attraktive und wertschöpfende Karriereperspektiven angeboten werden können.

Paradigmenwechsel im Verständnis von Beruf und Karriere

Um die nachhaltige Implementierung alternativer Karrierepfade sicherzustellen, bedarf es in vielen Unternehmen eines konsequenten Umdenkens und kultureller Veränderungen – eines Paradigmenwechsels im Verständnis von Beruf und Karriere. Denn weiterhin sind mit Führungskarrieren die höchste gesellschaftliche Anerkennung und Prestige verbunden. Wer ein hohes Gehalt und exponierten Status anstrebt, definiert sich auch heute noch hauptsächlich über die Anzahl der unterstellten Mitarbeiter. Diese Ausrichtung auf die klassische Führungskarriere führt immer noch zur Konzentration von Fachkompetenz im Management und beeinträchtigt das volle Ausschöpfen von Talenten und Fähigkeiten.

Talent-Management richtet sich nicht nur an Führungskräfte

Wie bereits zu Beginn dieses Buches geschildert, ist Talent-Management nicht mit einem reinen Führungskräfte-Entwicklungsprogramm gleichzusetzen, sondern es soll vielmehr dazu beitragen, alle Talente – sowohl zukünftige General Manager und Führungskräfte als auch Topfachkräfte, Projektleiter und Experten – langfristig an das Unternehmen zu binden. Um dies gewährleisten zu können, gilt es, der reinen Fokussierung auf Führungskarrieren sowohl strukturell als auch kulturell entgegenzuwirken.

Entsprechend besteht ein Aspekt des strategischen Talent-Managements auch darin, den Begriff Karriere neu zu definieren. Karriere machen ist demnach zu verstehen als:

- Bewegung durch die Organisation
  Dies ist nicht mehr nur vertikal (in Bezug auf die Führungsebenen) zu verstehen, sondern ergänzend auch horizontal über Bereichs- und Funktionsgrenzen hinweg.
- Ausdruck von Verantwortung
  Es geht nicht mehr nur um Führungsverantwortung, sondern auch um die Verantwortungsübernahme für Geschäfts- und Projektergebnisse, Innovationen, Gestaltung von Kundenbeziehungen etc. im Rahmen von Fach- oder Projektlaufbahnen.
- Zuwachs an Kompetenz und Handlungsfreiheit
  Zur Karriere gehört auch die Demonstration und Weitergabe von tiefem und breitem Fachwissen, Prozessexzellenz und Expertise im Rahmen von Fach- und Projektlaufbahnen.
- Individueller Prozess
  Karrieremodelle sollen lediglich einen Rahmen vorgeben und unterschiedliche Perspektiven aufzeigen – für jeden einzelnen kann der Karrierepfad unterschiedlich aussehen.

Nach diesem Karriereverständnis sind unterschiedliche Laufbahn-modelle (Führungs-, Fach- und Projektlaufbahn) als integriert und „überlappend" zu verstehen. Im Rahmen aller Laufbahnen besteht die Möglichkeit einer gleichwertigen oder parallelen Entwicklung und somit eine Interaktion auf Augenhöhe. Ferner muss sicherge-stellt werden, dass die Entscheidung für ein Laufbahnmodell keine Einbahnstraße bzw. Sackgasse ist. Die Durchlässigkeit des gesamten Karrieremodells ist extrem wichtig, um auch Wechsel zwischen den unterschiedlichen Laufbahnen zu ermöglichen.

Ferner ist bei der Einführung von alternativen Laufbahnmodellen darauf zu achten, dass die bestehenden Organisations- und Füh-rungsstrukturen nicht unnötig durcheinander gebracht werden, sondern Fach- und Projektlaufbahn sinnvoll in die bestehenden Strukturen integriert werden.

Einbindung von Fach- und Projektlaufbahnen

Diese Einbindung der Fach- und Projektlaufbahnen in die beste-hende hierarchische Struktur sowie die Kommunikationsprozesse und Berichtsstrukturen der Organisation stellen eine Herausforde-rung dar. Spezialisten mit fachlicher Verantwortung und Projektver-antwortliche müssen ungehinderten Zugang zu relevanten Informa-tionen haben und – oft auch über bestehende hierarchische Struktu-ren hinweg – mit anderen Kollegen und Entscheidungsträgern kommunizieren können. Außerdem muss die Personalentwicklung von vornherein so ausgerichtet werden, dass zum einen spezifische Angebote je Karrierepfad bestehen, zum anderen aber auch lauf-bahnübergreifende Veranstaltungen eine zusätzliche Möglichkeit zum Austausch zwischen den Laufbahnen schaffen. Genauso wichtig ist es, von Beginn an abzuklären, inwieweit Führungs-, Fach- und Projektkarrierepositionen gleiche oder gleichwertige Gehaltsbe-standteile erhalten. Hier gilt es insbesondere, die fachliche bzw. Projektverantwortung mit der disziplinarischen Verantwortung in Abgleich zu bringen und entsprechende variable Vergütungsanteile einzuführen.

Vorteile für das Unternehmen

Wird ein einheitliches Rahmenmodell geschaffen, welches vergleichbare Führungs-, Fach- und Projektkarrieren in allen Unternehmensbereichen ermöglicht, ergeben sich folgende Vorteile für die Organisation:

- Bindung von Leistungsträgern und Talenten an das Unternehmen durch attraktive und differenzierte Karrierechancen
- gezielte und diversifizierte Entwicklung von Mitarbeiterkompetenzen – angepasst an die Geschäftsprozesse und die Unternehmensstrategie
- einheitliche Karrierestufen und Positionsbezeichnungen im gesamten Unternehmen
- differenzierte, „passgenaue" und bedarfsorientierte Personalentwicklung
- Erleichterung von Wechseln zwischen den Laufbahnen aufgrund einheitlicher Entsprechungen der Positionen
- Attraktivitätssteigerung alternativer Laufbahnmodelle durch eine transparente Kommunikation der Wertigkeit der unterschiedlichen Laufbahnmodelle nach innen und außen

Im Folgenden seien die Besonderheiten von Führungs-, Fach- und Projektlaufbahn kurz skizziert:

Ausgestaltung der Führungslaufbahn

Führungslaufbahnen sind in den meisten Unternehmen bereits klar definiert und stellen häufig die einzige Karriereoption dar. Eine Führungsposition im engeren Sinne definiert sich über die Kernaufgabe der disziplinarischen Mitarbeiterführung. Hierbei ist allerdings zu berücksichtigen, dass sich die Aufgaben eines Managers bzw. einer Führungskraft in vielen Unternehmen nicht in reinen disziplinarischen Führungsaufgaben erschöpfen, sondern darüber hinaus viele eher fachliche Managementaufgaben mit den entsprechenden Kompetenzanforderungen hinzukommen. So sind z. B. bei einer Expansion in neue Märkte, bei sich ändernden rechtlichen und politischen Rahmenbedingungen sowie in Krisenzeiten jeweils sehr unterschiedliche Kompetenzen auch innerhalb derjenigen der Führungslaufbahn gefragt.

Wesentlich für den Erfolg einer Führungslaufbahn ist es, dass die Teilnehmer auch tatsächlich über Führungspotenzial verfügen. Dies beinhaltet spezifische Herausforderungen; insbesondere der Definition und der Operationalisierung von Führungsqualität und Führungspotenzial. Dies setzt voraus, dass in der Organisation Einigkeit darüber herrscht, was eigentlich gute Führung ist und wie sie sich messen oder bestimmen lässt. Die gleichen Voraussetzungen gelten natürlich analog für die unten näher ausgeführten Projekt- und Fachlaufbahnen.

Kriterien für die Ausgestaltung der Führungslaufbahn

Hinsichtlich der eigentlichen Ausgestaltung der Laufbahn – also bei der Definition von Karrierestufen innerhalb der Führungslaufbahn – sind folgende Kriterien zu berücksichtigen:
In Bezug auf die Eingangsvoraussetzungen für eine Führungsposition werden z. B. neben den Kompetenz- und Qualifikationsanforderungen für Führungspositionen der untersten Ebene durch viele Unternehmen weitere Voraussetzungen definiert, die erfüllt sein müssen, um eine Führungsposition im Unternehmen übernehmen zu können. So werden für junge Nachwuchsführungskräfte beispielsweise cross-funktionale Wechsel innerhalb der Organisation gefordert. Dies bedeutet, dass jeder, der Führungskraft werden will, im Vorfeld mindestens zwei Positionen in unterschiedlichen Fachbereichen bekleidet haben muss. So kann schon früh in der Führungslaufbahn dafür Sorge getragen werden, dass angehende Manager über die notwendige Breite der fachlichen Erfahrung verfügen und damit die Grundvoraussetzungen für General-Management-Kompetenzen gelegt sind. Diese Voraussetzungen der cross-funktionalen Wechsel müssen im Talent-Management Berücksichtigung finden. Entsprechend sollte allen Talenten, die für Führungspositionen geeignet scheinen oder vorgesehen sind, die Möglichkeit gegeben werden, diese Positionswechsel im Unternehmen zu vollziehen.

Weitere Gestaltungsvorschläge für Führungslaufbahnen

Weitere Aufgabenstellungen, die bei der Ausgestaltung von Führungslaufbahnen berücksichtigt werden sollten, seien hier exemplarisch genannt:

- einheitliche und optimierte Führungsstrukturen (z. B. Führungsspannen, Führungspositionen je Ebene)
- Anwendung von Führungsleitbildern bzw. Führungsgrundsätzen
- einheitliche Anforderungsprofile für Führungskräfte je Hierarchieebene (sowohl fachliche als auch überfachliche Anforderungen – abgebildet im Kompetenzmodell)
- gegebenenfalls turnusmäßige Management-Audits, die einen Überblick über das Management-Portfolio verschaffen und die Möglichkeit zur Optimierung der Besetzung von Managementpositionen eröffnen
- einheitliche Vergütungsstrukturen für Führungskräfte gemäß den Verantwortungsstufen

Ferner lassen sich aus den Ergebnissen von Management-Audits direkte Implikationen für das Talent-Management ableiten, da Bedarfe für die Neubesetzung von Führungs- und Managementpositionen transparent gemacht werden können.

Kienbaum Expertentipp

Um innerhalb der Führungslaufbahn einen konstruktiven Austausch zwischen Führungskräften unterschiedlicher Hierarchieebenen und Unternehmenseinheiten zu gewährleisten, ist es empfehlenswert, so genannte Führungskreise oder Führungsforen einzurichten.

Ausgestaltung der Projektlaufbahnen

Projektmanagement hat sich in vielen Branchen und Unternehmen zu einer gängigen Form der Zusammenarbeit und damit zum Arbeitsalltag für viele Mitarbeiter entwickelt. Sowohl in Produktions- als auch in Dienstleistungsunternehmen hat die Projektarbeit einen hohen Stellenwert erreicht und ist aus dem Arbeitsleben nicht mehr wegzudenken. Egal ob ein Flugzeug gebaut werden soll, ein Beratungsprojekt ansteht oder die IT-Infrastruktur eines Unternehmens optimiert werden soll, in allen Fällen wird ein Projekt aufgesetzt und der Bedarf an leistungsfähigen Projektmanagern ist enorm. Geprägt sind diese Projektsituationen immer durch eine hohe Aufgabenkomplexität, limitierte zeitliche, finanzielle und personelle Ressourcen sowie ein meist sehr dynamisches Umfeld.

Besondere Anforderungen an den Projektmanager

Verglichen mit klassischen Führungspositionen umfasst die Rolle eines Projektmanagers oder -leiters normalerweise eine rein fachliche und zumindest keine umfassende disziplinarische Führungsaufgabe. Ferner wird an Projektmanager die Anforderung zur zielführenden Steuerung von Budgets, personellen Ressourcen und Zeitplänen gestellt. Dementsprechend nimmt die Funktion eines Projektmanagers eine Zwitterfunktion zwischen Führungs- und Fachlaufbahn ein, die insbesondere durch die fachliche und zeitlich begrenzte Steuerung von Projektteams gekennzeichnet ist.

Auch wenn in vielen Unternehmen selbstredend die Position eines Projektmanagers existiert und klar definiert ist, so sind diese Positionen in den seltensten Fällen Gegenstand von eindeutigen Karrieremodellen oder werden gar durch spezifische Personalentwicklungsprogramme gefördert. Auch wenn in vielen Unternehmen bereits auf operativer Ebene für viele interdisziplinäre oder temporäre Vorhaben wie Großprojekte Projektmanagement genutzt wird, ist es bislang oft nicht integraler Bestandteil der Organisations- und Hierarchiestrukturen. Personalentwicklungsmaßnahmen beschränken sich entsprechend eher auf die operative Vermittlung von Methoden und Instrumenten des Projektmanagements, was dann als reine Zusatzqualifikation angesehen wird.

Projektmanagement wird noch zu oft als rein temporärer Bedarf gesehen, welcher dann durch Fach- und Führungskräfte zeitlich begrenzt gedeckt wird. Entsprechend bleibt ein deutliches Gap zwischen der Reputation von Führungspositionen und Projektmanagementfunktionen bestehen. Der zunehmende Bedarf an hochqualifizierten Projektmanagern kann so oft nicht gedeckt werden. Dies steht im Widerspruch zu der Tatsache, dass viele Projektmanagementpositionen als Schlüsselpositionen in Unternehmen definiert sind und somit auch Bestandteil bzw. Zielbereich eines Talent-Management-Systems sein sollten.

Achtung

Um das Projektmanagement auch für Talente attraktiv zu machen und zu einer gleichwertigen Alternative zu einer Führungslaufbahn werden zu lassen, müssen die Positionen des Projektmanagements gleichwertig

> in die Organisationsstrukturen integriert werden, und es muss dafür Sorge getragen werden, dass sie im Hinblick auf die Vergütungsstruktur und die Reputation an Führungspositionen angeglichen werden.

Die Angleichung der Vergütungsstruktur kann beispielsweise dadurch erreicht werden, dass klare Karrierestufen auch innerhalb der Projektlaufbahn definiert werden. Die unterschiedlichen Verantwortungsstufen können dann analog zu den Verantwortungsstufen im Rahmen der Führungslaufbahn definiert und mit entsprechenden Vergütungsmodellen verknüpft werden.

Anhand folgender beispielhafter Kriterien lassen sich Karrierestufen innerhalb der Projektlaufbahn sinnvoll definieren:

- Größe der Projektteams
- Ausmaß der Ressourcenverantwortung
- Projektbudget (Aufwand/Kosten)
- Laufzeiten der Projekte
- Anforderungen an Breite und Tiefe des erforderlichen Fachwissens
- Größe und Komplexität der Projekte
- Komplexität der Schnittstellen (Kontakt zu und Abhängigkeiten von internen und externen Beteiligten)
- zu erzielende Wertschöpfungsbeiträge
- strategische Relevanz der Projekte

Ausgestaltung der Fachlaufbahnen

Im Rahmen von Fachlaufbahnen sprechen wir von Experten- oder Spezialistenfunktionen, die in der heutigen Wirtschaftswelt mit ihren Anforderungen an Innovationen, fachliche Expertise und inhaltlich komplexe Problemstellungen von zunehmender Bedeutung sind. Um die Wettbewerbsfähigkeit eines Unternehmens zu erhalten, sind Mitarbeiter im Unternehmen, die insbesondere Innovationsthemen gezielt vorantreiben, ein wesentlicher Faktor. Im Unterschied zu Projektmanagementfunktionen zeichnen sich Fachfunktionen durch einen zeitlich nicht zwangsläufig begrenzten Arbeitsauftrag aus. Experten und Spezialisten werden benötigt, um komplexe Problemstellungen, die besonderes Know-how bzw. besondere Expertise erfordern, zu bearbeiten. In Organisationen sind dies zum einen oft Innovationsthemen, wie aber auch Themen, die nicht unbedingt und direkt mit dem Kerngeschäft zu tun haben (z. B. juristische Fachfunktionen) sowie Aufgabenstellungen innerhalb von Projekten, die zwingend ein breites und tiefes Expertenwissen erfordern. Auch wenn Fachkräfte, Spezialisten, Experten oder Professionals keine disziplinarische Führungsverantwortung übernehmen und nicht – wie ein Projektleiter – für die Steuerung zeitlich begrenzter Projekte verantwortlich zeichnen, so kommt ihnen dennoch eine Funktion zu, die über die rein inhaltlich-fachliche und konzeptionelle Arbeit hinausgeht: Sie gelten als Wissensmanager, die ihre fachliche Expertise an andere Mitarbeiter des Unternehmens weitergeben und in diesem Zusammenhang eine fachliche Führungsfunktion für einzelne Mitarbeiter übernehmen.

Integration der Fachlaufbahn in die Organisationsstruktur

Ähnlich wie bei der Projektlaufbahn stellt sich auch für die Fachlaufbahn die Frage, wie diese konsequent in die bestehenden Führungs- und Organisationsstrukturen integriert werden kann. Damit einhergehend muss auch die Frage beantwortet werden, wie die bislang bestehenden Unterschiede zwischen Fach- und Führungskarriere in Bezug auf Reputation und Vergütung gelöst werden können. Die Einführung einer Fachkarriere im Rahmen eines Talent-Management-Systems ist nur dann sinnvoll, wenn die damit einhergehenden Karrieremöglichkeiten auch für Talente attraktiv gestaltet sind und den intendierten Bindungseffekt auf Talente ausüben kann.

Fachkräfte an das Unternehmen binden

Grundsätzlich bietet eine gut integrierte Fachkarriere die Möglichkeit, vorhandene Leistungsträger und Talente, deren Stärken und Bedürfnisse nicht mit einer klassischen Führungskarriere in Einklang zu bringen sind, langfristig an das Unternehmen zu binden. Dafür gilt es allerdings folgende Rahmenbedingungen zu schaffen:

- attraktive Entwicklungsmöglichkeiten im Rahmen der Fachkarriere (spezifische Personalentwicklungsprogramme)
- institutionalisierte Möglichkeiten zum Austausch mit Führungskräften und Projektleitern auf ähnlicher hierarchischer Ebene
- attraktive Vergütungsmodelle
- definierte fachliche Weisungskompetenz (fachliche Führung)

- klar definierte Entwicklungsschritte oder Karrierestufen im Rahmen der Fachlaufbahn
- Vergleichbarkeit von Fachpositionen mit Führungspositionen (insbesondere in Bezug auf Vergütungsstrukturen)
- klar definierte Anforderungsprofile für Fach-, Experten- und Spezialistenfunktionen

Ist eine Fachlaufbahn stringent im Unternehmen etabliert, so bietet sie eine weitere wesentliche Möglichkeit, Talente zu fördern und zu binden. Insbesondere in Zeiten des Fachkräftemangels und eines *War for Talents* kann man es sich als Unternehmen kaum leisten, identifizierte Talente nur deshalb zu verlieren, weil keine Perspektiven außerhalb der Führungslaufbahn geboten werden können.

Alternative Karrieremodelle einführen

Bei der Einführung von alternativen Karrieremodellen, wie Fach- und Projektkarrieren, ist grundsätzliche ein langer Atem gefragt, da die einhergehenden Veränderungen oft tiefgreifend sind und zudem eine kulturelle Veränderung erfordern. Im Folgenden seien kurz die wichtigsten Empfehlungen bei der Einführung alternativer Karrierepfade skizziert. Im Anschluss werden einige typische Fehler genannt, die Sie vermeiden sollten.

1. Experten, Linienmanager und Betriebsrat frühzeitig einbeziehen

Die Einbeziehung der beteiligten Interessengruppen ist wichtig, um eine hohe Akzeptanz für Fach- und Projektkarrieren sicherstellen zu können. Da insbesondere Vergütungs- und Stellenbewertungsthemen betroffen sind, sollte auch der Betriebsrat von Beginn an eingebunden sein.

2. Motivation und Erwartungen der Zielgruppen in der Konzeptionsphase berücksichtigen

Um alternative Karrierepfade optimal konzipieren und einzelne Positionen zielgerichtet ausgestalten zu können, sollten die Erwartungen der Zielgruppen möglichst früh Eingang in die konzeptionellen Überlegungen finden.

3. Die Konzeption von Fach- und Projektlaufbahn sollte der Führungslaufbahn entsprechen

Stellen Sie schon bei der Definition von Stellen und bei der Benennung von Karrierestufen sicher, dass die Möglichkeit einer direkten Vergleichbarkeit von einzelnen Hierarchiestufen über alle Karrierepfade hinweg besteht. Die unterschiedlichen Laufbahnen sollten gleichberechtigt nebeneinander stehen und eng miteinander verzahnt sein. Ohne diese Gleichberechtigung wird in der Praxis beispielsweise die fachliche Verantwortung von der Führungsebene nicht anerkannt.

4. Klare Definition von Unterstellung, Aufgaben und Kompetenzen

Neben der Klarheit über die Aufgaben jedes einzelnen Verantwortungsbereichs ist die Klärung von Berichtswegen und Unterstellungsverhältnissen besonders wichtig. Ferner müssen Schnittstellen zwischen Projekt- und Fachfunktionen einerseits und Führungs- und Entscheidungsprozessen andererseits eindeutig festgelegt sein.

5. Wechselmöglichkeiten nach einheitlichen und transparenten Kriterien

Die einzelnen Karrierepfade sollten keine Einbahnstraßen sein, sondern Wechselmöglichkeiten an definierten Stellen und nach einheitlichen Kriterien bieten.

6. Vergleichbare Vergütung in Führungs-, Projekt- und Fachlaufbahnen

Projekt- und Fachkarrieren erscheinen bislang insbesondere aufgrund der schlechteren Verdienstmöglichkeiten als weniger attraktiv. Entsprechend sind vergleichbare Vergütungsstrukturen essenziell.

Diese Fehler sollten Sie vermeiden

Konzentration auf Bereinigung der Führungsstruktur

Die Einführung von Fach- und Projektlaufbahnen sollte nicht dazu missbraucht werden, um die Anzahl der Führungspositionen künstlich zu reduzieren. Unter einer solchen Intention leidet im Nachhinein die Akzeptanz für die alternativen Karrierepfade.

Fachlaufbahn als Abstellgleis für erfolglose Manager

Achten Sie schon bei der Definition der Anforderungen für Expertenpositionen darauf, dass diese nicht als Abstellgleis genutzt werden können. Spezialisten und Experten haben auf den jeweiligen Stellen vielseitige Verantwortung zu übernehmen – entsprechend werden auf diesen Stellen hochqualifizierte Fachkräfte benötigt

Reduktion von Experten und Projektmanagern auf deren fachliche Qualifikationen

Experten- und Projektmanagementpositionen sollten auf keinen Fall auf fachliche Qualifikationsanforderungen beschränkt werden. In allen Karrierewegen muss unternehmerische Verantwortung übernommen werden. Entsprechend sollten auch die Personalentwicklungsprogramme ausgestaltet sein und nicht ausschließlich auf die fachliche Weiterentwicklung fokussieren.

Strikte Trennung von Personalentwicklungsprogrammen

Auch wenn spezifische Personalentwicklungsangebote je Karrieremodell notwendig sind, sollte keine dogmatische Trennung vorgenommen werden. Es sollte weiterhin Möglichkeiten zum Austausch und der gemeinsamen Entwicklung im Unternehmen geben.

Titelinflation vermeiden

Definieren Sie Titel in Fach- und Projektlaufbahn analog zu den Titelstrukturen in der Führungslaufbahn. So verhindern Sie einen Wildwuchs bei Titeln für Fach- und Projektfunktion. Ferner sollten sowohl externe Kunden und Geschäftspartner als auch interne Mitarbeiter eine klare Vorstellung von den vergebenen Titeln und damit verbundenen Arbeitsinhalten und Verantwortungsgraden haben.

Ausschluss von attraktiven Benefit-Leistungen

Der Ausschluss von attraktiven Zusatzleistungen für Experten oder Projektmanager wirkt sich negativ auf die Motivation der Mitarbeiter und die Reputation der Positionen aus. Bei Zusatzleistungen wie möglichen Bonuszahlungen, Dienstwagen, technische Ausstattung, Räumlichkeiten, Sekretariat etc. sollte für Projektmanager, Fach- und Führungskräfte gleicher Rangstufen für Gleichberichtigung gesorgt werden (solange Unterschiede nicht objektiv und akzeptierbar aus der Aufgabe zu begründen sind).

Wie bei der Definition aller Karrieremodelle deutlich geworden ist, ist insbesondere die sorgfältige Abstimmung der verschiedenen Funktionen aufeinander essentiell. Abbildung 27 gibt einen Überblick, wie die Verantwortungsstrukturen aussehen können. Grundsätzlich gilt, dass die alternativen Laufbahnpositionen möglichst parallel zu den Führungsebenen etabliert werden sollten und unbedingt die entsprechenden Rollen und Verantwortlichkeiten im Vorfeld zu klären sind. Fachliche und disziplinarische Führungsverantwortung sowie Weisungsbefugnisse im Projektgeschäft sind nicht immer leicht zu trennen und bedürfen klarer und im gesamten Unternehmen einheitlicher Definitionen.

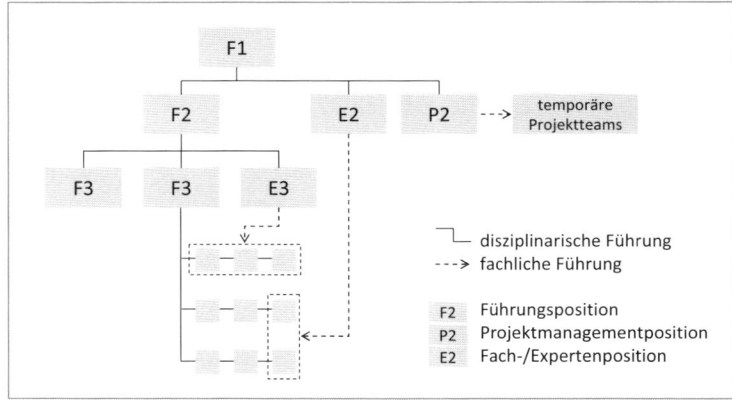

Abb. 27: Exemplarische Führungsstruktur unter Berücksichtigung von Führungs-, Fach- und Projektmanagementpositionen

4.4 Placement: Wie Sie Talente in erfolgskritische Positionen bringen

Nachfolgemanagement und Besetzung

Wenn Sie es geschafft haben, talentierte Mitarbeiter für Ihr Unternehmen zu gewinnen, intern zu identifizieren und entsprechend der Anforderungen weiterführender Aufgaben zu entwickeln, stellt sich im Anschluss eine der Kernfragen des Talent-Managements: Wo – also auf welchen Positionen im Unternehmen – setze ich meine Talente gewinnbringend ein? Sie müssen also aus Unternehmenssicht zunächst die Frage beantworten, welche Positionen im Unternehmen überdurchschnittlich wichtig sind. Welches sind die Schlüsselpositionen in Ihrem Unternehmen? Es handelt sich dabei um jene Positionen, deren Fehlbesetzung oder Vakanz mit schwerwiegenden unternehmerischen Risiken verbunden sind.

Kriterien zur Identifikation von Schlüsselpositionen

Die Definition von Schlüsselpositionen (auch „erfolgskritische Positionen, vgl. Abb. 9) mag von Unternehmen zu Unternehmen unterschiedlich sein und von spezifischen Funktionen, Prozessen und weiteren unternehmensspezifischen Variablen abhängig sein. Wir möchten hier nichtsdestotrotz eine Liste von Kriterien zur grundsätzlichen Definition von Schlüsselpositionen vorstellen. Folgende Kriterien können als Leitfaden bei der Identifikation von Schlüsselpositionen in ihrem Unternehmen dienen. Diese Kriterien finden Sie in etwas gröberer Darstellung auch in Abbildung 9 auf Seite 46.

- Die Position ist strategisch hoch relevant. Sie leistet einen erfolgskritischen Beitrag zum (zukünftigen) Kerngeschäft und erfordert entsprechend strategisch relevante Kompetenzen und Fertigkeiten vom Stelleninhaber.
- Die Position erbringt einen hohen Wertschöpfungsbeitrag.
- Andere Geschäftsbereiche stehen in unmittelbarer Abhängigkeit zu den Ergebnissen der Position.
- Die Position ist nur schwer nachzubesetzen. Am Arbeitsmarkt sind Mitarbeiter mit den notwendigen Qualifikationen nicht oder nur schwer zu rekrutieren (Vakanzrisiko).

- Eine Nicht- oder Fehlbesetzung der Position hat unmittelbaren Einfluss auf das Geschäftsergebnis. Die Funktion der Position kann nicht von anderen Positionen im Unternehmen übernommen/kompensiert werden.

Zusammenfassend lassen sich die Kriterien für die Definition von Schlüsselpositionen auf die Wichtigkeit der Position im Unternehmen und die Möglichkeit der Nachbesetzung zurückführen.

Achtung

Schlüsselpositionen müssen im Unternehmen nicht zwangsläufig Führungspositionen sein, auch andere Positionen, wie z. B. strategische Stabsstellen oder wichtige Controlling-Funktionen, können die Kriterien für Schlüsselpositionen erfüllen. Beim Thema Nachfolgemanagement bzw. Nachfolgeplanung handelt es sich also nicht um eine reine Führungskräfte-Nachfolgeplanung.

Alle Positionen, die als Schlüsselposition im Unternehmen definiert wurden, werden zum Ziel eines systematischen Nachfolgemanagements. Im Kern muss sichergestellt werden, dass unternehmensweit die Schlüsselpositionen zur richtigen Zeit und mit den richtigen Mitarbeitern bzw. Talenten (mit den entsprechenden Qualifikationen und Kompetenzen) besetzt werden.

Stellt man sich die Frage, warum überhaupt systematisches Nachfolgemanagement im Unternehmen benötigt wird, wenn doch eigentlich jeder Manager meist unter seinen eigenen Mitarbeitern potenzielle Nachfolgekandidaten identifizieren und entsprechend fördern kann, so lässt sich diese Frage wie folgt beantworten: Suchen Manager, Führungskräfte oder Inhaber von Schlüsselpositionen in Eigenregie im Unternehmen nach geeigneten Nachfolgern, so geschieht dies oft anhand von uneinheitlichen Kriterien bzw. nach dem „Nasenfaktor". Es werden meist Nachfolger gesucht, die den Stelleninhaber möglichst gleichwertig ersetzen können. Die Kriterien für einen geeigneten Nachfolger leiten sich also direkt aus den Kompetenzen der Person des Stelleninhabers ab. Selbst wenn im Rahmen eines konventionellen Führungskräfte-Nachfolgemanagements die HR-Abteilung jeder Schlüsselposition einen Nachfolgekandidaten zuordnet, laufen sie Gefahr, dass jeder Stelleninhaber (einer Schlüsselposition) einfach nur einen Nachfolger bzw. Ersatz für die eigene

Person sucht (mit ähnlichen Qualifikationen und Kompetenzen). Dabei werden möglicherweise Änderungen in der Unternehmensstrategie – die gegebenenfalls auch Änderungen in den Anforderungsprofilen für Manager beinhalten – nicht berücksichtigt. So findet also eine zu starke Fokussierung auf die reine Neubesetzung und weniger auf die gezielte Entwicklung von Talenten im Unternehmen im Sinne der Unternehmensstrategie statt. Nachfolgemanagement ist aus unserer Sicht mehr als eine reine Ersatzplanung!

Vorgehen im Rahmen des Nachfolgemanagements

Um eine systematische Nachfolgeplanung im Sinne der Unternehmensstrategie sicherzustellen, sind klare und vor allem einheitliche Kriterien für Nachfolgekandidaten unabdingbar. Diese Kriterien leiten sich direkt aus einem einheitlichen Kompetenzmodell (siehe dazu auch Kapitel 5.1) ab, welches als einer der wichtigsten Bestandteile für eine professionelle Nachfolgeplanung angesehen werden kann.

Ferner empfehlen wir – nicht zuletzt vor dem Hintergrund von Aufwand-Nutzen-Betrachtungen – das Nachfolgemanagement je nach hierarchischem Level differenziert zu organisieren. So ist es in Unternehmen, die eine kritische Größe (je nach Branche und in Abhängigkeit von den Recruiting-Möglichkeiten am externen Arbeitsmarkt kann dies schon ab 500 Mitarbeiter gelten) überschreiten, sinnvoll, für die ersten Führungsebenen sowie für Schlüsselpositionen eine „personenscharfe" Nachfolgeplanung zu etablieren („Name-to-Box") und für die nachgeordneten Führungsebenen so genannte Nachfolge- oder Talent-Pools einzurichten. Anhand eines Beispiels lässt sich dieses Vorgehen verdeutlichen:

Beispiel

Ein Unternehmen hat die folgende Personalstruktur:
* Ebene Geschäftsführung (C-Level): 5 Personen
* Ebene Bereichsleiter (N-1): 45 Personen
* Ebene Abteilungsleiter (N-2): 250 Personen
* Ebene Sachgebietsleiter (N-3): 1500 Personen

Bei diesem Unternehmen bietet es sich an, für die 100 Top- und Schlüsselpositionen (also alle Positionen des C-Levels und der N-1-Ebene sowie die Schlüsselpositionen auf der Ebene N-2) ein „personenscharfes"

Nachfolgemanagement („Name-to-Box") zu etablieren und entsprechend für jede Position mindestens einen geeigneten Nachfolgekandidaten zu identifizieren. Für die übrigen 1.700 Positionen sollten die oben genannten Nachfolge- bzw. Talent-Pools gebildet werden. Diese Pools sollten je nach Unternehmen funktionsspezifisch zugeschnitten sein.

Das Beispiel verdeutlicht, dass insbesondere bei der hier angegebenen Größe der Organisation Pools für unterschiedliche Funktionen, wie z. B. Vertrieb, Produktion, Projektmanagement, General Management etc. gebildet werden sollten. Hier sollte weniger die eindeutige Zuordnung von Personen (Talenten) zu Positionen im Vordergrund stehen, als vielmehr ein grundsätzliches Vorhalten der strategisch relevanten Kompetenzen und eine gefüllte „Talent-Pipeline", die auch in Zukunft die Besetzung aller erfolgskritischen Positionen im Unternehmen sicherstellt.

Welche Kandidaten werden in den Talent-Pool aufgenommen?

Der Zugang zu den beschriebenen Talent-Pools sollte nach einem einheitlichen und transparenten Prozess ablaufen. Wie bereits auf Seite 99 ff. zum Thema Potenzialmanagement beschrieben, ist in einem ersten Schritt die direkte Führungskraft gefragt, die Potenziale der eigenen Mitarbeiter zu identifizieren und geeignete Kandidaten für das Talent-Management-Programm vorzuschlagen. An dieser Stelle sind eine saubere Definition und einheitliche Kriterien für eine Potenzialaussage sowie die entsprechende Schulung der Führungskräfte enorm wichtig. Im zweiten Schritt sollte diese Potenzialaussage der Führungskraft durch ein Potenzialanalyseverfahren validiert werden. In diesem Verfahren wird der Mitarbeiter durch eine weitere objektive Instanz beurteilt. Schließlich werden die entsprechenden Kandidaten in der oben bereits beschriebenen Talent-Konferenz diskutiert und in den Talent-Pool aufgenommen.

Welcher Kandidat eignet sich für welche Position (Matching)?

Im Rahmen des Nachfolgemanagements gilt es nun, ein Matching zwischen den Kandidaten der Talent-Pools und den (vakanten) Schlüsselpositionen vorzunehmen. Dies geschieht in so genannten Nachfolge- oder Managementkonferenzen. Da an diesen Konferenzen dieselben Personen teilnehmen, die auch im Rahmen des Potenzialmanagements an den Talent-Konferenzen teilnehmen, bietet es sich an, diese beiden Konferenzen zu integrieren. An diesen Konferenzen nehmen – wie bereits beschrieben – die direkten Führungskräfte der jeweiligen Talente und der nächsthöheren Führungsebene sowie HR-Business-Partner teil. Dies bietet den Vorteil, dass sowohl die Potenziale einzelner Kandidaten als auch im direkten Anschluss die vakanten Schlüsselpositionen sowie daraus resultierende Nachfolgeentscheidungen besprochen und entschieden werden können.

Neben den Themen der Talent- bzw. Potenzialkonferenzen werden folgende Inhalte klassischerweise in den Nachfolgekonferenzen behandelt (siehe Abb. 28).

Teilnehmer
• Führungskräfte der Ebenen n+1 und n+2
• HR-Business-Partner
• diskutiert werden Kandidaten der Ebene n

Input
• Mitarbeiterprofile der Talente inkl. der Ergebnisse der Potenzial- und Kompetenzbeurteilungen
• Übersicht über die relevanten Schlüsselpositionen in dem betroffenen Bereich
• Job-Profile bzw. Stellenbeschreibungen der Schlüsselpositionen

Ablauf
• Überblick über Besetzungsrisiken Welche Schlüsselpositionen sind aktuell besonders schwer nachzubesetzen?
• Vakanzrisiken bewerten Bei welchen Positionen sind eine Nicht- oder Fehlbesetzung besonders kritisch?
• Besetzungs- und Abwanderungsrisiken Für welche Schlüsselpositionen besteht ein besonders hohes Risiko, dass der aktuelle Stelleninhaber das Unternehmen verlässt bzw. dass eine Stelle nicht direkt nachbesetzt werden kann?
• Matching von Talenten und Positionen Wer kann die Nachfolge für welche Stelle antreten?
• Konkrete Besetzungsentscheidungen

Abb. 28: Nachfolgekonferenzen

Datenbasis für das Nachfolgemanagement

Die Abbildungen 29 bis 31 stellen exemplarisch ein Mitarbeiterprofil, ein Job-Profil sowie eine Übersicht über die Schlüsselpositionen inklusive potenzieller Nachfolgekandidaten dar. Diese drei Datenquellen bilden die Datenbasis für den Nachfolgemanagement-Prozess. Die Mitarbeiter- und Job-Profile können in Form von Excel-Dateien vorliegen oder aus vorhandenen Datenbanken generiert werden. Eine möglichst hohe Aktualität der Daten ist essentiell, da diese Daten dem Unternehmen einen Überblick über die Nachfolgesituation verschaffen. Sowohl im Hinblick auf einzelne Schlüsselpositionen als auch im Hinblick auf einzelne Personen lässt sich ein Überblick generieren, wer wann (wahrscheinlich) das Unternehmen verlässt, welche Positionen dringend nachbesetzt werden müssen und welche potenziellen Nachfolger bereitstehen.

Das Mitarbeiterprofil fasst alle relevanten Daten eines Mitarbeiters (Talents) zusammen. Neben persönlichen Daten und grundlegenden Informationen zu Qualifikationen und bisherigem Werdegang sind hier auch Leistungs-, Kompetenz- und Potenzialbeurteilungen abgebildet. Ferner kann in einem solchen Mitarbeiterprofil auch das Risiko abgeschätzt werden, den Mitarbeiter bzw. das Talent zu verlieren (Retention-Risk). Dieses Risiko kann durch die Bewertung der oben genannten Kriterien abgeleitet werden.

Dr. Max Mustermann	Personalnummer:

Persönliches
Familienname
Ggf. Geburtsname
Vorname
Akademischer Titel
Geburtsdatum — TT MM JJ
Geburtsort
Staatsangehörigkeit
Familienstand
Seit wann — TT MM JJ
Geburtsjahr der Kinder 1. JJ 2. JJ

Position
Stellenbezeichnung
Seit wann — TT MM JJ
Standort
Unternehmen
Unternehmenseintritt — TT MM JJ
Abteilung
Name Vorgesetzter
Managementlevel
Führungsverantwortung
Budgetverantwortung

Adresse
Straße und Hausnummer
Postleitzahl und Wohnort
Land
Telefonnummer
Mobil
Email-Adresse

Erfahrungen (1 2 3 4 5) Bemerkung
Ausland
Management
Fachlich
Projekt
Branche
Team

Sprache — Level
1. bitte wählen
2. bitte wählen
3. bitte wählen
4. bitte wählen
5. bitte wählen
6. bitte wählen

Mobilität
Mobilitätsausprägung bitte wählen
Führerschein Klasse 1. bitte wählen 3. bitte wählen
2. bitte wählen 4. bitte wählen

Spezielle Qualifikationen
Art der Qualifikation — Datum Erwerb
1. TT MM JJ
2. TT MM JJ
3. TT MM JJ
4. TT MM JJ
5. TT MM JJ

Schule / Ausbildung / Studium

von		bis		Ausbildungsstätte/ (Hoch-)Schule	Studiengang	Art des Abschluss	Datum Erwerb		Ergebnis/Note
MM	JJ	MM	JJ				MM	JJ	
MM	JJ	MM	JJ				MM	JJ	

Beruflicher Werdegang EXTERN

von		bis		Position/ Art der Tätigkeit	Arbeitgeber	Ort und Land
MM	JJ	MM	JJ			
MM	JJ	MM	JJ			

Beruflicher Werdegang INTERN

von		bis		Position/ Art der Tätigkeit	Abteilung	Management-Level
MM	JJ	MM	JJ			
MM	JJ	MM	JJ			

169

Kompetenzbeurteilung

Kompetenzfeld	Dimension	Rating 1 2 3 4 5	Bemerkungen
Problemlösung	• Analysevermögen		
	• Handlungs- und Resultatorientierung		
Führung	• Performance-Management		
	• Mitarbeitermotivation/-förderung		
Soziale Kompetenz	• Persönliche Wirkung		
	• Kommunikation		
	• Soziale Adaptationsfähigkeit		
Persönliche Kompetenz	• Leistungsmotivation		
	• Belastbarkeit		
	• Lern- und Veränderungsfähigkeit		
	• Integrität		
Fertigkeiten	• Unternehmerisches Denken		
	• Strategie-/Marktkompetenz		
	• Kunden-/Serviceorientierung		
	• Innovation und Change		
	• Interkulturelle Offenheit/Internationa.		

Peformance Beurteilung

Ziel   1 2 3 4 5   Bemerkung
1.
2.
3.
4.
5.
6.
7.
8.

Potenzial Beurteilung

Potenzial   1 2 3 4 5

Bemerkung

Personalentwicklung

Geplante PE-Maßnahmen

von		bis		Thema/Name der Veranstaltung	fakultativ/ obligatorisch		Karriereschritt/ aktuelle Position	
MM	JJ	MM	JJ		f	o	K	P
MM	JJ	MM	JJ		f	o	K	P

Bildungshistorie

von		bis		Thema/Name der Veranstaltung	fakultativ/ obligatorisch		Karriereschritt/ aktuelle Position	
MM	JJ	MM	JJ		f	o	K	P
MM	JJ	MM	JJ		f	o	K	P

Mitarbeiterkarriere

1 2 3 4 5

Risiko, Mitarbeiter zu verlieren   Vertragsende   TT MM JJ
Logischer nächster Karriereschritt   ab (Zeitpunkt) TT MM JJ
Nächste reale Position   ab (Zeitpunkt) TT MM JJ
Karriereambitionen

Abb. 29: Mitarbeiterprofil

Job-Profil

Position							
Stellenbezeichnung							
Vakant	ja		seit	TT	MM	JJ	nein
Standort							
Unternehmen							
Abteilung							
Name Vorgesetzter							
Managementlevel							
Führungsverantwortung							
Budgetverantwortung							

Daten des aktuellen Stelleninhabers

Familienname
Vorname
Akademischer Titel

Risiko, Mitarbeiter zu verlieren
1 2 3 4 5   Vertragsende
                      TT   MM   JJ

Erfahrungsanforderungen

Erfahrung	1	2	3	4	5	Bemerkung
Ausland						
Management						
Fachlich						
Projekt						
Branche						
Team						

Sprachanforderungen

Sprache		Level
1.		bitte wählen
2.		bitte wählen
3.		bitte wählen
4.		bitte wählen
5.		bitte wählen
6.		bitte wählen

Mobilitätsanforderungen

Mobilitätsausprägung   bitte wählen

Führerschein Klasse   1. bitte wählen   3. bitte wählen
                       2. bitte wählen   4. bitte wählen

Anforderungen an spezielle Qualifikationen

Art der Qualifikation		Datum Erwerb		
1.		TT	MM	JJ
2.		TT	MM	JJ
3.		TT	MM	JJ
4.		TT	MM	JJ
5.		TT	MM	JJ

Anforderungen Schule/Ausbildung/Studium

Schule/Ausbildung/Studiengang	Art des Abschluss	Ergebnis/Note	Bemerkungen

Kompetenzanforderungen

Kompetenzfeld	Dimension	Rating 1 2 3 4 5	Bemerkungen
Problemlösung	• Analysevermögen		
	• Handlungs- und Resultatorientierung		
Führung	• Performance-Management		
	• Mitarbeitermotivation/-förderung		
Soziale Kompetenz	• Persönliche Wirkung		
	• Kommunikation		
	• Soziale Adaptationsfähigkeit		
Persönliche Kompetenz	• Leistungsmotivation		
	• Belastbarkeit		
	• Lern- und Veränderungsfähigkeit		
	• Integrität		
Fertigkeiten	• Unternehmerisches Denken		
	• Strategie-/Marktkompetenz		
	• Kunden-/Serviceorientierung		
	• Innovation und Change		
	• Interkulturelle Offenheit/International.		

Abb. 30: Job-Profil

Um einen direkten Abgleich (Matching) zwischen den Mitarbeiter-profilen der Talente und den Anforderungsprofilen der Schlüsselpo-sitionen herstellen zu können, sind aussagekräftige Job-Profile bzw. Stellenbeschreibungen je Schlüsselposition notwendig. Diese stellen neben den allgemeinen Qualifikationserfordernissen auch die Kom-petenzanforderungen, die die Position mit sich bringt, dar. Entspre-chend können diese Anforderungen als Soll-Profil verstanden wer-den, welches mit dem Ist-Profil der Talente bzw. potenziellen Nach-folger abgeglichen wird.

Übersicht über Schlüsselpositionen

Als weiterer Input für die Nachfolgekonferenzen dient eine Über-sicht über alle relevanten Schlüsselpositionen im relevanten Bereich. Jeder Schlüsselposition werden hier schon im Vorfeld der Konferenz potenzielle Nachfolger zugeordnet. Neben der grundsätzlichen Eig-nung eines Kandidaten als Nachfolger für eine Schlüsselposition sollte an dieser Stelle auch bereits die Zeitspanne angegeben werden, in der dieser Nachfolgekandidat tatsächlich in der Lage ist, die Stelle anzutreten. Dabei gilt es, Rahmenbedingungen zu berücksichtigen, die die bisherige Funktion des Nachfolgekandidaten betreffen, da diese gegebenenfalls auch nachbesetzt werden muss.

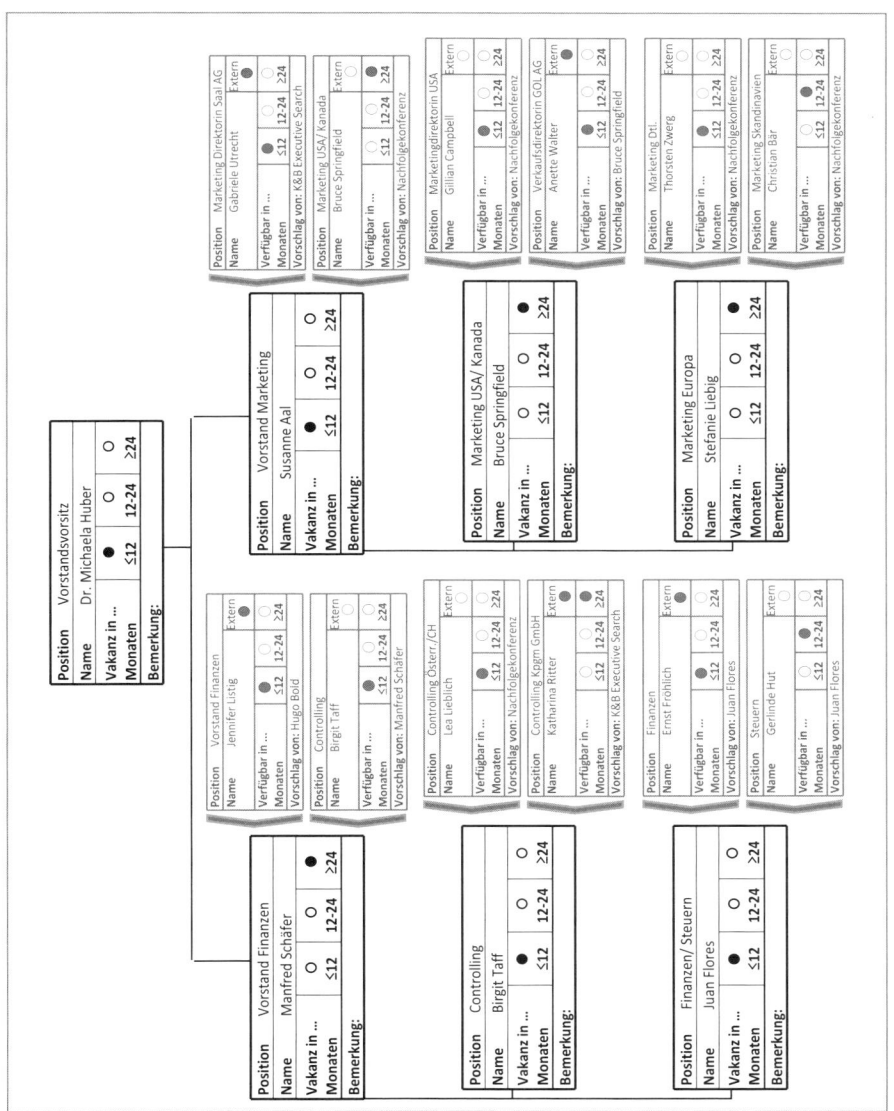

Abb. 31: Übersicht über Schlüsselpositionen und potenzielle Nachfolgekandidaten

Wie oft sollten Nachfolgekonferenzen stattfinden?

Je nach Größe des Unternehmens finden Nachfolgekonferenzen mindestens einmal im Jahr statt. Gegebenenfalls werden für verschiedene hierarchische Ebenen unterschiedliche Konferenzen abgehalten und entsprechende Talent-Pools gebildet. Manche Unternehmen sind aufgrund der sich immer schneller verändernden Rahmenbedingungen dazu übergegangen, die Konferenzen halbjährlich oder sogar quartalsweise stattfinden zu lassen.

Um die Komplexität zu reduzierenden, werden Nachfolgekonferenzen und Talent-Pools in großen, global agierenden Unternehmen segmentiert und für einzelne Länder oder Regionen, Geschäftsbereiche, Produkte, Funktionen, Job-Familien oder Hierarchieebenen eingerichtet.

Abbildung 32 gibt einen zusammenfassenden Überblick über das Nachfolgemanagement.

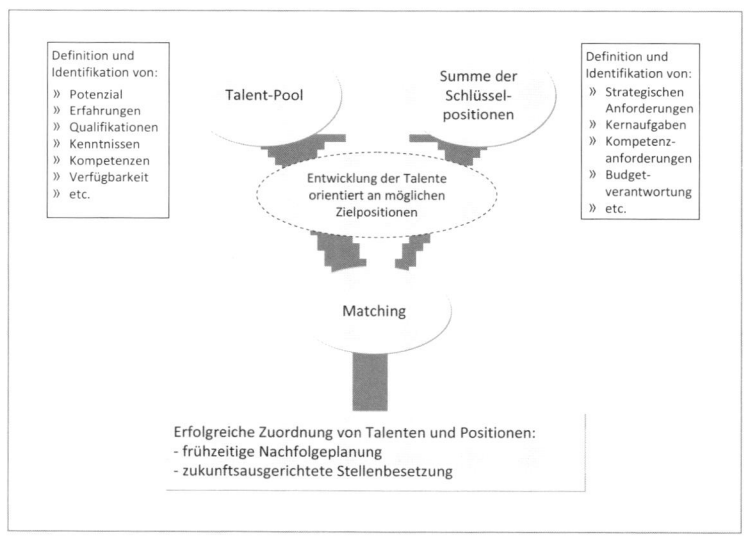

Abb. 32: Schematische Darstellung des Nachfolgemanagements

5 Ausgewählte Instrumente des strategischen Talent-Managements

5.1 Das Kompetenzmodell: Grundlage sämtlicher HR-Aktivitäten

Unter einem Kompetenzmodell versteht man eine unternehmensweite, funktionsübergreifende Abbildung der für das Unternehmen erfolgskritischen Anforderungen bzw. Kompetenzen, an denen Mitarbeiter, Führungskräfte aber auch Potenzialträger gemessen werden können. Das Kompetenzmodell ist das Kerninstrument des strategischen Talent-Managements.

Somit bietet ein Kompetenzmodell verschiedene Einsatzbereiche: von der Grundlage im Rahmen eines Performance-Management-Systems über das Potenzialmanagement bis hin zu Fragen der Nachfolgeplanung und des Bildungsbedarfs (siehe Abb. 33).

Da das Kompetenzmodell weniger stellen- oder funktionsbezogen, als vielmehr unternehmensweit und damit strategisch ausgerichtet ist, stellen weniger die operativen Anforderungen einzelner Funktionen als die grundlegende strategische Ausrichtung und Positionierung des Unternehmens den Ausgangspunkt zur Konzeption des Kompetenzmodells dar. Damit ist das Kompetenzmodell grundsätzlich von den Inhalten diverser Stellenbeschreibungen abzugrenzen. Entsprechend ergibt sich auch die Unterscheidung zwischen Kompetenzen und Skills, wie sie in der Abbildung 34 dargestellt ist.

Ein beispielhaftes Kompetenzmodell finden Sie im Anhang.

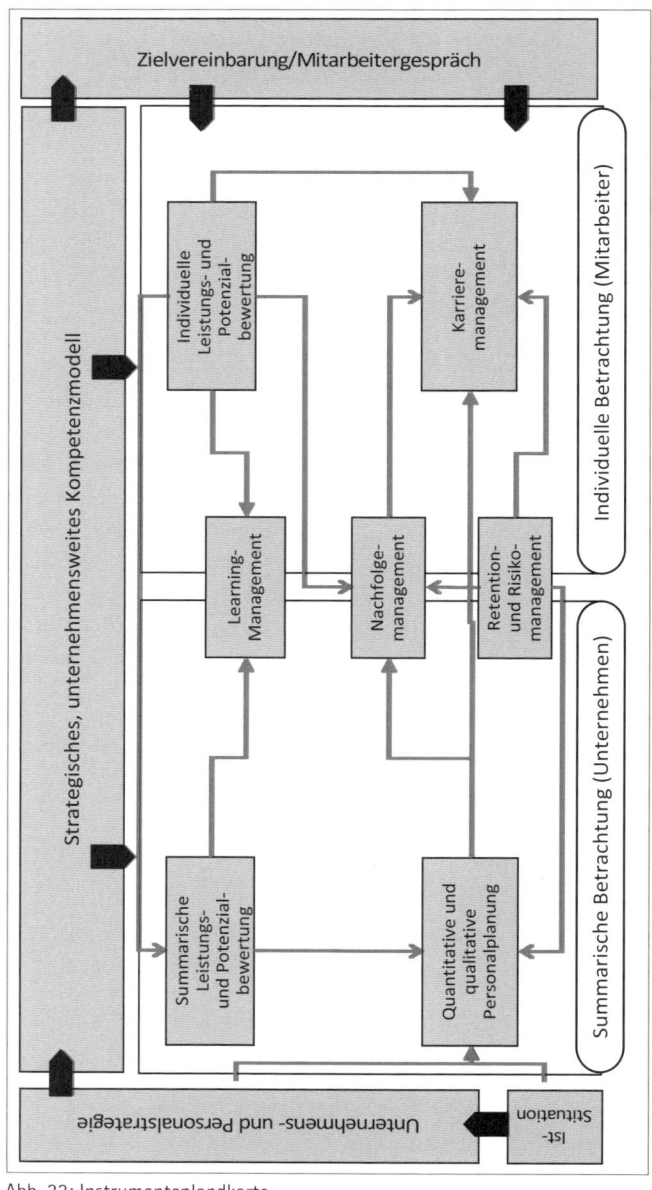

Abb. 33: Instrumentenlandkarte

	Kompetenzmanagement	Skill-Management	Learning Management	Veranstaltungsmanagement
Begriffsklärung	Management aller im Unternehmen relevanter Kompetenzen. Unter Kompetenz wird dabei die Problemlöse- und Handlungsfähigkeit in variablen/unbekannten Situationen verstanden	Management der einzelnen, operativ benötigten Fertigkeiten der Mitarbeiter Detaillierte Betrachtung von Know-how, das zur Ausführung eines Jobs notwendig ist	Management des Skill- und Kompetenzaufbaus Analyse des Qualifizierungsbedarfes, Bestimmung der Qualifizierungsinstrumente, Durchführung und Erfolgsvalidierung der Maßnahmen	Management der Angebotsvermittlung, des Anmelde- und Vorbereitungsprozesses, Administration der Durchführung und Nachbereitung (inkl. Verrechnung) der Qualifizierungsmaßnahmen
Herausforderungen	» Strategiebezug » Umsetzbarkeit (insbesondere dezentral) » Modellierung	» Umfang/Steuerbarkeit » Aktualität » Datenqualität » Mitbestimmung	» Bedarfsorientierung » Controlling/ Nutzenevaluation » Prozesseffizienz	» Vereinheitlichung » Konsequenz » Effizienz/Kosteneinsparung
Trends	» Rollenbasierung » Prozessintegration (Planung, Nachfolge, Placement) » IT-Support	» Zentrales Management, weniger Core-Skills » Fraktalisierung » Self-Service	» Ganzheitlicher Blick auf Maßnahmen (nicht nur Trainings) » Verzahnung mit Skill- und Kompetenzmanagement	» Prozessautomatisierung » Ausweitung des Service-Portfolios » Outsourcing

Abb. 34: Kompetenz-Management versus Skill-Management

Gültigkeit von Kompetenzmodellen

Hinsichtlich der Gültigkeit des Kompetenzmodells finden sich in der Praxis verschiedene Konzepte:

- Das General-Management-Profil

  Hier steht der Anspruch, dass ein Profil (also eine feststehende Sammlung von Kompetenzen) für alle Mitarbeiter eines Unternehmens, unabhängig von deren konkreten Aufgaben, Gültigkeit hat. Häufig basieren solche Modelle auf grundlegenden Werten von Unternehmen. Der Vorteil liegt in der Möglichkeit, mit einem solchen Modell sämtliche weiterführenden Prozesse und Instrumente im Bereich der Personalentwicklung zu verknüpfen, ohne für unterschiedliche Positionen unterschiedliche Instrumente/Prozesse zu konzipieren. Auch sind unterschiedliche Mitarbeiter aus verschiedenen Unternehmensbereichen hinsichtlich ihrer Kompetenzen direkt miteinander vergleichbar. Der Nachteil liegt entsprechend darin, dass wenig Bezug zu konkreten, möglicherweise spezifischen Herausforderungen der einzelnen Positionen besteht. Die Kompetenz „Fachwissen" wird häufig nur generisch („… verfügt über das für die jeweilige Position angemessene Fachwissen") abgebildet.

- Das positionsspezifische Profil

  Das andere Extrem wäre ein für jede Position speziell zugeschnittenes Kompetenzmodell. Dies würde sich aber hinsichtlich der Inhalte nicht mehr wesentlich von den Inhalten der (hoffentlich vorhandenen) Stellenbeschreibungen unterscheiden. Ein solches Modell könnte nur sehr schwierig für übergreifende, strategische Kernprozesse im Sinne eines Talent-Managements genutzt werden. So könnte z. B. die Potenzialeinschätzung von Mitarbeitern schwierig werden, wenn jeder Mitarbeiter an anderen Kompetenzen gemessen wird. Auch müsste streng genommen für jeden Mitarbeiter ein anderer Beurteilungsmaßstab und damit auch ein anderes Beurteilungsinstrument eingesetzt und entwickelt werden.

In der Praxis findet man daher häufig Mischformen aus den beiden oben genannten Konzepten.

Dabei haben sich im Wesentlichen zwei Möglichkeiten durchgesetzt, die auch kombiniert werden können:

* die Bildung von Job-Families und
* die Implementierung von Muss- und Kann-Kriterien.

Die Bildung von Job-Families

Job-Families (auch „Positionstypen", „Stellenbündel" genannt) beinhalten unterschiedliche Stellen, die jedoch hinsichtlich ihrer Anforderungen und Kompetenzen vergleichbar oder zumindest ähnlich sind. Die Unterschiede der Kompetenzanforderungen der Stellen innerhalb der Job-Familie sind geringer als die Unterschiede zu Stellen außerhalb der Job-Familie. Letztendlich gibt es keine idealtypische Empfehlung über die Anzahl solcher Job-Familien. Das Dilemma ist das gleiche wie bei der Frage nach einem General-Management-Profil versus positionsspezifischer Profile: Je weniger Job-Familien man bildet, desto weniger Varianten muss man handeln, aber desto unschärfer wird die Aussagekraft.

Dennoch ist die Bildung von zwei Job-Familien recht häufig in Unternehmen zu finden – z. B. in einem vorhandenen Beurteilungssystem. Dabei handelt es sich um die Job-Familien

1. Führungskräfte
2. Mitarbeiter ohne Führungsverantwortung

Die entsprechenden Kompetenzmodelle dieser beiden Job-Familien unterscheiden sich meist nur dadurch, dass die Job-Familie der Führungskräfte noch zusätzliche Führungskriterien enthält. Auch wenn diese Vorgehensweise banal erscheint, handelt es sich streng genommen um zwei klar differenzierte Job-Familien.

> In einem Unternehmen existiert eine Vielzahl verschiedener Stellen, sodass auch eine Vielzahl verschiedener Funktionsbeschreibungen bzw. Anforderungsprofile erstellt werden muss. Zur Standardisierung und Vergleichbarkeit der Funktionsbeschreibungen/Anforderungsprofile, z. B. im Rahmen der Mitarbeiterbeurteilung oder Personalentwicklung, werden Positionstypen (auch „Job-Familien" oder „Stellenbündel", z. B. Führungskräfte, Spezialisten, Sachbearbeiter) gebildet, welche jeweils gemeinsame Anforderungen aufweisen. Das heißt, Positionstypen sind in sich homogen, unterscheiden sich jedoch untereinander. Die Positionstypen dienen als Vorlage bzw. Basis für die Erstellung einzelner Funktionsbeschreibungen/Anforderungsprofile.

Job-Familien			FB/ AP
Keine Führung	Mitarbeiter	Fünf fest vorgegebene Anforderungen	3 - 5 zusätzliche Anforderungen sind frei wählbar
	Spezialisten	Fünf fest vorgegebene Anforderungen	5 - 10 zusätzliche Anforderungen sind frei wählbar
Führung	Alle weiteren Führungskräfte	Fünf fest vorgegebene Anforderungen	
	Leitende Angestellte	Fünf fest vorgegebene Anforderungen	

Abb. 35: Job-Familien

Kriterien zur Bildung von Job-Familien

Die Kriterien zur Bildung von Job-Familien können vielfältig sein, z. B.:

- Führungsverantwortung ja/nein?
- hierarchische Einordnung: z. B. alle Abteilungsleiter"
- funktionale Ausrichtung: z. B. „alle Außendienstmitarbeiter"
- tarifliche Einordnung: z. B. „alle Tarifangestellten"

Entscheidend ist letztendlich, wie nah sich die Kompetenzanforderungen der Stellen innerhalb der Job-Familie sind. So würde z. B. die oben genannte Ausrichtung „alle Außendienstmitarbeiter" wahrscheinlich wenig Sinn machen, wenn anschließend innerhalb dieser Job-Familie z. B. Führungskräfte und Nichtführungskräfte im Vertrieb zusammengefasst werden. Denn die Kompetenzanforderungen dieser beiden Gruppen werden sich deutlich unterscheiden, und zwar zumindest durch die Führungskompetenzen

Unterscheidung von Muss- und Kann-Kriterien

Die zweite Möglichkeit beinhaltet Muss- und Kann-Kriterien. Hier geht man – wie bei der Bildung von Job-Familien – davon aus, dass nicht ein Kompetenzmodell für alle Stellen Gültigkeit haben kann. Anders als bei den Job-Familien geht man hierbei eher pragmatisch vor:

In einem ersten Schritt definiert man das grundlegende Kompetenzmodell – streng genommen eher ein Kompetenzkatalog, der häufig recht umfangreich ausfällt. Bei der Bildung von Job-Familien würde man im zweiten Schritt für jede entwickelte Job-Familie einzeln die erfolgskritischen Kompetenzen festlegen.

Bei der Arbeit mit Muss- und Kann-Kriterien legt man stattdessen nun fest, welche Kompetenzen für alle Mitarbeiter unabhängig von der Stelle wichtig sind. Die Klassiker sind hier Kompetenzen wie

- Leistungsmotivation/Leistungsbereitschaft,
- Flexibilität und
- Loyalität/Verbindlichkeit/Zuverlässigkeit.

Diese Kriterien bilden die Muss-Kriterien. Das bedeutet, in den im Folgenden zu entwickelnden Instrumenten (z. B. im Mitarbeitergespräch) muss sich jeder Mitarbeiter und jede Führungskraft an diesen Kriterien messen lassen. Die restlichen Kriterien gelten als Kann-Kriterien. Hier hat – in der Regel der direkte Vorgesetzte – die Möglichkeit der Auswahl, d. h. er entscheidet darüber, an welchen Kriterien seine Mitarbeiter gemessen werden. Abbildung 36 zeigt ein Praxisbeispiel.

Der Vorteil dieser Vorgehensweise liegt häufig in einer hohen Akzeptanz durch die Führungskräfte, da diese sich in ihrer Freiheit weniger eingeschränkt fühlen. Der Nachteil liegt jedoch darin, dass sichergestellt werden muss, dass die Führungskräfte nachvollziehbar und vergleichbar mit diesem Freiheitsgrad umgehen und nicht unreflektiert Kriterien und Kompetenzen anwenden.

Kienbaum Expertentipp

Falls Sie sich für ein solches Modell entscheiden und anschließend mit Hilfe eines Beurteilungsinstruments (z. B. Mitarbeitergespräch) auch Informationen z. B. zum Potenzialmanagement gewinnen wollen, so sollten Sie sicherstellen, dass die Kriterien, die Sie als Potenzialindikatoren nutzen, als Muss-Kriterien deklariert sind.

Beurteilungsstufen	Die erbrachte Leistung lag/entsprach ...					
	immer unter ... den Anforderungen	teilweise unter	im Wesentlichen	in vollem Umfang	häufig über	immer über
1. Beurteilungsmerkmale für alle Mitarbeiter *						
Arbeitseffizienz	Aufgaben durch wirksames Ordnen und zeitliches Planen rationell und terminngerecht erledigen					
Arbeitsqualität	Aufgaben sorgfältig durchführen					
Belastbarkeit	Aufgaben auch unter erschwerten Bedingungen erledigen					
Flexibilität	Wechselnde Aufgaben und veränderte Arbeitsbedingungen bewältigen					
Initiative	Aufgaben aus eigenem Antrieb durchführen					
Kreativität	Neue Problemlösungen erkennen, anregen und erarbeiten					
Überblick	Bei der Bearbeitung von Aufgaben neue und veränderte Sachverhalte und deren Auswirkungen auch auf andere Bereiche berücksichtigen					
Überzeugungsfähigkeit	Andere durch persönlichen Einsatz für eigene Ideen, Problemlösungen oder Initiativen gewinnen					
Verantwortungsbereitschaft	Die Ergebnisse von Entscheidungen gegenüber anderen vertreten					
Zusammenarbeit	Informationen innerhalb und außerhalb des eigenen Arbeitsbereiches austauschen und mit allen Beteiligten wirksam zusammenarbeiten					
2. Zusätzliche Beurteilungsmerkmale für Mitarbeiter mit Führungsaufgaben *						
Delegation	Aufgaben planen, übertragen und ihre Durchführung kontrollieren					
Integration	Gruppenleistung der geführten Mitarbeiter fördern					
Mitarbeiterentwicklung	Berufliche und persönliche Weiterentwicklung der geführten Mitarbeiter systematisch unterstützen					
Motivation	Mitarbeiter für gemeinsame Ziele und Aufgaben gewinnen					

* „Muss"-Kriterien sind fett gedruckt

Abb. 36: Muss- und Kann-Kriterien (Projektbeispiel)

Inhalte und Struktur von Kompetenzmodellen

Unabhängig von der Anzahl und Differenziertheit der Job-Familien sollte es immer ein Grund-Kompetenzmodell geben, welches anschließend als Basis für die Anwendung dient – d. h. für die Bildung von Job-Familien-spezifischen Varianten oder zur Festlegung der Muss- und Kann-Kriterien. Dieses Grundmodell enthält einen Grundkatalog von Kompetenzen. Wenn Sie sich dagegen für ein General-Management-Modell entscheiden, gibt es keinen Unterschied zwischen Grundmodell und Anwendung – hier stellt das Grundmodell das Kompetenzmodell dar.

Alle Arten von Kompetenzmodellen folgen in ihrem Aufbau und ihrer Struktur einer bestimmten Systematik, die in der folgenden Abbildung dargestellt ist.

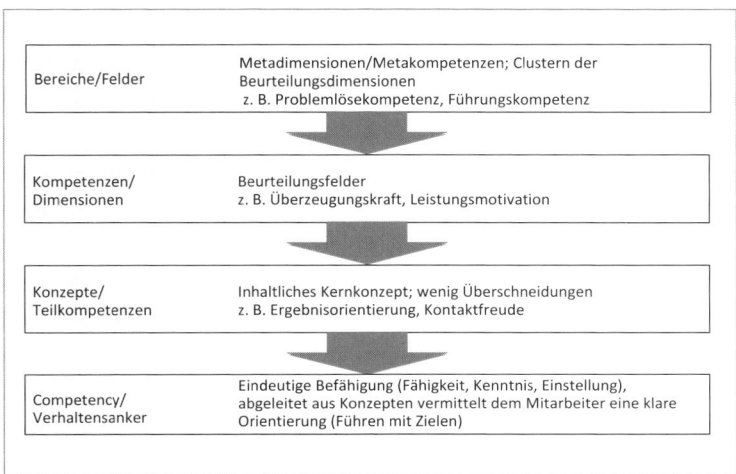

Abb. 37: Struktur eines Kompetenzmodells

Bildung von drei bis vier Kompetenzfeldern

Die Kompetenzen werden in der Regel in Kompetenzfelder aufgeteilt. In der Praxis findet man am häufigsten Modelle mit drei oder vier Kompetenzfeldern. Wie viele und welche Kompetenzfelder Sie bilden, hängt selbstverständlich von den Schwerpunkten und Inhalten Ihres Kompetenzmodells ab. Üblich sind folgende Aufteilungen:

Kompetenzfeld: persönliche Kompetenzen

Hierzu gehört alles, was zur Persönlichkeitsstruktur eines Menschen zu zählen ist, also Kompetenzen, die den Menschen an sich ausmachen und schwer veränderbar sind. Meist handelt es sich streng genommen nicht um Kompetenzen im Sinne von Fähigkeiten, sondern eher um Eigenschaften. Häufig findet man hier auch einen Großteil der Potenzialindikatoren. Hierzu gehören z. B.:

- Leistungsmotivation, Leistungsmotive
- Grundeinstellungen und Werte
- Flexibilität
- Loyalität
- Dynamik, Belastbarkeit

Auch „Analysefähigkeit" und „Kundenorientierung" findet man gelegentlich unter den persönlichen Kompetenzen. Erstere, weil sich dahinter schwer veränderbare kognitive Fähigkeiten (Intelligenz) verbergen, und die Kompetenz „Kundenorientierung", weil dies häufig nicht auf Techniken (z. B. „Wie führe ich ein Reklamationsgespräch?") basiert, sondern auf einer persönlichen Grundeinstellung im Sinne von „Dienstleistungs- und Servicebereitschaft".

Die persönlichen Kompetenzen sind schwer bis gar nicht veränderbar und daher eher weniger interessant für den Anschlussprozess „Learning-Management". Hohe Bedeutung erhalten sie jedoch im Potenzialmanagement, da hier häufig auch Potenzialtreiber enthalten sind, und in der Rekrutierung. Denn wenn man diese Eigenschaften später durch PE-Maßnahmen nicht mehr verändern kann, so sollte man sicherstellen, dass ein Bewerber diese Eigenschaften in der gewünschten Ausprägung bereits mitbringt.

Kompetenzfeld: soziale Kompetenzen/Führungskompetenzen

Zu den sozialen Kompetenzen gehören alle Kompetenzen, die zum Umgang mit Anderen notwendig sind. Streng genommen gehören auch die Führungskompetenzen hierzu. Um bei Führungskräften jedoch deren Bedeutung besser herauszustellen, erhalten die Führungskompetenzen dann häufig ein eigenes Kompetenzfeld „Führungskompetenzen".

Die Veränderbarkeit dieser Kompetenzen ist schwierig vorherzusagen – entscheidend ist, was die Ursache für z. B. eine unbefriedigende Ausprägung ist. Diese Ursache kann in mangelnder Kenntnis von Methoden liegen.

Beispiel

Eine junge Führungskraft kann ein Mitarbeitergespräch nicht führen, weil ihr Gesprächstechniken fehlen, weil sie nicht weiß, wie man ein solches Gespräch geschickt strukturiert etc. In diesem Fall ist die Veränderbarkeit eher hoch einzuschätzen.

Manchmal liegt die Ursache für die mangelnde Ausprägung von sozialen Kompetenzen jedoch in der Einstellung der Person, z. B. in einem negativen und von Misstrauen geprägten Menschenbild gegenüber den eigenen Mitarbeitern. Während im ersten Fall ein „normales" Führungsseminar angeraten erscheint, wird die gleiche Maßnahme im zweiten Fall kaum Wirkung zeigen.

Typische Kriterien in diesem Kompetenzfeld sind:

- Kooperationsvermögen, Teamfähigkeit
- Durchsetzungsvermögen
- Überzeugungskraft
- Konfliktfähigkeit

Kompetenzfeld: methodische oder Problemlösekompetenzen

Hierunter zählt man – wie die Bezeichnung nahelegt – alle Kompetenzen, die eine Person benötigt, um Herausforderungen zu bewältigen. Klassischerweise zählen hierzu:

- Entscheidungsfähigkeit
- Analysefähigkeit
  Selbstverständlich stellt die Fähigkeit, ein Problem zu analysieren, eine entscheidende Kompetenz zur Lösung eben dieses Problems dar. Daher wird die Analysefähigkeit häufig bei den Problemlösekompetenzen aufgeführt, obgleich sie rein methodisch auch als persönliche Kompetenz definiert werden kann.
- Fachwissen
  Diese Kompetenz bildet die Grundlage zur Bewältigung fachlicher Herausforderungen.

Die Veränderbarkeit dieses Kompetenzfeldes ist ebenfalls schwer einheitlich vorherzusagen. In aktuellen Kompetenzmodellen findet man – analog zu den obigen Anmerkungen zum Analysevermögen –

häufig auch persönliche Kompetenzen. Definiert man die methodischen und Problemlösekompetenzen eher fachlich-methodisch, indem man den Fokus auf das Fach- und Methodenwissen wie Moderations- oder Präsentationstechniken legt, so dürften die Kompetenzen dieses Feldes sicherlich als relativ leicht veränderbar angesehen werden.

Kompetenzfeld: Managementkompetenzen

Gelegentlich findet man in Kompetenzmodellen noch ein viertes Kompetenzfeld, häufig als Managementkompetenzen bezeichnet. Hierunter verbergen sich eher strategisch-unternehmerische Facetten. Folgerichtig findet man in diesem Kompetenzfeld das unternehmerische Denken und Handeln, das bereichsübergreifende Denken oder auch die Strategiekompetenz. Auch hier entscheidet sich die Veränderbarkeit an der inhaltlichen Definition der Kompetenzdimension. So kann z. B. die unternehmerische Kompetenz entweder als eher betriebswirtschaftliches (Fach-)Wissen oder als ganzheitlich-unternehmerische Grundeinstellung definiert werden. Während Ersteres stark in Richtung Fachwissen tendiert, könnte Letzteres durchaus auch als persönliche Grundeinstellung angesehen werden.

Teilkompetenzen und Competencies/Verhaltensanker

Letztendlich sagen somit die erste und zweite Gliederungsebene (also die Kompetenzfelder und die „eigentlichen" Kompetenzen – vgl. Abbildung 37) noch wenig aus – weder über die inhaltliche Bedeutung der einzelnen Kompetenzen noch über deren Veränderbarkeit. Hierzu müssen die einzelnen Kompetenzen noch inhaltlich definiert und festgelegt werden. Möglich ist dies in einem oder in zwei Schritten. In jedem Fall werden die Kompetenzen durch konkrete Verhaltensweisen operationalisiert und damit beobachtbar und messbar gemacht. Dies geschieht durch die so genannten Verhaltensanker oder Competencies. Wichtig ist dabei, mit konkreten Verhaltensweisen zu arbeiten und nicht mit abstrakten Begrifflichkeiten. Denn Letztere bieten gegenüber den ohnehin schon abstrakten Bezeichnungen der Kompetenzdimensionen meist keinen Erkenntnisgewinn.

Beispiel

Die Kompetenzdimension sei „Motivation" innerhalb des Kompetenzfeldes „Führungskompetenzen". Ein abstrakter Verhaltensanker „kann Mitarbeiter motivieren" bringt wenig bis keinen Erkenntnisgewinn gegenüber der Kompetenzbezeichnung „Motivation". Aber ein Verhaltensanker „behandelt seine Mitarbeiter im Mitarbeitergespräch wertschätzend" oder „berücksichtigt Ideen/Meinungen seiner Mitarbeiter bei Entscheidungen" ist dagegen schon deutlich konkreter.

Aufgaben der Competencies/Verhaltensanker

Die Competencies/Verhaltensanker erfüllen dabei stets eine Doppelfunktion:

- Sie machen die abstrakte Dimension beobachtbar und damit messbar, z. B. für die spätere Anwendung in einem Beurteilungssystem. Aus diesem Grund ist es sinnvoll, mit beobachtbaren Verhaltensweisen zu arbeiten.
- Sie definieren, was in der Kultur des Unternehmens unter der Dimension überhaupt zu verstehen ist. Sie haben also einen definitorischen Zweck. Im obigen Beispiel scheint das Unternehmen der Auffassung zu sein, dass die Berücksichtigung der Meinungen und Ideen der Mitarbeiter eine motivierende Wirkung hat.

Somit beinhaltet ein Kompetenzmodell immer auch eine kulturelle Facette – durch die Festlegung der Anforderungen an die Führungskräfte definiert das Kompetenzmodell, was im Unternehmen als „gutes Führungsverhalten" zu verstehen ist. Daher ist es auch wesentlich, bei der Konzeption eines Kompetenzmodells auch Informationsquellen wie Führungsleitlinien, Unternehmenswerte etc. zu berücksichtigen (vgl. hierzu den folgenden Abschnitt).

Festlegung von Teilkompetenzen

Als Zwischenschritt zwischen den Kompetenzdimensionen und dem Verhaltensanker werden häufig so genannte Teilkompetenzen eingeführt. Sie dienen dazu, insbesondere bei recht „breiten" Kompetenzen eine inhaltliche Sortierung und Strukturierung zu ermöglichen. Die Abbildung 38 zeigt mögliche Teilkompetenzen am Beispiel des Analysevermögens.

Kriterium: Analysevermögen	Verhaltensanker
Teilkompetenz: **Geschwindigkeit der Informationsaufnahme**	• Verfügt über eine schnelle Auffassungsgabe • Zeigt sich in der Lage, stark unterschiedliche Informationen in kurzer Zeit aufzunehmen
Teilkompetenz: **Detailorientierung**	• Durchdringt einzelne Sachverhalte tief bis zum vollständigen Verständnis der Details • Zergliedert Sachverhalte in überschaubare einzelne Teile und erkennt dabei relevante Details
Teilkompetenz: **Vernetztes und abstraktes Denken**	• Stellt Zusammenhänge zwischen unterschiedlichen Sachverhalten auch ohne offensichtliche Beziehung her • Abstrahiert von Detailproblemen auf eine übergeordnete (Meta-)Ebene
Teilkompetenz: **Numerisches Denken**	• Analysiert und durchdringt vorgegebenes Zahlenmaterial • Beweist allgemeines mathematisches und Zahlenverständnis

Abb. 38: „Analysevermögen" im Kompetenzmodell (Beispiel)

Die Frage, ob Sie eine konkrete Anforderung (z. B. „Führungskompetenz", s. u.) als Kompetenzfeld oder als einzelne Kompetenz in Ihrem Kompetenzmodell definieren, legt letztendlich fest, welche Wichtigkeit dieser Anforderung im Unternehmen zugeschrieben wird. Am Beispiel des Führungsbegriffs wird dies deutlich. Wenn „Führung" im Kompetenzmodell enthalten sein soll, so kann dies an verschiedenen Stellen – oder besser auf verschiedenen Ebenen – geschehen:

1. Die Führungskompetenzen werden als (möglicherweise viertes) Kompetenzfeld aufgenommen (neben z. B. persönlichen Kompetenzen, sozialen Kompetenzen und Problemlösekompetenzen). In diesem Fall müsste das Kompetenzfeld noch gefüllt werden – z. B mit „Mitarbeitermotivation", „Mitarbeitersteuerung" und „Mitarbeiterentwicklung". Damit gewinnen diese drei Begriffe die Bedeutung einer Kompetenzdimension.

2. „Führung" wird zu einer Kompetenzdimension innerhalb des Kompetenzfeldes „soziale Kompetenzen". In diesem Fall könnte die Führung ebenso unterteilt werden in die oben genannten drei Begriffe, die dann aber nur noch die Bedeutung von Teilkompetenzen hätten.

An diesem Beispiel wird deutlich, dass im zweiten Fall dem Bereich „Führung" keine so hohe Bedeutung beigemessen wird wie im ersten Fall. Selbstverständlich ist es nicht möglich zu entscheiden, welche der beiden Varianten die bessere ist – dieses Qualitätsurteil muss sich stets an der Kultur des Unternehmens messen lassen.

Vorgehen bei der Entwicklung eines Kompetenzmodells

Wie entwickelt man nun ein derartiges Kompetenzmodell? Grundsätzlich ist diese Vorgehensweise in relativ wenigen Schritten möglich:

1. Analysephase
2. Grobkonzeption
3. Feinkonzeption
4. Implementierung

Der vierte Schritt zählt streng genommen nicht mehr zur Entwicklung des Modells, er ist aber dennoch wesentlich, denn das Kompetenzmodell stellt zwar die Grundlage für eine Vielzahl von Personalentwicklungsaktivitäten und -instrumenten dar, ist aber für sich genommen ein rein theoretisches Modell, welches streng genommen noch nicht in irgendeiner Art und Weise angewendet werden kann. Denn hierzu muss es erst in entsprechende Instrumente überführt werden.

Schritt 1: Analysephase

Bevor Sie inhaltliche Ideen anstellen, wie das Modell aussehen könnte und was alles enthalten sein müsste, sollten sie sich einige Unterlagen anschauen, die wesentlich für das Modell sind, und mit denen das Modell anschließend korrespondieren muss. Hier wären vor allem die folgenden Unterlagen zu berücksichtigen:

- Stellenbeschreibungen
  Enthalten diese bereits Kompetenzen? Enthalten diese schon Informationen, die genutzt werden können, um anschließend Job-Families zu bilden?
- Unternehmenswerte, Leitbilder, Führungsleitlinien?
  Während Leitbilder und Unternehmenswerte für alle Mitarbeiter und Führungskräfte Gültigkeit haben müssen und damit auch

im Kompetenzmodell enthalten sein müssen, so liefern Führungsleitlinien eine klare Definition sowie deutliche Inhalte hinsichtlich der Führungskompetenzen.

- Bereits existierende Beurteilungssysteme, Mitarbeitergespräche, tarifliche Leistungskriterien etc.
- Zukünftige Strategien des Unternehmen
  Das Kompetenzmodell soll auch diejenigen Kompetenzen beschreiben und beinhalten, die möglicherweise erst in Zukunft relevant werden. Hierzu ist es interessant zu analysieren, welche Herausforderungen – welcher Mitarbeitertyp – in Zukunft gebraucht wird. Verfolgt das Unternehmen eine Wachstumsstrategie? Oder will man Kostenführer werden? Gibt es eine Internationalisierungsstrategie?

Entsprechend diesen Fragen sollte man Kompetenzen wie „strategisches Denken", „wirtschaftliches (Kosten-)Denken" oder „interkulturelle Kompetenz" im Modell berücksichtigen. Die folgende Abbildung zeigt das Vorgehen in der Analysephase.

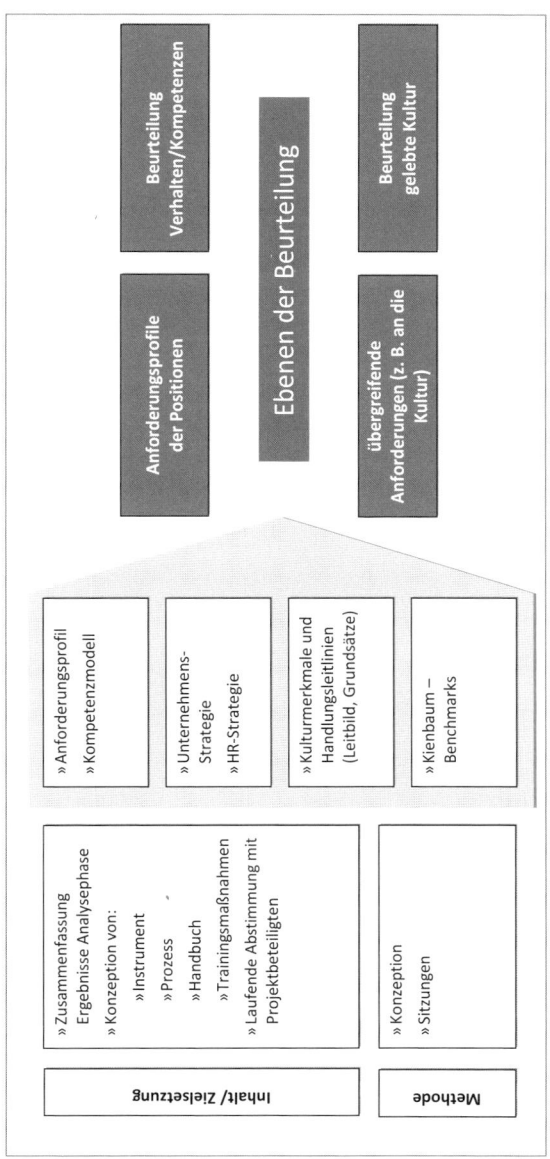

Abb. 39: Idealtypische Entwicklung eines Kompetenzmodells

Schritt 2: Grobkonzeption

Es empfiehlt sich, auf der Grundlage dieser Ergebnisse eine erste grobe Version zu erstellen. Üblicherweise beinhaltet diese lediglich die ersten beiden Ebenen, d. h. Kompetenzfelder und Kompetenzdimensionen. Hier entscheidet sich bereits, welche Bedeutung einzelnen Kriterien zugestanden wird. Soll z. B. „Führung" zu einem Kompetenzfeld oder nur zu einer Kompetenzdimension zugeordnet werden?

Zur praktischen Vorgehensweise empfiehlt es sich, alle aus den oben genannten Unterlagen identifizierten Begrifflichkeiten zu sammeln und anschließend inhaltlich zu clustern. So ergeben sich recht schnell erste Cluster, die man dann in die entsprechende Kompetenzdimension oder Kompetenzfelder zusammenfassen kann. Als Ergebnis dieser Grobkonzeption sollte ein erster Entwurf des Kompetenzmodells stehen, der die Kompetenzfelder und Kompetenzdimensionen enthält.

Schritt 3: Feinkonzeption

Spätestens an dieser Stelle sollten die bislang erarbeiteten Ideen im größeren Kreis besprochen werden. Daher bietet sich für die Feinkonzeption ein Workshop mit den entsprechenden Ansprechpartnern (Entscheidungsträger, Stakeholder, Meinungsbildner und Experten) an, in dem zunächst das Ergebnis der Grobkonzeption vorgestellt, diskutiert und gegebenenfalls modifiziert werden kann. Leitfragen sollten sein:

- Welche Kompetenzen fehlen?
- Welche Kompetenzen sind redundant, also doppelt enthalten oder überflüssig?
- Welche inhaltlichen Schwerpunkte geben die einzelnen Kompetenzen wieder?

Es hat sich bewährt, in diesem Workshop noch nicht die Ebene der Verhaltensanker festzulegen. Diese Feinarbeit sollte im Nachgang zu dem Workshop im Rahmen der redaktionellen Nacharbeit geleistet werden.

5.2 Das Mitarbeitergespräch

Das Mitarbeitergespräch als Plattform zwischen Mitarbeiter- und Führungskraft stellt ein zentrales Instrument der Führung, aber auch (je nach Schwerpunktsetzung) der Personalentwicklung dar. Entsprechend den unterschiedlichen Zielsetzungen und Rahmenbedingungen finden sich in Unternehmen völlig unterschiedliche Varianten, die alle unter dem Begriff „Mitarbeitergespräch" gehandelt werden.

Zielsetzung und Nutzen des Mitarbeitergesprächs

Die häufigsten Zielsetzungen, die in Unternehmen mit einem solchen Instrument verbunden werden, sind:
- Rückmeldefunktion zur Leistungsoptimierung
- Informationsbeitrag zur Vergütungsfindung
- Bedarfsanalyse für anschließende Personalentwicklung
- Hinweisfunktion für interne Besetzungen/Beförderungen
- Förderung des Denkens und Handelns mit Zielvereinbarungen
- langfristige Entwicklung und Bindung der Mitarbeiter
- Vermittlung gemeinsamer Bewertungsmaßstäbe
- Ableitung individueller Entwicklungsmaßnahmen

Hier zeigt sich bereits die große Heterogenität des Instrumentes: Die unterschiedlichen Zielsetzungen, die mit dem Instrument verbunden werden, führen in der inhaltlichen Konzeption stets zu unterschiedlichen Instrumenten – dabei bleibt eine objektive Bewertung, welches Instrument denn nun das bessere sei, Wunschdenken. Letztendlich muss sich ein Mitarbeitergesprächssystem immer daran messen lassen, ob es ursprünglich definierte Zielsetzungen erfüllt.
Unabhängig von dieser hohen Heterogenität verfügen (fast) alle Mitarbeitergespräche über bestimmte Nutzenfunktionen, die zur Entscheidung für die Entwicklung und Einführung beitragen.
Die folgende Tabelle gibt einen kurzen Überblick über die wichtigsten Nutzenargumente für das Instrument Mitarbeitergespräch. Die Übersicht erhebt keinen Anspruch auf Vollständigkeit, sie ist aber als Argumentationshilfe sicherlich hilfreich.

Nutzenargumente für die Einführung von Mitarbeitergesprächen ...		
für das Unternehmen	**für den Vorgesetzten**	**für den Mitarbeiter**
• mehr Transparenz bezüglich der Unternehmenssituation • Erkennen von Konflikt- und Problemfeldern • Motivation der Mitarbeiter • besseres Kennenlernen der Mitarbeiter • Förderung von Kommunikation und Kooperation • vorhandene Potenziale können analysiert bzw. unterstützt und weiter gefördert werden • gezielte Personalentwicklung	• Herausforderung an Führungskompetenzen, vor allem bei schwierigen Gesprächen • systematische und strukturierte Optimierung vorhandener Potenziale der Mitarbeiter • gemeinsames Festlegen von Entwicklungszielen und Maßnahmen, dadurch höhere Akzeptanz beim Mitarbeiter • Steigerung der Leistung des Mitarbeiters durch erhöhte Motivation	• Bestätigung der eigenen Leistung • Ermutigung zu Verbesserungen • Unterstützung in der eigenen Entwicklung • Möglichkeit, dem Vorgesetzten gegenüber Feedback anzubringen • objektiveres Bild von sich selbst • offene Rückmeldung über die Wahrnehmung der eigenen Person • Möglichkeit, eigene Entwicklungswünsche zu kommunizieren

Tab. 8: Nutzenargument für die Einführung von Mitarbeitergesprächen

Im Rahmen des Talent-Managements muss sich ein Mitarbeitergespräch zudem stets dem Anspruch stellen, ob es im Rahmen des Kompetenzmanagements (vgl. Kapitel 5.1) in der Lage ist, eine Schnittstelle zu den nachgelagerten Prozessen – v. a. Learning-Management und Karrieremanagement – zu bilden. Produziert das Mitarbeitergespräch – oder anders gesagt, das Kompetenzmanagement – Informationen, die als Basis für diese beiden sich anschließenden Prozesse dienen können:

• Identifikation von Lernfeldern als Grundlage der Planung von Maßnahmen im Rahmen des Learning-Managements
• Identifikation von Potenzialen für die weitere Verwendung oder Karriereplanung im Rahmen des Karrieremanagements

Werden diese grundlegenden Zielsetzungen nicht erreicht, so ist das Mitarbeitergespräch als Instrument per se nicht zu kritisieren – aber es wird als Bestandteil eines Talent-Management-Systems unbrauchbar sein. Dabei können die Ursachen an zwei Stellen liegen:

1. Das Mitarbeitergespräch als solches produziert z. B. keine konkreten, kriterienbezogenen und quantifizierbaren Bewertungen und Beurteilungen, z. B. bei sehr offenen Varianten, die zunächst nur das Ziel haben, dass Mitarbeiter und Führungskraft überhaupt erst einmal in einen Dialog eintreten und sich Feedback geben.

2. Das Mitarbeitergespräch liefert zwar diese Informationen – oder könnte sie zumindest liefern. Diese Möglichkeit wird aber nicht genutzt, das Gesprächsergebnis wird als reine Beurteilung interpretiert und nicht mit weiterführenden Prozessen verknüpft.

Funktionen von Mitarbeitergesprächen

Letztendlich lassen sich somit vier grundlegende Funktionen festhalten:

1. Beurteilungs- oder Feedbackfunktion

   Beurteilung des Mitarbeiters durch seinen direkten Vorgesetzten mit entsprechender Besprechung bzw. Diskussion der Beurteilung – also keine „Verkündung", sondern ein echtes Feedback- und Rückmeldegespräch.

2. Personalentwicklungsfunktion

   Aufbauend auf der Beurteilung findet eine Ableitung von Entwicklungsfeldern, Lernfeldern inklusive der Vereinbarung konkreter Maßnahmen oder zumindest Handlungsfelder statt. Anders ausgedrückt: Die Beurteilung sollte zu Konsequenzen führen. Die erste sinnvolle Konsequenz wäre, mit dem Mitarbeiter Maßnahmen/Aktivitäten zu vereinbaren, die dazu führen sollten, dass der Mitarbeiter in den gegebenenfalls vorhandenen schwächeren Bereichen besser wird.

3. Potenzialfunktion

   Das Mitarbeitergespräch sollte der Organisation einen ersten Überblick über im Unternehmen vorhandene Potenzialträger liefern. Auch wenn dieser Überblick noch grob und durch die einzelnen Führungskraft möglicherweise subjektiv gefärbt ist, so ist es doch eine Basis, die mit weiterführenden Aktivitäten (Management-Konferenzen, Potenzialanalysen etc.) zu einem dann möglicherweise objektiven und strukturierten Überblick über die im Unternehmen vorhandenen Potenziale führt.

4. Steuerungs- und Vergütungsfunktion
    Gelegentlich werden Mitarbeitergespräche auch zur Vergütungsfestlegung verwendet. Dies geschieht entweder direkt über die Beurteilung (Umrechung der Skalenbewertung in Punktwerte und Festlegung einer Leistungszulage o. Ä.) oder dadurch, dass man die Zielvereinbarung mit in das Mitarbeitergespräch integriert. (Da Zielvereinbarungen als Instrument des Performance-Managements bereits ausführlich erläutert wurden, wird an dieser Stelle nicht mehr auf Zielvereinbarungen eingegangen.)

Zusammenfassung

Im Rahmen des vorliegenden Buches verstehen wir daher unter einem Mitarbeitergespräch ein Instrument,

*   welches auf einem vorab festgelegten Kompetenzmodell aufbaut,
*   durch das der Mitarbeiter an den Kriterien des Kompetenzmodels gemessen wird,
*   aus dem – bei schwach bewerteten Kriterien – Konsequenzen in Form von Entwicklungsmaßnahmen folgen und
*   das am Ende eine zusammenfassende Potenzialaussage zu jedem Mitarbeiter beinhaltet.

Exkurs: Mitarbeiterbeurteilung und Gehaltszulage

Aufgrund unserer Projekterfahrungen raten wir – sofern tarifliche oder sonstige Regelungen dies ermöglichen – davon ab, das Mitarbeitergespräch mit zu vielen Zielsetzungen zu überladen. Konkret führt es häufig zu Problemen in der Durchführung, wenn Personalentwicklungsmaßnahmen vereinbart werden und gleichzeitig eine variable Vergütung in Form einer Leistungszulage o. Ä. festgelegt werden soll. Hier entsteht häufig ein Problem dadurch, dass sich der Mitarbeiter in einem Dilemma wiederfindet.

Versucht man nämlich, beide Facetten zu berücksichtigen, so wird eine gute Beurteilung dazu führen, dass der Mitarbeiter mehr Geld bekommt. Eine schlechte Beurteilung wird dazu führen, dass der Mitarbeiter in dem Kriterium, in dem er schlecht beurteilt wurde, Unterstützung durch entsprechende Maßnahmen erhält. Wie soll sich der Mitarbeiter also verhalten? Soll er für eine gute Beurteilung argumentieren und diskutieren, mit dem Ziel, eine möglichst hohe Leistungszulage o. Ä. zu erhalten? Oder soll er seine Defizite offen zugeben, um hier Unterstützung zu erfahren und – letztendlich auch im Sinne des Unternehmens – seine Kompetenzen zu optimieren? Es ist nicht schwer zu erraten, wie sich die meisten Mitarbeiter entscheiden werden. Dies macht die Gesprächsführung für die Führungskräfte jedoch deutlich schwerer und das Ergebnis wird häufig ein Kompromiss sein.

Kienbaum Expertentipp

Wenn im Mitarbeitergespräch finanzielle Fragen mitverhandelt werden, nehmen Sie sich dadurch die Chance, im Gespräch offen und ehrlich über Entwicklungsfelder und unterstützende Maßnahmen zu sprechen. Daher empfehlen wir, eine variable Vergütung – soweit möglich – über ein klares Performance-Management-System, wie z. B. Zielvereinbarungen, abzubilden und dieses somit von der Beurteilung und dem damit verbundenen Personalentwicklungsfokus zu trennen.

Mitarbeitergesprächsleitfaden: Aufbau und Struktur

Trotz der großen Heterogenität hat sich in unseren Projekten immer wieder eine idealtypische Struktur des Mitarbeitergespräches bzw. des Gesprächsbogens wiedergefunden. Dabei ist stets auch der Prozess, in dessen Verlauf ein Gesprächsbogen eingesetzt wird, wesentlich:

- Um die Verknüpfung mit weiteren Prozessen des Talent-Managements sicherzustellen und zu ermöglichen, empfehlen wir in jedem Fall eine jährliche Durchführung der Gespräche.
- Wenn die Gespräche (wie oben empfohlen) zur Planung individueller Personalentwicklungsmaßnahmen genutzt werden sollen, so sollten Sie darauf Wert legen, dass die Gespräche rechtzeitig vor der Budgetplanung für das Folgejahr abgeschlossen sind – nur so können Sie die Ergebnisse aus den Gesprächen für die Budgetplanung nutzen.
- In jedem Fall sollten sich beide – Mitarbeiter und Führungskraft – auf das Gespräch vorbereiten. In der Regel reicht es aber nicht aus, sich „mal Gedanken zu machen". Vielmehr hat es sich stets bewährt, wenn beide die komplette Beurteilung durcharbei-

ten und auch auf einem Bogen vermerken. Im Gespräch werden die so entstandenen Einschätzungen – also das Selbst- und Fremdbild – nebeneinander gelegt. Denn nur so werden Unterschiede und Differenzen in der Wahrnehmung aufgedeckt.

- Für ein gutes Mitarbeitergespräch ist es nicht erforderlich, ein umfangreiches Handbuch o. Ä. mit ins Gespräch zu nehmen. Der Gesprächsbogen selbst sollte als Leitfaden für die Gesprächsführung dienen. Daher sollte dieser sehr sorgfältig aufgebaut sein.

Der Gesprächsleitfaden besteht in der Regel aus drei Teilen:

- Teil 1: Rückblick auf die vergangene Periode
- Teil 2: Bewertung der Kompetenzen
- Teil 3: Abschluss und Ausblick

Teil 1: Rückblick auf die vergangene Periode

Der Rückblick auf die vergangene Periode bzw. das vergangene Jahr sollte sowohl aus Sicht der Führungskraft wie auch des Mitarbeiters anhand der folgenden Leitfragen durchgeführt werden:

1. Wie erfolgreich waren Sie in der Bewältigung Ihrer wesentlichen Arbeitsaufgaben? Welche Faktoren haben Ihrer Ansicht nach die Aufgabenerfüllung beeinflusst?
2. An welchen Maßnahmen zur fachlichen und persönlichen Weiterentwicklung haben Sie teilgenommen? An welchen nicht? Worin lagen die Ursachen?
3. Welche Veränderungen haben die Entwicklungsmaßnahmen bewirkt? In welchen Fällen haben Sie Lern- und Verbesserungseffekte wahrgenommen? In welchen nicht und worin lagen die Ursachen?
4. Wie ist die Zusammenarbeit mit Ihrer Führungskraft im letzten Jahr verlaufen? Was waren positive Erfahrungen, was negative Erfahrungen?
5. Wie haben Sie die Zusammenarbeit mit Ihren Kollegen bzw. anderen Bereichen wahrgenommen? Was lief gut, was weniger gut?
6. Welche Erwartungen haben Sie an Ihre Führungskraft hinsichtlich der Zusammenarbeit? Was kann Ihre Führungskraft tun, um die Zusammenarbeit zu fördern?
7. Wo sehen Sie Möglichkeiten, von sich aus die Zusammenarbeit mit Ihrer Führungskraft und/oder Kollegen zu verbessern?

Teil 2: Bewertung der Kompetenzen

Erst nach diesem ersten Teil sollte die Bewertung der Kompetenzen (Teil 2) folgen. Auch hier sollte der Gesprächsbogen selbsterklärend sein. Die Abbildung 40 zeigt eine reine Aneinanderreihung der Kompetenzen und bildet deswegen ein schlechtes Beispiel für einen Beurteilungsbogen.

Stattdessen ist es empfehlenswert, an dieser Stelle die Verhaltensanker aus dem Kompetenzmodell nicht nur zu nutzen, sondern auch tatsächlich mit aufzuführen. Des Weiteren sollte stets Platz für Hinweise und Anmerkungen vorhanden sein (vgl. Abbildung 41).

Kienbaum Expertentipp

Sollten Mitarbeiter und Vorgesetzter unterschiedliche Wahrnehmungen hinsichtlich eines bestimmten Kriteriums haben, über die im Gespräch auch keine Einigung erzielt werden kann, so empfehlen wir folgendes Vorgehen:

- Beide Einschätzungen werden auf der Skala eingetragen. Dabei muss erkennbar sein, welche die Einschätzung des Mitarbeiters und welche die der Führungskraft ist.
- In den Anmerkungen werden die Gründe der abweichenden Sicht festgehalten.
- Für weiterführende Prozesse (Maßnahmenvereinbarungen, Potenzialeinschätzungen etc.) ist die Einschätzung der Führungskraft maßgeblich. (Allerdings darf die Sinnhaftigkeit, einen Mitarbeiter z. B. auf ein Seminar zu schicken, der in dem entsprechenden Bereich keinen Entwicklungsbedarf erkennt, bezweifelt werden.)

	Beurteilungsstufen					
	Die erbrachte Leistung lag/entsprach ...					
	immer unter	teil- weise unter	im Wesent- lichen	in vollem Umfang	häufig über	immer über
	... den Anforderungen					
1. Beurteilungsmerkmale für alle Mitarbeiter						
Arbeitseffizienz						
Arbeitsqualität						
Belastbarkeit						
Flexibilität						
Initiative						
Kreativität						
Überblick						
Überzeugungsfähigkeit						
Verantwortungs- bereitschaft						
Zusammenarbeit						
2. Zusätzliche Beurteilungsmerkmale für Mitarbeiter mit Führungsaufgaben						
Delegation						
Integration						
Mitarbeiter- entwicklung						
Motivation						

Abb. 40: Bewertungsbogen als reine Kriterienliste

Kooperationsverhalten

Bewertung

Das Verhalten des Mitarbeiters liegt …

☐ immer unter ☐ selten unter ☐ im Rahmen ☐ häufig über ☐ immer über

… den Anforderungen der Position

Verhaltensanker

- Bietet anderen Teammitgliedern von sich aus Hilfe und Unterstützung an
- Fördert und fordert stets team- und abteilungsübergreifende Zusammenarbeit
- Beharrt nicht auf der eigenen Meinung, zeigt sich bei überzeugenden Argumenten kompromissbereit
- Vertritt den eigenen Standpunkt angemessen und mit Hilfe sachlicher Argumente
- Trägt aktiv und konstruktiv zur gemeinsamen Lösungsfindung bei
- Arbeitet bei Bedarf (z. B. in Projekten) team-/abteilungsübergreifend konstruktiv mit

Begründung/Anmerkungen

Selbsteinschätzung des Mitarbeiters (falls abweichend von Vorgesetzteneinschätzung)
Mein Verhalten liegt …

☐ immer unter ☐ selten unter ☐ im Rahmen ☐ häufig über ☐ immer über

… den Anforderungen der Position

Begründung/Anmerkungen

Abb. 41: Bewertungsbogen mit Verhaltensanker (anhand eines Beispielkriteriums)

Teil 3: Abschluss und Ausblick

Letztendlich geht es im letzten Teil des Gesprächsleitfadens darum,

- die PE-Maßnahmen festzulegen bzw. Lern- und Handlungsfelder zu identifizieren, sowie
- weitere Anmerkungen, Bemerkungen (z. B. zum Gesprächsverlauf, zu Unstimmigkeiten etc.) festzuhalten.

Zur Frage, wie konkret bereits im Gespräch zwischen Vorgesetztem und Mitarbeiter Maßnahmen vereinbart und festgelegt werden sollen, siehe Kapitel 4.2).

Ein Beispiel für eine Möglichkeit, abgeleitete Maßnahmen zu dokumentieren, zeigt Abbildung 42. Hier wird lediglich die Art der Maßnahme festgelegt; konkretere Maßnahmenvereinbarungen wurden in diesem Beispiel im Nachgang mit der Personalabteilung definiert.

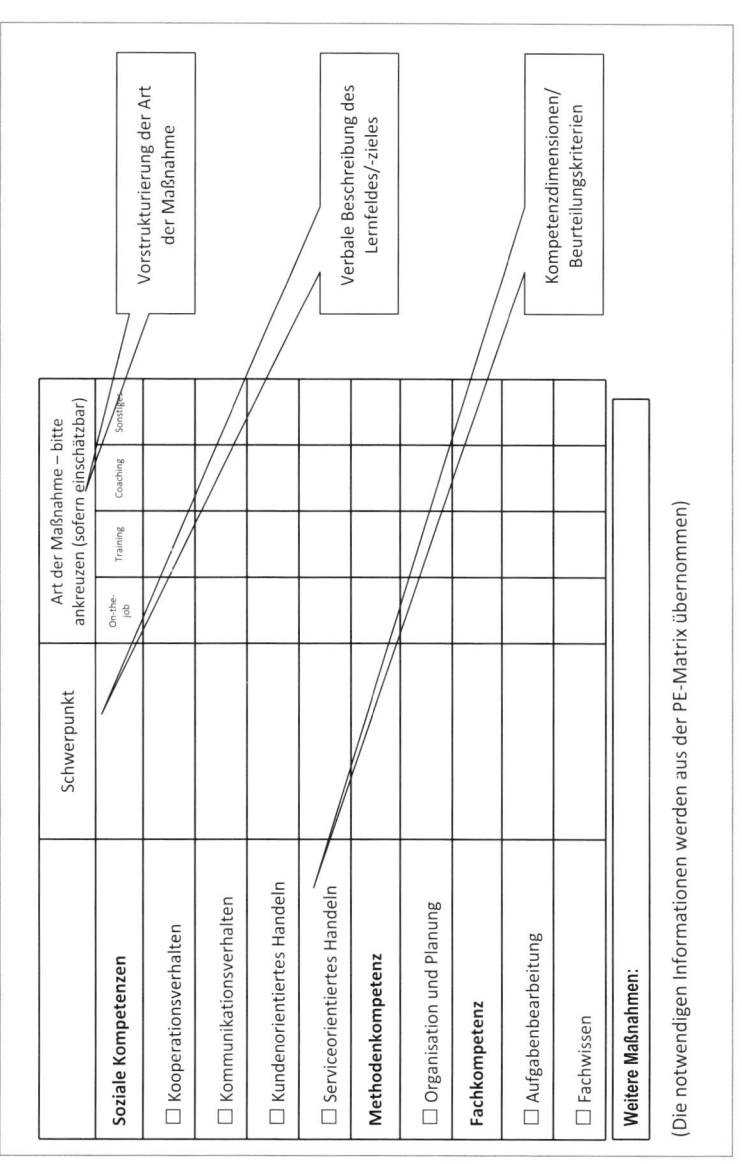

Abb. 42: Beispiel für die Maßnahmenableitung im Gesprächsbogen

Hinweise und Erfahrungen aus der Praxis

Im Folgenden erhalten Sie einige praktische Hinweise und Erfolgs-
kriterien für die Einführung von Mitarbeitergesprächen:

- Einbeziehung der Mitarbeiter
- Mitarbeiter nehmen zunächst Selbsteinschätzung vor bzw. formulieren eigene (Veränderungs-)Ziele
- kooperative Gesprächsführung im Gespräch, nicht gleichberech-
  tigte Gesprächsführung – die Führungskraft führt das Gespräch
- Transparenz des Gesprächsablaufs
- Definition der Kriterien mit Führungskräften, Mitarbeitern
  (= zukünftige Anwender bzw. Kunden)
- frühzeitige Einbeziehung des Personal- bzw. Betriebsrats (Über-
  tragung einer aktiven Rolle)
- Kommunikation des Verfahrens
- Newsletter an Führungskräfte
- Präsentationen auf Abteilungs-/Personalratssitzungen
- Artikel in Hauszeitung bei Entscheidung und Einführung
- Gesprächsleitfaden und Erläuterung an jeden Mitarbeiter per-
  sönlich bzw. in einer Informationsveranstaltung
- Die Führungskraft hat eine Vorbildfunktion.
- Verfolgen Sie einen Top-down-Prozess über alle (!) Hierarchie-
  ebenen.
- Achten Sie auf klare Zuständigkeiten hinsichtlich einer Kontrolle
  der Durchführung.
- Als Rhythmus ist eine jährliche Durchführung des Verfahrens
  empfehlenswert.
- Der Aufwand sollte für die Durchführenden möglichst gering
  gehalten werden – insbesondere die Anzahl der zu bewertenden
  Kriterien sollte möglichst überschaubar gehalten werden. Hier
  kann die Nutzung so genannter Soll- und Kann-Kriterien in der
  Praxis hilfreich sein.
- Neben dem eigentlichen Instrument sollte den Führungskräften
  ein ausführliches Nachschlagewerk zur Verfügung gestellt wer-
  den. Dieses Handbuch dient gleichzeitig als Grundlage für die
  Trainings.

- Bei fehlender Einigkeit zwischen Mitarbeiter und Führungskraft über die Inhalte des Beurteilungssystems sind Eskalationsstufen zu definieren.
- Entsprechende Implementierungsveranstaltungen (Trainings) sind für den Erfolg entscheidend. Wesentliche Bedeutung für die Akzeptanz des Instrumentes und damit für den Projekterfolg kommt neben der Schulung der Führungskräfte der Information der Mitarbeiter zu. Zu diesem Zweck sollten neben den Führungskräftetrainings idealerweise auch Informationsveranstaltungen für die Mitarbeiter stattfinden.

Die folgende Übersicht zeigt Ihnen, welche Aufgaben die Trainings für Führungskräfte sowie die Informationsveranstaltung für die Mitarbeiter haben:

Trainings (für Führungskräfte)	Informationsveranstaltung (für Mitarbeiter)
• vertraut machen mit dem Instrument und dem Prozess Vermittlung von Kompetenzen hinsichtlich: • Gesprächsführung und Feedback • Umgang mit schwierigen Gesprächen • Einschätzungen/Wahrnehmung und Beurteilung	• Transparenz schaffen hinsichtlich der Zielsetzung des Mitarbeitergespräches • Ängste und Bedenken nehmen durch offensive Transparenz der Instrumente und des Prozesses • Information über Konsequenzen (Eskalationsstufen, Folgen bei schlechter Beurteilung etc.)

Tab. 9: Inhalte und Zielsetzungen der Einführungsveranstaltungen

Ein beispielhafter, idealtypischer Projektstrukturplan zur Entwicklung und Einführung eines Mitarbeitergespräches könnte sich wie folgt darstellen:

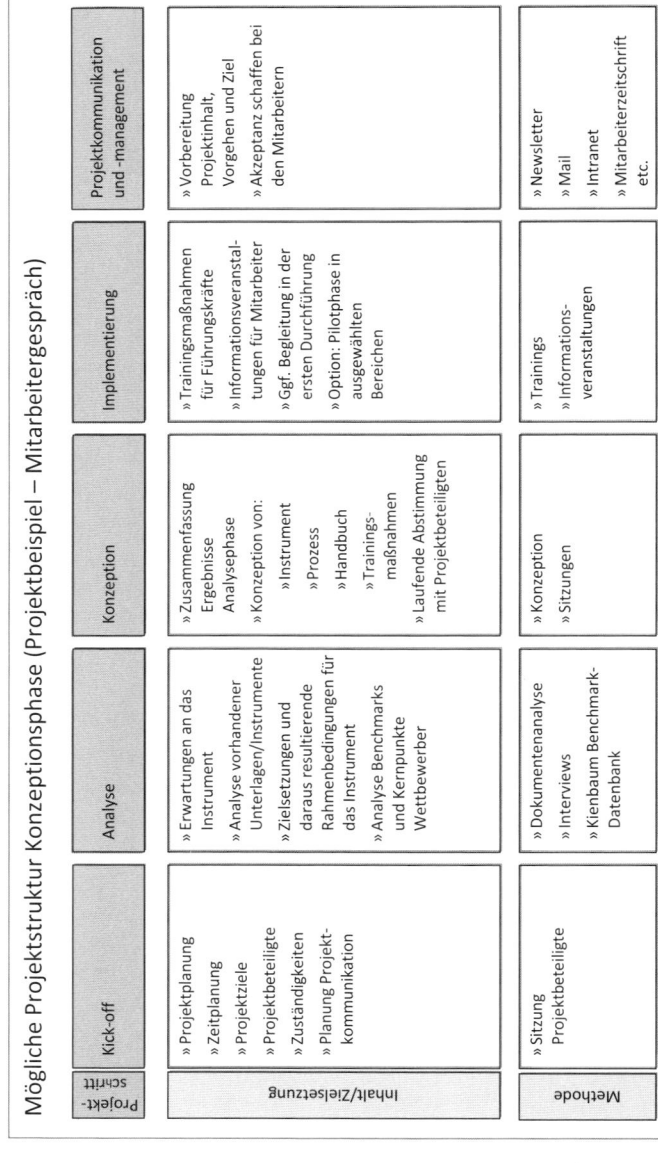

Mögliche Projektstruktur Konzeptionsphase (Projektbeispiel – Mitarbeitergespräch)

Projekt-schritt	Kick-off	Analyse	Konzeption	Implementierung	Projektkommunikation und -management

Inhalt/Zielsetzung	» Projektplanung
	» Zeitplanung
	» Projektziele
	» Projektbeteiligte
	» Zuständigkeiten
	» Planung Projekt-kommunikation
		» Erwartungen an das Instrument
		» Analyse vorhandener Unterlagen/Instrumente
		» Zielsetzungen und daraus resultierende Rahmenbedingungen für das Instrument
		» Analyse Benchmarks und Kernpunkte Wettbewerber
			» Zusammenfassung Ergebnisse Analysephase
			» Konzeption von:
			  » Instrument
			  » Prozess
			  » Handbuch
			  » Trainings-maßnahmen
			» Laufende Abstimmung mit Projektbeteiligten
				» Trainingsmaßnahmen für Führungskräfte
				» Informationsveranstaltungen für Mitarbeiter
				» Ggf. Begleitung in der ersten Durchführung
				» Option: Pilotphase in ausgewählten Bereichen
					» Vorbereitung Projektinhalt, Vorgehen und Ziel
					» Akzeptanz schaffen bei den Mitarbeitern

Methode	» Sitzung Projektbeteiligte	» Dokumentenanalyse » Interviews » Kienbaum Benchmark-Datenbank	» Konzeption » Sitzungen	» Trainings » Informations-veranstaltungen	» Newsletter » Mail » Intranet » Mitarbeiterzeitschrift etc.

Abb. 43: Idealtypischer Projektplan zur Konzeption eines Mitarbeitergespräches

Projektbeispiel: Eckpunkte eines Mitarbeitergespräches auf Basis eines Kompetenzmodells

Im Folgenden können Sie Ihre Ideen zur Entwicklung und Implementierung eines Mitarbeitergespräches einmal mit einem realen Projektbeispiel (in Form eines „Best-Practice"-Ansatzes) abgleichen oder auch gerne Anregungen aus diesem übernehmen.

In dem zugrunde liegenden Projekt wurden folgende Eckpunkte des Mitarbeitergespräches festgelegt:

- Vereinbarung *individueller PE-Maßnahmen* im Mitarbeitergespräch (MAG); das MAG dient als Grundlage der PE-Planung!
- *6-stufige Skala*; keine Competencies für die einzelnen Skalenstufen; Vermittlung des Skalenverständnisses im Rahmen der MAG-Schulungen
- Das Verhalten des Mitarbeiters/der Mitarbeiterin liegt/entspricht
  1. häufig unter
  2. teilweise unter
  3. im Wesentlichen
  4. in vollem Umfang
  5. leicht über
  6. weit über
  den Anforderungen der Position
- Skalenwert *„in vollem Umfang"* entspricht ca. *100 % Leistung*; Relativierung der Skalen („Messlatte") an den Anforderungen der jeweiligen Position; daher Dokumentation der Kernaufgaben/Anforderungen im MAG-Bogen als Basis der Bewertung
- Möglichkeit zur Abgabe von Bemerkungen/Erläuterungen zur Bewertung
- Abgleich von Selbsteinschätzung und Vorgesetzteneinschätzung
- *Grundlage: Beurteilung*; bei Bewertung „häufig unter/teilweise unter" *Pflicht* zur Ableitung von PE-Maßnahmen; bei „im Wesentlichen" *Empfehlung* zur Ableitung
- Zuverfügungstellung eines *Kataloges von PE-Maßnahmen* auf Basis des Kompetenzmodells; Zuordnung möglicher PE-Angebote zu den Kompetenzdimensionen, sodass die Ableitung der PE-Maßnahmen aus der Beurteilung auch ungeübten Füh-

rungskräften leichterfällt („PE-Matrix" – vgl. Abschnitt „Learning-Management")

- Die vereinbarten PE-Maßnahmen werden in der dezentralen PE-Planung eingetragen.
- Die Dokumentation von PE-Empfehlungen im Gesprächsbogen ersetzt *nicht* z. B. eine Seminaranmeldung.

5.3   Zielvereinbarung als Instrument des Performance-Managements

Führen mit Zielvereinbarungen oder Management by Objectives (MbO) ist eine Managementmethode, die sich in der Wirtschaft immer weiter verbreitet. Sie gilt bei erfolgreichen Managern, die dieses Verfahren anwenden, als eine der wesentlichen Stützen ihres Erfolges, weil sie die Selbstmotivation und die Potenziale der Mitarbeiter bei richtiger Anwendung optimal erschließt und stimuliert. Gleichzeitig sorgt sie für eine fruchtbare Dynamik und Innovation bei größtmöglicher Koordination der Zusammenwirkenden.

> „Wenn Du ein Schiff bauen willst, dann trommle nicht die Männer zusammen, um Holz zu beschaffen, die Aufgaben zu vergeben und die Arbeit einzuteilen, sondern lehre sie die Sehnsucht nach dem weiten, endlosen Meer."
>
> Antoine de Saint-Exupéry

Grundidee der Zielvereinbarung

Die Grundidee der Zielvereinbarung oder des „Management by Objectives" ist, Mitarbeitern größere Eingeständigkeit und Handlungsspielräume zuzugestehen, damit die Mitarbeiter die Ziele als ihre Ziele übernehmen und ein entsprechend höheres Maß an Motivation und Engagement investieren. Daher ist es ein wesentlicher Grundgedanke der Zielvereinbarung, dass es sich um eine echte *Vereinbarung* und nicht um eine einseitige *Vorgabe* von Zielen handelt – ansonsten wird sich der erhoffte Vorteil der Zielvereinbarung kaum einstellen.

„Institutionen benötigen ein Managementprinzip, das individuelle Tüchtigkeit und Verantwortung größtmöglichen Spielraum lässt und gleichzeitig den Vorstellungen und Anstrengungen eine gemeinsame Richtung gibt, Teamarbeit einführt und fördert und die Wünsche des Einzelnen mit dem allgemeinen Wohl harmonisiert. Das einzige Prinzip, das dies vermag, ist Management by Objectives (MbO) und Selbstkontrolle."

Peter F. Drucker

Kienbaum Expertentipp

Prüfen Sie sorgfältig, wann Sie wirklich Ziele vereinbaren und wann Sie sie tatsächlich vorgeben wollen. Wägen Sie Nutzen und Risiken ab.

Zielvereinbarung oder Zielvorgabe?		
	Der Vorgesetzte hat ...	Der Mitarbeiter ist eingeladen, mit ihm ...
Vereinbarung	1. gar nichts entschieden.	1. zu besprechen ob etwas gemacht werden soll.
	2. entschieden, dass etwas gemacht werden soll.	2. zu besprechen was gemacht werden soll.
	3. entschieden, was gemacht werden soll.	3. zu besprechen wann, wie, wo und von wem es gemacht werden soll.
Vorgabe	4. entschieden wann, wie, wo und von wem was gemacht werden soll.	4. die Beweggründe für die Entscheidung zu besprechen.
	5. alles entschieden.	5. nichts zu besprechen, sondern ist nur eingeladen, um zu hören, welche Konsequenzen für ihn damit verbunden sind.

Abb. 44: Zielvereinbarung versus Zielvorgabe (nach G.Schwarz und T. Johnstad)

Entscheidend für das Gelingen eines Zielvereinbarungssystems ist die Qualität, mit der die Führungskräfte mit dem System umgehen. Denn es liegt in der Natur der Sache, dass ein Zielvereinbarungssystem der Führungskraft einen deutlich höheren Freiheitsgrad überlässt als ein Beurteilungssystem. Im Zielvereinbarungssystem definiert die Führungskraft (idealerweise gemeinsam mit dem Mitarbeiter) den wesentlichen Inhalt des gesamten Systems – nämlich die eigentlichen Ziele. Sind diese unrealistisch, einseitig vorgegeben oder schlichtweg nicht messbar (und damit der Willkür der Führungskraft unterworfen), so wird ein entsprechendes Zielvereinbarungssystem recht schnell an Wirkung – im Sinne der Steigerung der Eigensteuerung der Mitarbeiter – verlieren.

Ziele eines Zielvereinbarungssystems

Zusammenfassend kann man somit folgende Ziele eines Zielvereinbarungssystems festhalten:

- Weitergabe der unternehmerischen Ausrichtung – Strategie, Ziele, Werte – an möglichst viele Köpfe
- Verknüpfung der Aufgaben der einzelnen Mitarbeiter mit der übergeordneten unternehmerischen Ausrichtung
- Erleichterung der Führungsaufgabe durch die Orientierung an klar priorisierten Leistungsfaktoren
- effektive Ausrichtung der Leistungsenergie der Mitarbeiter
- Entwicklung der Effektivität, Effizienz und Selbstverantwortung der Mitarbeiter
- Herstellen von Akzeptanz der Zielinhalte durch die Mitarbeiter (Ziele vereinbaren statt setzen)
- Berücksichtigung des individuellen Entwicklungstands der einzelnen Mitarbeiter

Ziele und Zielarten

Bei der Auswahl von Zielen richten sich die Führungskräfte vorrangig nach unternehmerischen Belangen und daraus ergeben sich Ziele aus folgenden Bereichen:

- die tägliche Arbeitsaufgabe
  Sicherstellung und Entwicklung der Funktion – also die aktuelle Aufgabe in irgendeiner Weise besser zu erledigen. In der Praxis betreffen Ziele oft einzelne herausgehobene Tätigkeiten der Funktion.
- Sonderaufgaben, die z. B. nicht explizit in der Stellenbeschreibung genannt sind, also Projekte, Zusatzaufgaben etc., die einen einmaligen und herausgehobenen Charakter aufweisen, meist Unternehmens- oder Organisationsziele
- Ausrichtung der Aufgaben der Mitarbeiter auf übergeordnete Ziele, insbesondere auf:
  - die finanzwirtschaftliche Perspektive

- die Markt- und Kundenperspektive
- die Perspektive der internen Prozessoptimierung und der marktorientierten Innovation
- die Perspektive des Lernens und der kontinuierlichen Entwicklung der Organisation und der Mitarbeiter
- Problem- oder Innovationsziele
  Sie ergeben sich aus einer Soll-Ist-Abweichung oder aus der Notwendigkeit einer organisatorischen Veränderung.
- persönliche Entwicklungsziele
  Sie entstehen meistens aus der Beurteilung des Mitarbeiters

---

Kienbaum Expertentipp

Vereinbaren Sie mit Ihren Mitarbeitenden drei bis maximal fünf Ziele aus möglichst allen Bereichen.

Abbildung 45 zeigt Anregungen bzw. Qualitätskriterien zur Zielfindung und Zielformulierung.

Häufig findet man in der Literatur auch die so genannten SMART-Kriterien: Ziele sollten „smart" sein. Damit ist die Orientierung an fünf wesentlichen Kriterien gemeint:

- **S** spezifisch
- **M** mess- oder beurteilbar
- **A** attraktiv, herausfordernd
- **R** realistisch
- **T** terminiert

Im Englischen steht die Abkürzung SMART für **s**pecific, **m**easurable, **a**chievable, **r**elevant, **t**imely.

Abbildung 46 zeigt eine leicht und schnell anwendbare Checkliste für die Formulierung von Zielen, aber auch für die Überprüfung von Zielformulierungen. Sollten Sie bereits mit Zielvereinbarungen arbeiten, so können Sie Ihre Ziele anhand dieser Checkliste überprüfen.

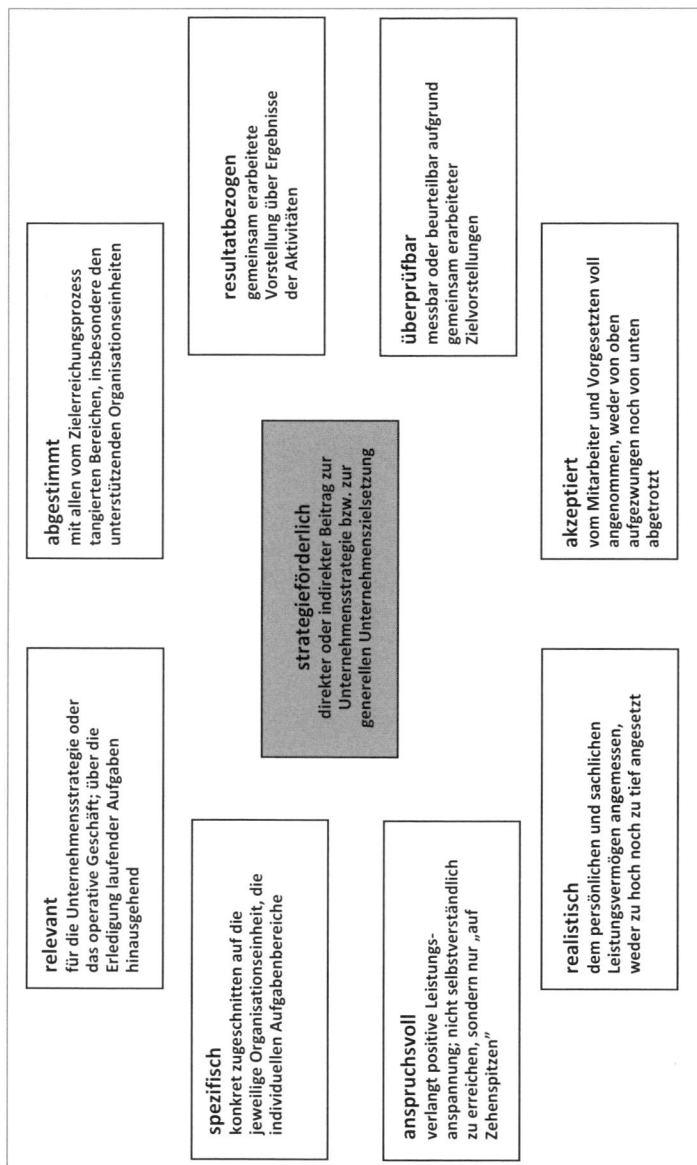

Abb. 45: Kriterien für Ziele

Sind die Ziele ...		1	2	3	4	5
spezifisch	Konkrete Aufgabe dessen, was zu tun bzw. zu verbessern ist. „Es muss besser werden" reicht nicht aus.					
messbar	Überprüfbar und trennscharf, d. h. durch quantitative Maßstäbe oder aufgrund übereinstimmender Zielvorstellungen beurteilbar.					
realistisch	Dem persönlichen und sachlichen Leistungsvermögen angemessen, weder zu hoch noch zu niedrig angesetzt, d.h. erreichbar.					
relevant	Für die Unternehmensstrategie oder das operative Geschäft bedeutsam; über die Erledigung laufender Aufgaben hinausgehend (ohne Relevanz keine Akzeptanz).					
beeinflussbar	Konkret zugeschnitten auf die jeweilige Organisationseinheit, den individuellen Einflussbereich.					
anspruchsvoll	Verlangt positive Leistungsanspannung; nicht selbstverständlich zu erreichen, sondern nur „auf Zehenspitzen".					
resultats-bezogen	Als gewünschtes Ergebnis der Aktivitäten formuliert, nicht als Prozess.					
abgestimmt	Vertikal und horizontal mit allen für die Zielerreichung wesentlichen vor allem den unterstützenden Stellen.					

Abb. 46: Checkliste für Zielvereinbarungen

Die häufigsten Probleme oder Stolpersteine bei der Formulierung von Zielen lassen sich in einigen wenigen Punkten zusammenfassen:

- Ziel zu kompliziert
- Ziel zu hoch/Ziel zu niedrig
- Zu langer/zu kurzer Erfüllungszeitraum für das Ziel
- Ergebnis nicht messbar oder Aufwand für Messung der Zielerreichung zu hoch
- Ziel lässt sich nicht eindeutig den Aufgaben des Mitarbeiters zuzuordnen

- Erfolg/Zielerreichung lässt sich nicht eindeutig dem Mitarbeiter zuordnen bzw. ist nicht wesentlich von ihm und seiner Leistung abhängig

Arten von Zielen

Neben den klassischen Qualitätskriterien für Ziele sollte man bei der Zielvereinbarung auch bedenken, dass unterschiedliche Arten von Zielen zum Einsatz kommen:

Unterscheidung nach der Herkunft der Ziele

Ziele lassen sich nach ihrer Herkunft unterscheiden: Stammen die Ziele aus der täglichen Arbeit und damit den Positionsaufgaben oder handelt es sich um zusätzliche, herausgehobene Aufgaben, die einen einmaligen Charakter aufweisen und sich daher nicht in den eigentlich Positionszielen wiederfinden (vgl. Abb. 47)?

Zielfelder

1. Ziele bilden einen Maßstab für die Haupt- bzw. Gesamttätigkeit

Anmerkungen:
- » erfassen meist 60 % - 90 % der Tätigkeit
- » fast immer quantifizierbar
- » stark verbreitet in direkten Bereichen

→ entscheidend: aussagefähige und akzeptierte Kennzahlen, Anspruchsniveau

Beispiele:
- » Ergebnis (Gewinn, Deckungsbeitrag, Betriebsergebnis, Rentabilität, Fallkosten)
- » Leistung, Umsatz, Absatz, Produktion
- » Produktivität, Qualität
- » Kundenbindung, Kundenzufriedenheit

2. Ziele betreffen einzelne herausgehobene Tätigkeiten

Anmerkungen:
- » erfassen meist nur 10 % - 30 % der Tätigkeit
- » überwiegend nicht oder nur teilweise quantifizierbar
- » stark verbreitet in internen Bereichen/Stäben

Beispiele:
- » Erschließung neuer Geschäftsfelder
- » Senkung spezifischer Kosten
- » Projekte (IT: EDV-Anbindung, Entwicklung von Produkten, Reorganisation, Bauvorhaben u. ä.)
- » Personalinstrumente (Arbeitszeit, Personalentwicklung, Qualifizierung)

Abb. 47: Die mögliche Herkunft von Zielen

Unterscheidung nach der Art der Messbarkeit

Sind die Ziele für sich messbar oder muss zusätzlich ein (messbares) Kriterium definiert werden, durch welches das Ziel erst messbar wird? Quantitative Ziele sind per se, also direkt messbar.

Beispiel: Quantitative Ziele

Umsatzzahlen oder Besuchsfrequenzen im Vertrieb, Anzahl fehlerfreier Teile in der Produktion etc.

Qualitative Ziele sind nicht direkt messbar. Hier muss ein Messkriterium definiert werden.

Beispiel: Qualitative Ziele

Das Ziel „Steigerung der Kundenzufriedenheit" macht nur Sinn, wenn im Unternehmen Erhebungsmethoden und ein Reporting-System bestehen, durch das diese Kundenzufriedenheit auch gemessen werden kann, z. B. durch Kundenbefragungen, Mystery-Shopping-Modelle etc.

Schwierig wird es bei sehr unpräzisen Zielen wie „Verbesserung der Zusammenarbeit". Meist besteht hierzu kein valides Messkriterium, welches in die Zielvereinbarung als Kriterium herangezogen werden kann. Wesentlich ist in jedem Fall, dass das entscheidende Kriterium bereits bei der Zielvereinbarung festgelegt wird und nicht erst im Nachgang bei der Bewertung der Ziele. Will man am Ende der Periode einen exakten Zielerreichungsgrad („x %") festlegen, so muss auch im Vorfeld klar festgelegt werden, welche Ausprägung des Messkriteriums100 % entspricht. Aber auch davon abweichende Zielerreichungsgrade (z. B. 120 % oder 80 %) sind zu definieren. Ansonsten wird man am Ende der Periode zwar entscheiden können, ob das Ziel zu mehr oder weniger als 100 % erreicht wurde, aber das Maß der Abweichung von diesen 100 % kann kaum berechnet werden.

Beispiel: Bewertung bei abweichender Zielerreichung

Die Kundenzufriedenheit eines Unternehmens wird mittels Kundenbefragung auf einer Skala von 1 (niedrig) bis 5 (hoch) gemessen. Ein Mitarbeiter bekommt das Ziel, in dem von ihm verantworteten Bereich die Kundenzufriedenheit auf mindestens den Wert „3,5" zu heben. (Wir setzen an dieser Stelle voraus, dass die Veränderung im Einflussbereich dieses Mitarbeiters liegt, das Ziel also für ihn beeinflussbar ist.) Am Ende des Jahres liegt die tatsächliche Zufriedenheit bei 3,7. Nun ist offensichtlich, dass das Ziel übererfüllt wurde, der Zielerreichungsgrad also > 100 % beträgt. Es ist aber aus diesen Daten mathematisch nicht ableitbar, ob der Zielerreichungsgrad 120 % oder 110 % etc. beträgt. Daher müssen in der Zielvereinbarung auch von 100 % abweichende Zielerreichungsgrade vereinbart und bestimmt werden.

Unterscheidung nach der Anzahl der Verantwortlichen

Je nachdem, wer für die Zielerreichung verantwortlich ist, unterscheidet man Team- und Einzelziele. In der Praxis trifft man Ziele für ganze Teams eher selten an. Letztendlich besteht hier stets das Problem, dass keine Rückführung auf den Beitrag eines einzelnen Mitarbeiters möglich ist. Das heißt, es ist nicht möglich festzustellen, wer wie viel zur Zielerreichung beigetragen hat. Daher werden Teamziele in der Praxis meist nur aus zwei Gründen eingesetzt:

* Man will die Zusammenarbeit eines Teams bewusst fördern, sodass das eigentlich inhaltliche Ziel nur Mittel zum Zweck ist oder
* die Rückführung des Beitrags einzelner Mitarbeiter auf das Ziel ist schlichtweg nicht möglich oder viel zu aufwendig.

Teamziele findet man häufig implizit in solchen Modellen, in denen ein Teil der variablen Vergütung an den Unternehmenserfolg geknüpft ist. Auch wenn es kein explizites (Team-)Ziel „Erhöhung des Unternehmenserfolges" gibt, so handelt es sich streng genommen doch um ein Teamziel, bei dem die Festlegung des Beitrags des Einzelnen zu aufwendig erscheint.

Unterscheidung nach der inhaltlichen Bedeutung

In manchen Systemen existieren neben den eigentlichen Leistungszielen noch zusätzliche Entwicklungsziele. Meist werden hier Entwicklungsmaßnahmen in Ziele umgearbeitet – d. h. einem Mitarbeiter wird das Ziel gegeben, eine fachliche oder überfachliche Qualifikation zu erwerben oder zu verbessern. Diese Art von Ziel ist eher selten, insbesondere dann, wenn mit der Zielerreichung variable Vergütungsbestandteile verknüpft sind. Denn solche Fälle führen streng genommen dazu, dass der Mitarbeiter einen Teil seiner variablen Vergütung dafür erhält, dass er ein Seminar auf Kosten seines Arbeitgebers besucht hat. Sinn machen derartige Ziele dann, wenn Verhaltensänderungen erwartet werden.

Beispiel

Es ist sinnvoll, einer Führungskraft mit hohen Fluktuations- und Absentismuswerten bei gleichzeitig geringen Werten der Mitarbeiterzufriedenheit das Ziel „Optimierung der eigenen Führungsqualität" zu geben. Messkriterium kann nur in diesem Fall nicht der Besuch eines Seminars sein, sondern die Verbesserung der oben genannten Kriterien.

Zielvereinbarungsprozess und Zielvereinbarungsgespräch

Das Zielvereinbarungsgespräch ist die Plattform für wechselseitige Rückmeldung zwischen Vorgesetztem und Mitarbeiter mit der Zielsetzung:

- die Mitarbeiter entsprechend ihrem Leistungsvermögen und den definierten Zielen optimal zu unterstützen,
- die Mitarbeiter systematisch zu fordern und zu fördern, um das vorhandene Potenzial voll auszuschöpfen,
- die (Selbst-)Verpflichtung der Mitarbeiter zu den delegierten Aufgaben und Zielen zu erhöhen,
- dem Vorgesetzten einen Überblick über die Leistung der Mitarbeiter bzw. seines Bereiches zu geben.

Die Zielvereinbarung ist ein gemeinsamer Prozess zwischen Führungskraft und Mitarbeiter. Er erschöpft sich jedoch nicht in einem einmaligen Gespräch zur Zielvereinbarung zu Beginn des Jahres. Vielmehr verläuft ein guter Zielvereinbarungsprozess über die gesamte Periode (i. d. R. das Geschäftsjahr). Abbildung 48 zeigt den Gesamtprozess über das Jahr hinweg.

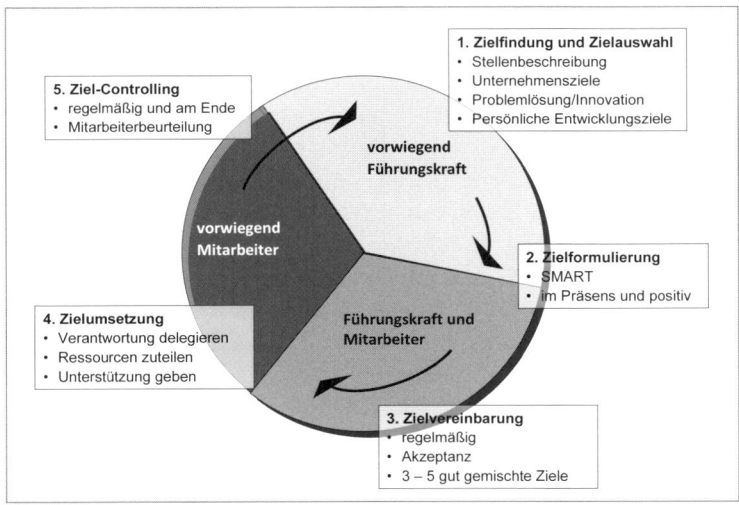

Abb. 48: Der Zielprozess

217

Dabei ist die Zielbewertung entweder – sofern dies rechenbar möglich ist – mit Hilfe eines prozentualen Zielerreichungsgrades (ZEG) zu bestimmen oder – ersatzweise, insbesondere bei qualitativen Zielen – mit Hilfe von Zielerreichungsstufen. Die Abbildung 49 zeigt ein entsprechendes Projektbeispiel.

Zielerreichungsstufe	Bei quantitativ messbaren Zielen (Beispiel in %)	Bei verbal zu beurteilenden Zielen, z. B. einer Projektdurchführung
deutlich unterschritten	bis 94 %	Erhebliche Mängel gegenüber vereinbartem Ergebnis oder erhebliche Terminüberschreitungen
annähernd erreicht	95 – 99 %	Lediglich Mängel gegenüber vereinbartem Ergebnis oder geringfügige Terminüberschreitung
voll erreicht	100 – 104 %	Vereinbartes Ergebnis vollständig und termingerecht erbracht
deutlich überschritten	105 – 114 %	Ergebnis inhaltlich oder terminlich deutlich besser als vereinbart
sehr deutlich überschritten	115 % und mehr	Ergebnis mit herausragenden Merkmalen oder frühzeitig nutzbar

Abb. 49: Zielerreichungsstufen

Zielvereinbarung und Vergütung

Eine detaillierte Anleitung zur Gestaltung eines variablen, auf Zielvereinbarungen basierenden Vergütungssystems zu geben, würde den Rahmen des vorliegenden Buches sicherlich sprengen. Dennoch sollen im Folgenden einige Erfahrungswerte und Rahmenbedingungen dargestellt werden, die man bei der Gestaltung eines solchen Systems berücksichtigen sollte.

Grundsätzlich ist ein Zielvereinbarungssystem in jedem Fall besser geeignet zur Festlegung variabler Vergütungsbestandteile als ein reines Beurteilungssystem (vgl. Kapitel 5.2). Da im Beurteilungssystem die Beurteilung – und damit gegebenenfalls auch die Höhe der variablen Vergütung – auf dem Urteil der Führungskraft basiert, hingegen im Rahmen der Zielvereinbarung auf die (hoffentlich) objektiven Messkriterien, ist zunächst die Festlegung der Höhe der variablen Vergütung im Zielvereinbarungssystem transparenter, nachvollziehbarer und idealerweise objektiver. Zudem wird es im

Rahmen von Beurteilungssystemen erfahrungsgemäß schwierig, die Höhe der variablen Vergütung im Vergleich zum Vorjahr zu reduzieren, Mitarbeiter erwarten eher eine Gehaltssteigerung. Im Rahmen der Zielvereinbarung ist durch die (hoffentlich vorhandene) Verknüpfung mit klaren Kriterien dieser Effekt möglicherweise leichter zu handhaben.

Die Überlegungen zu der Gestaltung eines variablen Vergütungssystems beziehen sich auf die folgenden Themengebiete:

- Festlegung der Grundstruktur der monetären Bezüge sowie wert- und anteilsmäßige Fassung der variablen Komponenten
- Gestaltung des Zielvereinbarungs- und Zielbewertungsprozesses
- Verknüpfung von Zielerreichung und variabler Vergütung
- Festlegung der Auszahlungs- und Abrechnungsmodalitäten
- Vorschläge für eine personalpolitisch und wirtschaftlich vertretbare Systemeinführung sowie Erarbeitung von Übergangsmodalitäten zur Erhöhung der Systemakzeptanz

Die übliche Grundstruktur variabler Vergütungssysteme stellt Abbildung 50 dar.

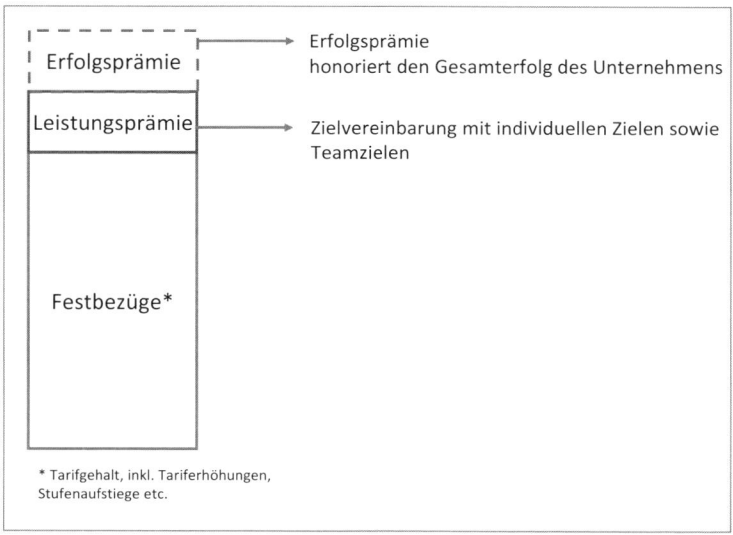

Abb. 50: Mögliche Aufteilung der variablen/fixen Vergütung

Die folgende Abbildung 51 zeigt zudem anhand eines Projektbeispiels den Anteil individueller Ziele an der Gesamthöhe der variablen Vergütung.

Mitarbeitergruppe	Zielvereinbarung	Sonstige Quellen*
Bereichsleiter	70 – 90 %	10 – 30 %
Abteilungsleiter	40 – 60 %	40 – 60 %
Gruppenleiter	40 – 60 %	40 – 60 %
Mitarbeiter	0 – 60 %	40 – 100 %
Spezialistenfunktionen	50 – 80 %	20 – 50 %

* Sonstige Quellen beinhaltet: Teamziele, Unternehmenserfolg, Zulagen aus der Leistungsbeurteilung

Abb. 51: Zusammensetzung variabler Vergütungen nach Ebenen

Zur Berechung der Prämie ergeben sich unterschiedliche Modelle. Besonders nachvollziehbar für alle Beteiligten erscheint die folgende Variante:

Modell zur Berechnung der Zielprämie

Festlegung einer Zielprämie pro Position oder pro Ebene. Diese Zielprämie wird bei 100 % Zielerreichung gezahlt. Abweichungen in der Zielerreichung korrelieren 1:1 mit der Höhe der Variablen (bei 90 % Zielerreichung erhält der Mitarbeiter 90 % der Zielprämie etc.). In der Praxis wird dieses Modell meist in beide Richtungen gedeckelt: Zum Beispiel erhält der Mitarbeiter unter 80 % Zielerreichung keine Prämie und bei mehr als 200 % Zielerreichung dennoch nur die doppelte Zielprämie.

Rahmenbedingungen für ein Zielerreichungssystem

In einem konkreten Projekt wurden folgende Rahmenbedingungen und Eckpunkte festgelegt:

- Es konnten grundsätzlich maximal acht Ziele vereinbart werden, davon mindestens zwei Förderziele.
- Es gab „Leistungsziele" und „Förderziele".
- Leistungsziele: Leistung steht im Vordergrund.
- Leistungsmenge: quantitative Ziele
- Leistungsgüte: qualitative Ziele

- Förderziele: Förderung/Entwicklung steht im Vordergrund.
- Fachliche und persönliche Anforderungen (qualitative Ziele)
- Alle Leistungsziele (inkl. gegebenenfalls Unterziele) waren zu priorisieren und zu gewichten.
- Mindestgewichtung 10 %
- Abstufungen in 5 %-Schritten möglich
- Summe der Gewichtungsfaktoren muss 100 % ergeben.
- Es wurde, soweit möglich, ein Mix aus Einzel- und Teamzielen empfohlen.
- Festlegung von Einzelzielen, wenn Aufgabenbereich klar abgegrenzt, hoher Einfluss des Einzelnen auf Zielerreichung gegeben ist und/oder die Einzelleistung gezielt gefördert werden soll.
- Festlegung von Teamzielen, wenn gleichartige Aufgaben von allen Team-Mitgliedern zu erledigen sind, die Einzelleistung nicht oder nur schwer erfassbar ist und/oder die Zusammenarbeit im Team gezielt gefördert werden soll.

Die Zielformulierungen sollten sich an den acht Gütekriterien orientieren (vgl. Abb. 52).

Gütekriterium	Beschreibung	Praktische Umsetzung
relevant	an den Kernaufgaben der Funktion orientiert	Beschreibung der Kernaufgabe aus Funktionsbeschreibung
spezifisch	konkret und eindeutig formuliert	trennscharf formulieren, immer nur ein Ziel pro Zielformulierung
messbar	Ergebnis kann zweifelsfrei gemessen werden	Messkriterien (wie wird gemessen?) und Messgrößen (was sind 100 % und 0 %?) definieren, bei Bedarf Zielerreichungsstufen (was sind 100, 80, 60, 40, 20 %?) festlegen, Jahresziele in Teilziele aufteilen
anspruchsvoll	herausfordernd, kein „Selbstläufer"	keine Standards verwenden
realistisch	objektiv erreichbar, weder über- noch unterfordernd	Individuelles Leistungsvermögen und Rahmenbedingungen beachten
beeinflussbar	Ergebnis ist von der eigenen Leistung abhängig	Auswirkungen der Leistung auf mögliche Zielerreichung beachten
resultatsbezogen	Beschreibung als konkret zu erzielendes Ergebnis (was soll erreicht werden?)	keine Maßnahmen (wie kann das Ziel erreicht werden?) als Ziel formulieren
abgestimmt	vertikal und horizontal abgestimmt, keine Überschneidungen/ Widerspruch zu Zielen anderer Unternehmensbereiche	Zielbereiche unternehmensweit/ bereichsübergreifend transparent machen (i. d. R. Ebene Bereichsleiter)

Abb. 52: Gütekriterien (Projektbeispiel)

Bestimmung von quantitativen und qualitativen Zielen

Der Einsatz von qualitativen und quantitativen Zielen war möglich und wurde in dem Projektbeispiel wie folgt definiert:

- Quantitative Ziele sind Ziele, die quantifiziert werden können. Für diese Ziele wird in der Regel ein prozentualer Zielerreichungsgrad berechnet. In Ausnahmefällen *können* alternativ Zielerreichungsstufen gebildet werden.
- Qualitative Ziele sind Ziele, die *nicht* quantifiziert werden können. Für diese Ziele konnte ein prozentualer Zielerreichungsgrad *nicht* ermittelt werden.
- Damit diese Ziele dennoch messbar gemacht werden können, *wurden hilfsweise* Zielerreichungsstufen gebildet:
  4 = übertrifft die Anforderungen
  3 = erfüllt die Anforderungen (100 % Zielerreichung)
  2 = erfüllt teilweise die Anforderungen
  1 = erfüllt nicht die Anforderungen
- Leistungsziele (Leistungsmenge, Leistungsgüte) konnten sowohl als quantitative Ziele als auch als qualitative Ziele formuliert werden.
- Förderziele (Fachwissen, Fachkönnen, persönliche Anforderungskriterien der Funktionsbeschreibung) konnten ausschließlich als qualitative Ziele formuliert werden.

Bewertung der Ziele

Für jedes einzelne Leistungsziel wurde der prozentuale Einzel-Zielerreichungsgrad bzw. die Zielerreichungsstufe ermittelt. Die Zielerreichungsstufe definierte, welche Leistung *vollständig* erbracht sein musste, damit die entsprechende Zielerreichungsstufe erfüllt ist. Hierbei werden *keine* weiteren Zwischenabstufungen vorgenommen. Der Einzel-Zielerreichungsgrad sowie die Zielerreichungsstufen wurden im Gesamt-Zielerreichungsgrad zusammengefasst. Abbildung 53 zeigt ein entsprechendes Berechnungsbeispiel.

Ziel Nr.	Ziel	Gew.-faktor %	Zielerreichungs-grad %	Zielerreichungs-stufe %	Beitrag zum Gesamt-Zielerreichungsgrad %
1	A (EZ)	50	100		50
2	B (TZ)	30	120		36
3	C (TZ)	10	90		9
4	D (EZ)	10		80	8
Σ		100			103

Im vorliegenden Beispiel beträgt der Gesamt-Zielerreichungsgrad 103 %

Abb. 53: Beispielrechung – Gesamtzielerreichung

Durchführung eines Zielvereinbarungsgesprächs

Der folgende Gesprächsleitfaden zeigt Ihnen, wie ein Zielvereinbarungsgespräch aufgebaut sein sollte.

Gesprächsleitfaden: Zielvereinbarungsgespräch	
1.	Eröffnung des Gesprächs (Um was geht es heute?)
2.	Ergebnisgespräch über die letzte Zielvereinbarung
	• Bewertung des Zielerreichungsstandes aus Sicht des Mitarbeiters
	• Bewertung des Zielerreichungstandes aus Sicht der Führungskraft
	• Abgleich der Einschätzungen (Gibt es eine unterschiedliche Sicht?)
	• Analyse bei Zielabweichungen (Gründe)
	• Konsequenzen für die neue Zielperiode
3.	Zielvereinbarung für die neue Periode
	• Zielvorschläge des Mitarbeiten erfragen
	• Zielvorstellungen der Führungskraft vorstellen
	• Zielkongruenz herstellen (gemeinsame Basis schaffen)
	• Zielkonkretisierung herbeiführen (Formulierung der Kriterien)
	• Zielumsetzung besprechen (Planung, Ressourcenbereitstellung, Ziel-Controlling)

Anhang mit Kopiervorlagen

Im Anhang haben wir für Sie wichtige Informationen und Arbeitsmittel zusammengestellt, die Sie sofort einsetzen können. Diese Arbeitshilfen sind im Druck verkleinert. Vergrößern Sie beim Kopieren die Daten einfach auf die Größe eines DIN A4 Blattes.

Sie finden auf den folgenden Seiten:

So gehen Sie vor: Vergrößern von DIN A5 auf DIN A4

Stellen Sie auf Ihrem Kopierer die Funktion „Vergrößern" und dann „von A5 auf A4" oder „um 141 %" ein, um die Vorlagen auf das Format DIN A4-Format zu kopieren.

Übersicht: Kompetenzen, Kriterien, Verhaltensanker

Führungskompetenz	• Führungsverhalten • Veränderungsmanagement • Personalentwicklung
Managementkompetenz	• Unternehmerisches Denken und Handeln • Entschlussfreude • Strategiekompetenz • Prozessorientierung
Fachkompetenz	• Fachliche Kenntnisse • Ergebnisorientierung • Kunden- und Qualitätsorientierung
Persönliche Kompetenz	• Leistungsbereitschaft und Energie • Veränderungskompetenz • Eigenverantwortung • Belastbarkeit
Soziale Kompetenz	• Teamverhalten • Konfliktverhalten

Führungskompetenz

Kriterium: Führungsverhalten

Teilkompetenz: Steuerung und Delegation	Verhaltensanker: • Verfügt über ein differenziertes Führungskonzept •• Variiert den Führungsstil nach der jeweiligen Situation sowie der Persönlichkeit des Mitarbeiters • Führt die eigenen Mitarbeiter über realistische, konkrete und messbare Zielvorgaben • Ergreift klare und transparente Konsequenzen im Falle von Zielabweichungen • Delegiert solche Aufgaben, die für die Mitarbeiter mit dem Erwerb neuer Kompetenzen verbunden sind • Gibt den Mitarbeitern angemessene Freiräume und versetzt sie in die Lage, sich selbst zu kontrollieren
Teilkompetenz: Motivation und Inspiration	Verhaltensanker: • Verfügt über differenzierte Vorstellungen über Instrumente zur Motivation und setzt sie ein • Fördert die Leistungsbereitschaft durch übergeordnete Sinn- und Orientierungsgebung • Setzt die Mitarbeiter entsprechen Ihrer Fähigkeiten und Kompetenzen ein • Agiert als Vorbild für die eigenen Mitarbeiter • Vermittelt den Mitarbeitern Visionen, wirkt inspirierend • Unterstützt neue Ideen seiner Mitarbeiter • Bezieht die Mitarbeiter nach Möglichkeit bei Entscheidungen mit ein
Teilkompetenz: Feedback-Orientierung	Verhaltensanker: • Gibt den eigenen Mitarbeitern regelmäßig klare und konstruktive Rückmeldungen • Spricht Fehlverhalten und Konflikte offen an • Zeigt sich offen für Rückmeldungen von den eigenen Mitarbeitern an die eigene Person • Vermittelt im Führungsalltag Wertschätzung und lobt und kritisiert angemessen

Kriterium: Veränderungsmanagement

Teilkompetenz: Begeisterungs-fähigkeit	Verhaltensanker: • Begeistert sich für die eigene Aufgabenstellungen • Weckt bei seinen Mitarbeitern Begeisterung und Engagement • Bemüht sich um ein Klima, in dem Veränderungen positiv aufgenommen und vorangetrieben werden
Teilkompetenz: Überzeugungs-kraft	Verhaltensanker: • Wirkt authentisch und glaubwürdig • Identifiziert sich mit den Interessen, Strategien und Ziele des Unternehmens und vertritt diese überzeugend nach außen • Betont die gemeinsamen Ziele und den gemeinsamen Nutzen • Verfügt über eine hohe argumentative Flexibilität • Argumentiert inhaltlich stichhaltig und evident

Kriterium: Personalentwicklung

Teilkompetenz: **Personalentwick-** **lung, Mitarbei-** **terförderung**	Verhaltensanker: • Fordert von seinen Mitarbeitern stetige persönliche und fachliche Weiterentwicklung • Positioniert sich als Coach und Personalentwickler der eigenen Mitarbeiter • Hält die Verfolgung geeigneter Personalentwicklungsmaßnahmen nach • Fördert die Mitarbeiter im täglichen Arbeitsalltag gezielt durch die Förderung eigenver- antwortlichen Arbeitens

Managementkompetenz

Kriterium: Unternehmerisches Denken und Handeln

Teilkompetenz: **Wirtschaftliches** **Denken und** **Handeln**	Verhaltensanker: • Berücksichtigt bei zu treffenden Entscheidungen den gesamtunternehmerischen Wert • Orientiert sein eigenes Handeln konsequent an Kosten-/Nutzen-Überlegungen • Steuert den eigenen Verantwortungsbereich kontinuierlich unter Berücksichtigung be- triebswirtschaftlicher Ergebnisse und anhand geeigneter Kennziffern • Optimiert die eigene Arbeitsweise unter wirtschaftlichen Gesichtspunkten • Bringt Vorschläge zur Verbesserung des eigenen Arbeitsbereiches i. S. v. Kostenoptimierung • Berücksichtigt Kostenpotenziale bei der eigenen Arbeitsweise
Teilkompetenz: **Vernetztes,** **bereichsüber-** **greifendes** **Denken**	Verhaltensanker: • Erkennt und bewertet unternehmerische Herausforderungen aus einer übergeordneten Perspektive („Helikopter View") • Nutzt Synergiemöglichkeiten über den eigenen Bereich hinaus • Stellt Zusammenhänge zwischen unterschiedlichen Sachverhalten auch ohne offensichtli- che Beziehung her • Beachtet bei seiner Arbeitsweise die Auswirkungen auf andere Bereiche

Kriterium: Entschlussfreude

Teilkompetenz: **Entscheidungs-** **und Risikobereit-** **schaft**	Verhaltensanker: • Trifft eigenständig Entscheidungen im Rahmen der eigenen Kompetenzen • Geht kalkulierbare Risiken ein, wenn diese Erfolg versprechend sind • Übernimmt die Verantwortung für pragmatische und/oder potenziell unsichere Entschei- dungen • Trifft auch Entscheidungen auf der Grundlage unvollständiger Informationen • Ist bereit, nach Fehlentscheidungen die Verantwortung zu übernehmen • Sucht nach Lösungen, nicht nach Verantwortlichen • Zeigt hohe Entschlussfreude und Entschlusskraft (kein „Zögerer")

Kriterium: Strategiekompetenz

Teilkompetenz: **Strategisches** **Geschäftsver-** **ständnis**	Verhaltensanker: • Plant und setzt die Unternehmensstrategie in realistischen Schritten um • Orientiert Entscheidungen und eigenes Handeln an der Unternehmensstrategie und den Unternehmenszielen • Nutzt strategische Planungsmethoden (Portfoliotechniken, SWOT-Analysen, etc.) • Entwickelt Strategien für den eigenen Verantwortungsbereich aktiv mit • Versteht es, die Strategie herunter zu brechen und dafür zu sorgen, dass sie Handlungs- /Verhaltensgrundlage wird • Vertritt jederzeit die Entscheidungen der Unternehmensleitung (nach außen bzw. gegen- über Mitarbeitern) • Hat sich mit dem UN-Leitbild/Strategie auseinander gesetzt und orientiert sich in seinem Verhalten daran • Beschäftigt sich mit der weiteren Entwicklung des Unternehmens/des eigenen Arbeitsbe- reiches und richtet sich in seinem Handeln danach aus

Kriterium: Prozessorientierung

Teilkompetenz: **Prozess-** **optimierung/** **-orientierung**	Verhaltensanker: • Vermittelt differenzierte Vorstellungen und Erfahrungen, wie Prozesse sinnvoll geplant, gesteuert und optimiert werden können und nutzt sie • Bezieht bei Entscheidungen auch verantwortungsbereichsübergreifende Prozesse mit ein • Denkt und handelt im Gesamtprozess über organisatorische Strukturen hinweg

227

Fachkompetenz

Kriterium: Fachliche Kenntnisse

Teilkompetenz: **Fachliche Kern- kompetenz und Wissens- aktualität**	Verhaltensanker: • Verfügt über das für die aktuelle Funktion notwendige Fachwissen und setzt es ein • Zeigt sich in der Lage, Fachthemen kontrovers zu diskutieren • Verdeutlicht aktuelles Fach-, Produkt-, Prozess- und Marktwissen und dessen Einsatz • Kennt für seinen Bereich aktuelle Fachthemen und Trends, bewertet diese und setzt sie effektiv um • Hält das eigene Wissen über aktuelle Entwicklungen stets auf dem neuesten Stand

Kriterium: Ergebnisorientierung

Teilkompetenz: **Strukturiertheit**	Verhaltensanker: • Erarbeitet strukturierte und durchdachte Konzepte und Problemlösungen • Verdichtet wesentliche Aspekte zu einem schlüssigen Konzept • Arbeitet strukturiert und überlegt
Teilkompetenz: **Effizienz und Effektivität**	Verhaltensanker: • Orientiert sich bei seinem Handeln konsequent an den gesetzten Zielen und Vorgaben und kontrolliert deren Einhaltung • Bemüht sich bei der Zielerreichung um größtmögliche Schonung der Ressourcen • Nutzt effiziente Techniken der Arbeitsorganisation (Time-Management, Netzplantechnik, Projektmanagement, etc.) • Trotz Pragmatismus entspricht das Arbeitsergebnis dem gewünschten Qualitätsstandard • Vermeidet unnötige Prozessschleifen (Doppelarbeiten, Absicherungen etc.)
Teilkompetenz: **Zielorientierung**	Verhaltensanker: • Setzt geeignete Methoden der Ergebniskontrolle ein • Benennt klar die Ziele seiner Tätigkeit • Arbeitet ergebnis- und lösungsorientiert • Kommt in seiner Arbeitsweise zu klaren Ergebnissen; schließt Aufgaben ab

Kriterium: Kunden- und Qualitätsorientierung

Teilkompetenz: **Bedarfs- und Anforderungs- orientierung**	Verhaltensanker: • Orientiert das eigene Handeln konsequent an den Bedürfnissen der Kunden aus und strebt eine hohe Kundenzufriedenheit an • Stellt kundenindividuelle Lösungen in den Vordergrund • Arbeitet die Bedürfnisse der Kunden gezielt und strukturiert heraus • Bemüht sich, Kundenwünsche und –bedürfnisse vorausschauend zu erkennen/versetzt sich i. d. Lage des Kunden
Teilkompetenz: **Dienstleistungs- orientierung**	Verhaltensanker: • Bietet den externen und internen Kunden stets etwas mehr als erwartet • Dokumentiert hohe Service- und Dienstleistungsorientierung, bietet beispielsweise Hilfestellung und Rückmeldung an • Vertritt sowohl dem Kunden als auch sich selbst gegenüber einen hohen Qualitätsanspruch, der auch eingefordert wird • Nimmt zur Erfüllung von Kundenbedürfnissen auch kurzfristige Nachteile in Kauf

Persönliche Kompetenz

Kriterium: Leistungsbereitschaft und Energie

Teilkompetenz: **Eigeninitiative, Energiepotenzial**	Verhaltensanker: • Zeigt hohe persönliche Einsatzbereitschaft und Engagement • Verfolgt auch langfristig schwierige Ziele konsequent • Setzt sich selbst überdurchschnittliche Ziele, besitzt hohe Qualitätsansprüche • Verbessert die Qualität der eigene Leistung stetig und will gesetzte Ziele noch übertreffen • Liefert neue Impulse für das Unternehmen aus eigenem Antrieb • Wartet nicht auf Direktiven • Zeigt Bereitschaft, überdurchschnittliche Leistung zu erbringen • Zeigt „dynamische Ausstrahlung"/hohes Energiepotenzial/Tatkraft (Sprache, Blickkontakt)

Teilkompetenz: Zuverlässigkeit, Identifikation	Verhaltensanker:
	• Hält sich an Vereinbarungen und Termine
	• Erledigt übertragene Aufgaben stets gewissenhaft und zuverlässig
	• Stellt hohe Ansprüche an seine Arbeitsergebnisse hinsichtlich Qualität und Quantität
	• Identifiziert sich mit den Interessen des Unternehmens und vertritt diese nach außen
	• Wirkt verbindlich im Auftreten (Wort und Schrift/Auftreten gegenüber Kollegen, Kunden etc.)
Teilkompetenz: Umsetzungsorientierung	Verhaltensanker:
	• Drängt darauf, dass vereinbarte Maßnahmen umgesetzt werden, bleibt nicht beim Vorsatz
	• Hinterlegt Ziele mit kontinuierlichen Vorgehensplanungen
	• Übernimmt Verantwortung für das Erreichen von Zielen
	• Zieht klare Konsequenzen bei bedeutsamen Zielabweichungen
	• Definiert präzise Teil- und Endziele
	• Überprüft regelmäßig den Zielerreichungsgrad

Kriterium: Veränderungskompetenz

Teilkompetenz: Lern- und Entwicklungsbereitschaft	Verhaltensanker:
	• Schätzt sich selbst hinsichtlich der eigenen Stärken und Schwächen realistisch ein
	• Setzt sich konstruktiv mit den eigenen Stärken/Schwächen auseinander
	• Zeigt die Bereitschaft, negative Verhaltensweisen aufzugeben
	• Bildet sich kontinuierlich fachlich und persönlich weiter
	• Zeigt Lernbereitschaft und Neugierde in Bezug auf neue Arbeitsinhalte/Instrumente
	• Zeigt Interesse, Feedback einzuholen und daraus zu lernen
Teilkompetenz: Flexibilität	Verhaltensanker:
	• Stellt sich schnell auf Änderungen von Arbeitsabläufen oder veränderte Kundenwünsche ein
	• Hält bei Änderung der Informationslage nicht starr an einmal definierten Vorgehensweisen fest
	• Verändert seine Gesprächsstrategien schnell und flexibel
Teilkompetenz: Kreativität und Innovation, Zukunftsorientierung	Verhaltensanker:
	• Zeigt sich an ständiger Weiterentwicklung von Produkten, Methoden und Systemen interessiert
	• Hat differenzierte Verbesserungs- und Veränderungspläne für seinen Bereich
	• Hat in der Vergangenheit innovative Ideen in seiner Umgebung umgesetzt
	• Zeigt auch bei schwierigen und komplexen Fragestellungen Phantasie und Ideenreichtum
	• Entwickelt eigeninitiativ Ideen und setzt sie um
	• Ist aufgeschlossen gegenüber Neuem und stellt Bestehendes infrage

Kriterium: Eigenverantwortung

Teilkompetenz: Selbständigkeit	Verhaltensanker:
	• Identifiziert sich stark mit der eigenen Tätigkeit
	• Orientiert sich am persönlichem Erfolgsmaßstab, weniger an externen Rahmenbedingungen
	• Erkennt Handlungs- und Gestaltungsspielräume von sich aus und nutzt diese aktiv
	• Kontrolliert sich weitgehend selbst
	• Erkennt von sich aus, wo Arbeiten zu erledigen sind und erledigt sie gegebenenfalls

Kriterium: Belastbarkeit

Teilkompetenz: Frustrationstoleranz/Stressresistenz	Verhaltensanker:
	• Kann sich nach Misserfolgen rasch erneut motivieren
	• Behält auch bei lang anhaltendem Druck gleich bleibende Qualität der Leistung bei, bleibt ruhig und überlegt
	• Mobilisiert auch nach längerer Zeit intensiven Arbeitens oder nach Misserfolgen noch Energien und bleibt leistungsfähig und belastbar
	• Kontrolliert und steuert die eigenen Emotionen auch in Belastungssituationen
	• Positioniert sich auch in schwierigen Situationen als kompetenter Ansprechpartner und Experte

Soziale Kompetenz	
Kriterium: Teamverhalten	
Teilkompetenz: **Kommunikation**	Verhaltensanker: • Zeigt sich in Argumentation und Gesprächsführung variantenreich • Unterstreicht durch nonverbale Kommunikation das Gesagte (Mimik, Gestik) • Stellt sich in seiner Gesprächsführung auf den Sprachstil der Gesprächspartner und die Situation ein • Ist in seinen Äußerungen klar und präzise (ohne umständlichen und langatmigen Formulierungen)
Teilkompetenz: **Informationsver– halten**	Verhaltensanker: • Gibt Informationen im ausreichenden Umfang und zur richtigen Zeit von sich aus weiter • Informiert rechtzeitig, wenn Veränderungen zu erwarten sind • Verschafft sich selbst Informationen aus verschiedenartigen Quellen • Sorgt für schriftliche Fixierung von Sitzungs- oder Projektergebnissen • Lebt eine offene und transparente Informationspolitik • Sorgt im Rahmen von Projekten immer für Informationstransfer an die beteiligten Personen/Abteilungen
Teilkompetenz: **Integration**	Verhaltensanker: • Versucht bei Meinungsverschiedenheiten in seinem Arbeitsteam eine Moderatorenfunktion zu übernehmen • Ist bemüht im Gespräch die Ansichten und Meinungen aller Beteiligten auf ein gemeinsames Ziel auszurichten • Sucht proaktiv den Kontakt zu anderen • Ist bereit eigene Bedürfnisse hinter die des Teams zurückzustellen
Kriterium: Konfliktverhalten	
Teilkompetenz: **Konfliktbereit– schaft**	Verhaltensanker: • Spricht Konflikte und Problemfelder klar und ehrlich an • Geht notwendigen Konflikten nicht durch rasche Kompromisse aus dem Weg • Sagt offen seine Meinung • Zeigt sich offen für Kritik an der eigenen Person
Teilkompetenz: **Kooperations– fähigkeit**	Verhaltensanker: • Vermittelt differentielle Vorstellungen darüber, bei welcher Art von Aufgaben Kooperation sinnvoll und förderlich ist • Meidet Alleingänge, wenn eine Kooperation mit Kollegen und Mitarbeitern sinnvoll erscheint • Fördert die kollegiale, zielgerichtete und konstruktive Zusammenarbeit • Zeigt Bereitschaft, eigene Standpunkte aufzugeben, wenn dadurch ein sinnvoller Kompromiss erzielt werden kann (win-win Situation)
Teilkompetenz: **Empathie/Soziale Flexibilität**	Verhaltensanker: • Interessiert sich für Meinungen, Gedanken, Gefühle anderer • Hat ein gutes Verständnis für schwache Signale, die im Gespräch auf mögliches Konfliktpotenzial hindeuten • Hakt nach, wenn er das Gefühl hat, dass ein Thema noch nicht zu aller Zufriedenheit geklärt ist • Bemüht sich im Gespräch um die Einnahme der Perspektive des Gesprächspartners

Leitfaden zum Zielvereinbarungsgespräch

1. Gesprächsvorbereitung

Vorbereitende Überlegungen	
Zeit	
Ort	
Informationen für den Gesprächspartner: Was?	
Wer ist mein Gesprächspartner?	
Wie stehe ich zu meinem Gesprächspartner?	
Welche Gesprächsschwerpunkte möchte ich setzen?	
Welche Ziele möchte ich vereinbaren?	

2. Begrüßung

Gesprächseinstieg
Sitzordnung und Atmosphäre (konfrontative Sitzordnung vermeiden, angenehme Atmosphäre erzeugen, ungestörter Ort, Telefone sind umgestellt, den Mitarbeiter beim Namen begrüßen, Einstieg mit einem Thema, dass den Mitarbeiter persönlich betrifft)
Anlass und Ziele klären (Das Gespräch dient der Einbeziehung der Mitarbeiter in die gemeinsame Zielvereinbarung. Diese dient nicht der Mitarbeiterauswahl und wird nicht zur Begründung arbeitsrechtlicher Maßnahmen herangezogen.)
Zeitdauer ansprechen
Inhalte darstellen
Vorgehensweise/Gliederung des Gesprächs vorschlagen
Gewünschtes Ergebnis darstellen

3. Beurteilungsphase

1. Schritt: Rückblick auf Ziele der vergangenen Periode

Ziele/Strategien	Es sollte erreicht werden, dass ...
quantitative Ziele	

Ziele/Strategien	Es sollte erreicht werden, dass ...
qualitative Ziele	

2. Schritt: Einschätzung der Zielerreichung der vergangenen Periode durch den Mitarbeiter

Welche Ziele haben Sie Ihrer Meinung nach erreicht?

Welche Ziel haben Sie Ihrer Meinung nach nicht erreicht? (Begründung)

Was war bezüglich der verschiedenen Zielstellungen förderlich?

Was war bezüglich der verschiedenen Zielstellungen hinderlich?

3. Schritt: Beurteilung der Zielerreichung der vergangenen Periode durch den Vorgesetzten (quantitative Ziele)

quantitative Ziele			
Ziel 1:	Messkriterien zur Zielerreichung:		
	Beurteilung der Zielerreichung:		
	nicht oder nur gering erreicht ○	teilweise erreicht ○	weitgehend erreicht ○	voll erreicht ○
Veränderungs-notwendigkeit:	Begründung:	Ursachen bei Problemen:	

Ziel 2:	Messkriterien zur Zielerreichung:		
	Beurteilung der Zielerreichung:		
	nicht oder nur gering erreicht ○	teilweise erreicht ○	weitgehend erreicht ○	Voll erreicht ○
Veränderungs-notwendigkeit:	Begründung:	Ursachen bei Problemen:	

235

Ziel 3:	Messkriterien zur Zielerreichung:			
	Beurteilung der Zielerreichung:			
	nicht oder nur gering erreicht ○	teilweise erreicht ○	weitgehend erreicht ○	voll erreicht ○
Veränderungs- notwendigkeit:	Begründung:		Ursachen bei Problemen:	

4. Schritt: Beurteilung der Zielerreichung der vergangenen Periode durch den Vorgesetzten (qualitative Ziele)

quantitative Ziele			
Ziel 1:	Messkriterien zur Zielerreichung:		
	Beurteilung der Zielerreichung:		
	nicht oder nur gering erreicht ◯	teilweise erreicht ◯	weitgehend erreicht ◯	voll erreicht ◯
Veränderungs-notwendigkeit:	Begründung:		Ursachen bei Problemen:

Ziel 2:	Messkriterien zur Zielerreichung:		
	Beurteilung der Zielerreichung:		
	nicht oder nur gering erreicht ◯	teilweise erreicht ◯	weitgehend erreicht ◯	Voll erreicht ◯
Veränderungs-notwendigkeit:	Begründung:		Ursachen bei Problemen:

237

Ziel 3:	Messkriterien zur Zielerreichung:			
	Beurteilung der Zielerreichung:			
	nicht oder nur gering erreicht	teilweise erreicht	weitgehend erreicht	voll erreicht
	○	○	○	○
Veränderungs-notwendigkeit:	Begründung:		Ursachen bei Problemen:	

4. Zielsetzung des Unternehmens

Erörterung der Zielsetzung des Unternehmens

Aktuelle Unternehmensentwicklungen darstellen

Strategien und Ziele verdeutlichen

Akzeptanz für Strategien und Ziele schaffen

Daraus abgeleitet: Zielsetzungen des Bereichs in der nächsten Periode

Raum für Rückfragen des Mitarbeiters einplanen

5. Zielvereinbarungsphase I: Arbeitsziele

Gemeinsame Vereinbarung der Arbeitsziele für die folgende Periode

Vorgehen:

- Mitarbeiter beschreibt seinen Beitrag zur Erreichung der Bereichsziele und definiert eigene Ziele
- Führungskraft benennt Ziele, deren Erreichung er vom Mitarbeiter wünscht
- Gemeinsame Gewichtung und Entscheidung unter Einbeziehung der Unternehmenssicht

Ziele/Strategien	Es soll erreicht werden, dass ...
quantitative Ziele	

Ziele/Strategien	Es soll erreicht werden, dass ...
qualitative Ziele	

Priorisierung und Präzisierung der einzelnen Ziele, Festlegung von Rahmenbedingungen, Zeitraum und Messkriterien (quantitative Ziele)

quantitative Ziele	
Ziel 1	Messkriterien zur Zielerreichung:
	Rahmenbedingungen und Zeitraum:
Ziel 2	Messkriterien zur Zielerreichung:
	Rahmenbedingungen und Zeitraum:
Ziel 3	Messkriterien zur Zielerreichung:
	Rahmenbedingungen und Zeitraum:

Priorisierung und Präzisierung der einzelnen Ziele, Festlegung von Rahmenbedingungen, Zeitraum und Messkriterien (qualitative Ziele)

qualitative Ziele	
Ziel 1	Messkriterien zur Zielerreichung:
	Rahmenbedingungen und Zeitraum:
Ziel 2	Messkriterien zur Zielerreichung:
	Rahmenbedingungen und Zeitraum:
Ziel 3	Messkriterien zur Zielerreichung:
	Rahmenbedingungen und Zeitraum:

6. Zielvereinbarungsphase II: persönliche Entwicklungsziele

Gemeinsame Vereinbarung der persönlichen Entwicklungsziele (max. 3)

Vorgehen:

- Mitarbeiter beschreibt, welche Fähigkeiten und Kompetenzen er erweitern will, und schlägt Maßnahmen vor
- Führungskraft benennt ihre Vorstellungen von Entwicklungsmöglichkeiten und Perspektiven des Mitarbeiters vor dem Hintergrund der definierten Arbeitsziele
- Gemeinsame Definition und Priorisierung individueller Entwicklungsziele
- Nach Einigung: Art, Zeitraum und Details der Fördermaßnahme

Zu optimierende Kompetenz:

Was ist das Ziel/was soll verbessert werden?

Begründung:

Messkriterium/wann ist das Ziel erreicht?

Um diese Ziele zu erreichen, sollten folgende Verhaltensweisen des Mitarbeiters

... beibehalten werden

... reduziert werden

... intensiviert werden

Es würde mir helfen, wenn mein Vorgesetzter/meine Vorgesetzte folgende Verhaltensweisen

... beibehalten würde

... reduzieren würde

... intensivieren würde

7. Zusammenfassung der Ergebnisse und positiver Abschluss

Definierte Ziele, gewünschte Unterstützungsmaßnahmen bei der Weiterentwicklung, Wünsche und Vorstellungen

Vorstellungen/Ziele zur beruflichen Entwicklung aus Sicht des Mitarbeiters:

Vorstellungen/Ziele zur beruflichen Entwicklung aus Sicht des Vorgesetzten:

Datum des Folgegesprächs: _____

244

Kienbaum Leitfaden zu Mitarbeiterbeurteilungen

Einführung

Die Mitarbeiterbeurteilung ist ein Instrument zur Unterstützung eines regelmäßigen Dialogs zwischen dem Mitarbeiter und seinem Vorgesetzen. Es handelt sich dabei nicht um ein reines Beurteilungssystem, vielmehr steht der Feedbackcharakter im Vordergrund.

Der Mitarbeiter wird durch das Mitarbeitergespräch motiviert, da Grundlagen für die Erreichung der Ziele besprochen werden, zudem wird dem Wunsch des Mitarbeiters nach Rückmeldung über seine bisherige Erfüllung der Aufgaben Rechnung getragen. Dadurch wird der Mitarbeiter in seiner Leistung bestätigt, zum Beibehalten seiner Stärken oder zur Optimierung seines Verhaltens ermutigt. Es entsteht eine positive Feedbackkultur, die der Mitarbeiter als Chance für seine Weiterentwicklung nutzen kann.

Wichtiger als die Beurteilung der Vergangenheit ist das Verabreden von Maßnahmen zur Förderung der Leistung und zur Entwicklung des Mitarbeiters. Dadurch erhält der Mitarbeiter die Gewissheit, dass er sowohl auf seine zukünftigen Aufgaben gut vorbereitet ist als auch sein Vorgesetzter und das Unternehmen ihn auf diesem Weg unterstützen. Sein aktuelles Leistungsspektrum wird systematisch betrachtet: Individuelle Stärken werden erkannt, Steigerungsmöglichkeiten können systematisch angegangen werden. Somit können aus dem geführten Gespräch Ansatzpunkte für eine individuelle, zielgerichtete Personalentwicklung abgeleitet werden.

Leitfaden

Name, Vorname:	
Geburtstag:	Titel:
Abteilung:	Position:

Tätig bei der	**seit:**
Tätig in der jetzigen Position seit:	
Zeitpunkt der letzten Beurteilung:	
Vorgesetzter:	

Beurteilungsgrund:

○ Regelbeurteilung	○ routinemäßige Anforderung
○ Ablauf der Probezeit:	
○ Sonstiges:	
Beurteilungszeitraum:	

Aufgaben und Tätigkeitsschwerpunkte:

Die folgende Beurteilung bezieht sich auf folgende Aufgaben und Tätigkeitsschwerpunkte (die einzelnen Aufgaben und Schwerpunkte detailliert aufführen):

Qualitative Zielerreichung im Beurteilungszeitraum

Zielbeschreibung:

Erreichungsgrad:

Zeitraum der Realisierung:

Kopiervorlage zur Beurteilung von Kompetenzen des Mitarbeiters

Grundkompetenz (z. B. Arbeits- und Leistungsverhalten): _____

Teilkompetenz (z. B. Belastbarkeit): _____

Kurzbeschreibung eines positiven Verhaltens in dieser Teilkompetenz (z. B. arbeitet auch in Stresssituationen sorgfältig und gewissenhaft):

Fremdeinschätzung des Vorgesetzten

Die erbrachte Leistung liegt/entspricht

immer unter	teilweise unter	im Wesentlichen	im vollen Umfang	häufig über	immer über
○	○	○	○	○	○

... den Anforderungen

Begründung:

Selbsteinschätzung des Mitarbeiters

Die erbrachte Leistung liegt/entspricht

immer unter	teilweise unter	im Wesentlichen	im vollen Umfang	häufig über	immer über
○	○	○	○	○	○

... den Anforderungen

Begründung:

247

Mögliche Verhaltensbeschreibungen für häufig erforderliche Teilkompetenzen

Belastbarkeit

- Behält die Übersicht in Stresssituationen
- Verhält sich auch in Stresssituationen konstruktiv
- Ist auch in Stresssituationen sorgfältig
- Ist fähig in mehreren Projekten gleichzeitig zu handeln
- Passt sich schnell an veränderte Rahmenbedingungen an
- Übernimmt neue, komplizierte und ungeplante Tätigkeiten
- Kann sich auf chaotische Zustände einstellen

Eigeninitiative

- Sucht selbstständig nach Lösungen
- Wartet nicht auf Anweisungen
- Entwickelt Ideen
- Macht Vorschläge
- Verbessert Abläufe
- Erledigt selbstständig Aufgaben
- Bietet sich für neue Aufgaben an

Lernbereitschaft

- Zeigt die Bereitschaft, sich mit neuen Dingen zu beschäftigen
- Nimmt an Seminaren/Fortbildungen teil
- Zeigt auch außerhalb der Firma Weiterbildungsbemühungen

Authentizität

- Steht für seine Ziele ein
- Zeigt glaubwürdiges und verbindliches Verhalten
- Verhält sich abwägend und gerecht
- „Fels in der Brandung" – kein „Bäumchen wechsele Dich"
- Sucht Fehler nicht nur bei anderen

Auftreten

- Trägt der Aufgabenstellung angemessene, korrekte Kleidung
- Hat einen adäquaten Umgangston
- Stellt sich auf den Gesprächspartner ein
- Verhält sich selbstsicher

Teamfähigkeit

- Zeigt Diskussions-, Argumentations- und Kritikfähigkeit
- Lässt sich von guten Argumenten überzeugen
- Trägt Gemeinschaftsentscheidungen mit
- Unterstützt durch Information und Einsatz zur Erreichung der Teamziele
- Arbeitet gerne im Team

Kommunikation und Information

- Spricht Kollegen an
- Teilt Wissen mit
- Sammelt Erkenntnisse
- Ist gesprächsbereit
- Geht mit Informationen verantwortungsbewusst um
- Ist offen und freundlich

Delegation

- Traut Leistungsfähigkeit zu
- Erkennt Aufgabenstellungen und Arbeitsumfang
- Motiviert durch komplexe Aufgaben ohne zu überfordern
- Ist bereit, Arbeiten abzugeben
- Überträgt Aufgaben zusammen mit der entsprechenden Entscheidungskompetenz

Motivation

- Erkennt Leistung an
- Gibt Feedback
- Übt konstruktive Kritik
- Informiert umfassend
- Lebt seine Vorbildfunktion
- Ist umfassend informiert

Ergänzungen

Weitere Stärken des Mitarbeiters – z. B. positive minded, besonderes Engagement

Ergänzende Hinweise des Vorgesetzten

Ergänzende Hinweise des Mitarbeiters

Mögliche Personalentwicklungsmaßnahmen

Datum: _____

Unterschrift des Vorgesetzten: _____

Unterschrift des Mitarbeiters: _____

1 Gesamtzielerreichung – Zielbewertung Vorjahr

Zielerreichung				
Gesamt-Zielerreichungsgrad				
Ziel	Zielart	Gewichtung	Zielerreichungsgrad/-stufe	Gesamt-Zielerreichungsgrad*
1.	☐ Einzelziel ☐ Teamziel			
2.	☐ Einzelziel ☐ Teamziel			
3.	☐ Einzelziel ☐ Teamziel			
4.	☐ Einzelziel ☐ Teamziel			
5.	☐ Einzelziel ☐ Teamziel			
Summe	Einzelziele			
	Teamziele			

* Berechung: Gewichtungsfaktor Einzelziel x Einzelzielerreichungsgrad (bzw. Zielerreichungsstufe) / 100

Zur Kenntnis genommen:

_____

Datum, Unterschrift Führungskraft

_____

Datum, Unterschrift Mitarbeiter/-in

2 Zielentwicklung aktuelles Jahr

Zukünftige Leistungsziele (Empfehlung: 3–5 Ziele)

Festlegung der individuellen Rahmenbedingungen (Dokumentation von Besonderheiten)

1. Ziel (wenn Oberziel, dann zusätzlich die Unterziele definieren)

Ziel abgeleitet aus folgender Kernaufgabe

| ☐ Einzelziel | ☐ Quantitatives Ziel | Zielgewichtung   % |
| ☐ Teamziel | ☐ Qualitatives Ziel | (Anteil am Gesamtziel) |

Messkriterien (Wie und womit wird das Ziel gemessen?):

Messgröße

100% des Ziels ist erreicht, wenn

0% des Ziels ist erreicht, wenn

Ermittlung der Zielerreichungsstufen, wenn prozentualer Zielerreichungsgrad nicht berechnet werden kann (insb. bei qualitativen Zielen).

100% des Zieles ist erreicht, wenn

80% des Zieles ist erreicht, wenn

60% des Zieles ist erreicht, wenn

40% des Zieles ist erreicht, wenn

20% des Zieles ist erreicht, wenn

Maßnahmen:

_____
Datum, Unterschrift Führungskraft

_____
Datum, Unterschrift Mitarbeiter/-in

3 Potenzialmeldung

Einschätzung des Potenzials der Mitarbeiterin oder des Mitarbeiters			
Mögliche Fach-, Führungs-, Projektpositionen (lt. Funktionsbeschreibung / Anforderungsprofil)			
1. Priorität			
Zeit	☐ sofort	☐ in 1 Jahr	☐ in 2 Jahren	☐ in 3 Jahren
2. Priorität			
Zeit	☐ sofort	☐ in 1 Jahr	☐ in 2 Jahren	☐ in 3 Jahren
3. Priorität			
Zeit	☐ sofort	☐ in 1 Jahr	☐ in 2 Jahren	☐ in 3 Jahren
Begründung der Entwicklungseinschätzung			
Mobilitätsbereitschaft			
☐ **lokal**	Erläuterung		
☐ **regional**	Erläuterung		
☐ **bundesweit**	Erläuterung		
Ziele und Wünsche der Mitarbeiterin oder des Mitarbeiters			

_____   _____
Datum, Unterschrift Führungskraft   Datum, Unterschrift Mitarbeiter/-in

Trainerleitfaden: Mitarbeiterbeurteilung und Zielvereinbarung

Beispiel: Ablauf eines zweitägigen Trainings

1. Vorbereitung des Raumes

- Sitzordnung: Tische in U-Form
- Flipchart: Erstes Blatt mit Aufschrift zur Begrüßung der Teilnehmer
- Beamer und Laptop (Technik prüfen!)

2. Begrüßung und Einstimmung (ca. 45')

Vorstellung des Trainers und des Trainings

- Erläutern der Vorgehensweise (Unsere Vorgehensweise in Trainings: Viel gemeinsam erarbeiten, Kleingruppenarbeit und Übungen bzw. Rollenspiele wegen des Lernerfolgs.)
- Darstellung des Ablaufs über Beamer bzw. Overhead-Projektor.
- Frage nach Ergänzungen des Ablaufs.
- Abklärung des Zeitplans (Beispiel: Beginn: 10:00, Ende morgen 17:00, Mittagessen: Wunsch der Teilnehmer einholen, ca. 12:30).
- Hinweisen auf Teilnehmer-Handout (jetzt) und Protokolle von dem Erarbeiteten (zeitnah nach dem Training).
- Besprechen der Workshop-Regeln

Vorstellung der Teilnehmer

Jeder Teilnehmer schreibt Karten zu folgenden Themen und bringt diese an der Metaplanwand 1 an

- Name, Funktion, Aufgabe und ggf. etwas besonderes zur Person
- Erfahrungen mit Mitarbeitergesprächen und Zielvereinbarungen (positive und negative)

Erwartungen an den Tag, was nicht passieren sollte und Trainingserfahrung. (Trainer erfasst Erwartungen und was nicht passieren sollte auf Metaplan 2).

3. Information der Führungskräfte: Vorstellung der Instrumente und des Prozesses (ca. 30')

Vorstellung des *Gesprächsleitfadens zu Mitarbeiterbeurteilung und Zielvereinbarung*

Hinweise zur Zielvereinbarung

- Zielkaskadierung – Die Ziele ergeben sich aus der Ableitung von Unternehmenszielen über Bereichsziele bis hin zu den Individualzielen.
- Verbindung von Kernaufgaben und Zielen
- Vorgaben vs. Vereinbarungen (Herausstellen des beiderseitigen Nutzens von Zielvereinbarungen)
- Mögliche Zielarten
- Zielerreichung und Zielgewichtung
- Zielkriterien, Beurteilungsgrundsätze

4. Führen mit Zielen – Aufgaben und Verantwortung der Führungskraft im Prozess (ca. 60')

Frage ins Plenum, Sammlung am Flipchart und Diskussion

Welchen Nutzen habe ich als Führungskraft, wenn ich mit Zielen führe? (ca. 15 Minuten)

Frage ins Plenum, Sammlung am Flipchart und Diskussion

Welchen Nutzen haben Mitarbeiter durch Führen mit Zielen? (ca. 15 Minuten)

Trainer-Input

- Nutzen von Zielvereinbarungen als Führungs- und Steuerungsinstrument
- Zielvereinbarung im Jahresablauf:
  - Vereinbarung zu Jahresbeginn
  - Sicherung der Zielerreichung im Jahresverlauf
  - Bewertung der Zielerreichung zum Jahresende

5. Auseinandersetzung mit dem Begriff der Ziele: Ziele (ca. 15')

Trainer-Input zu Zielen und Zielarten

- quantitative vs. qualitative Ziele
- Teamziele vs. Einzelziele
- objektive vs. individuelle Zielerreichung

Diskussion bzw. Klärung offener Fragen

6. Option: Übung zu Zielen (ca. 45')

Gruppenarbeit

Teilung in vier Gruppen zur Beantwortung je eines Teils der Frage „Welche Vorteile und Einsatzmöglichkeiten haben quantitative, qualitative, Einzel- oder Teamziele?" Vorstellung der Ergebnisse durch je ein Gruppenmitglied und Diskussion im Plenum

7. Aktive Auseinandersetzung mit dem Thema Zielkriterien bzw. Zielformulierungen (ca. 60')

Frage ins Plenum und Sammlung am Flipchart

Welche (quantitativen und qualitativen) Ziele haben Sie in den letzten Jahren mit Ihrer Führungskraft bzw. mit Ihren Mitarbeitern vereinbart? (ca. 15 Minuten) Darstellung der „Gütekriterien für Ziele (SMART)"

Gruppenarbeit

- zufällige Teilung in Gruppen
- Zuordnung der genannten Ziele mit der Fragestellung ‚Sind diese Ziele entsprechend unserer Gütekriterien formuliert (quantitativ und qualitativ)?
- Bewertung der Ziele anhand der Checkliste und ggf. Umformulierung bzw. Neuformulierung

253

Vorstellung der Ergebnisse durch je ein Gruppenmitglied und Diskussion im Plenum

8. Erarbeitung eines bereichsspezifischen Zielkatalogs (ca. 45')

Informieren, dass sich im Handbuch ein Entwurf eines Zielkatalogs befindet und dieser ergänzt werden soll. Die erarbeiteten Ergebnisse werden in das Handbuch integriert.

Gruppenarbeit

* Teilung in Gruppen nach Bereichen
* Vervollständigung des bereichsspezifischen Erstentwurfs des Zielkatalogs

Vorstellung der Ergebnisse durch je ein Gruppenmitglied und Diskussion im Plenum

9. Klärung offener Fragen zu den Inhalten (ca. 30')

Frage nach offenen Fragen und gemeinsame Klärung bzw. Diskussion im Plenum. Ggf. Verweis auf kommenden Tag und Aufnahme in den Themenspeicher

10. Gesprächstechniken: Negativ-Beispiel (ca. 45')

Rollenspiel des Trainertandems als Beispiel eines schlechten Zielvereinbarungsgesprächs

Auswertung im Plenum (Metaplan 3)

* Frage ins Plenum ‚Was ist Ihnen in diesem Gespräch aufgefallen?' und Sammlung auf der Metaplanwand
* Frage ins Plenum ‚Wie hätte die Führungskraft besser in diesem Gespräch agiert?' und Sammlung auf der Metaplanwand

11. Gesprächstechniken: Führen von Mitarbeitergesprächen (ca. 60')

Vorbereitung des Gesprächs

* Frage ins Plenum und Sammlung am Flipchart „Welche Fragen sollten zur Gesprächsvorbereitung geklärt werden?"
* Trainer-Input

Gesprächsstruktur, -ablauf und -atmosphäre

* Frage ins Plenum
  „Wie sollte das Gespräch strukturiert sein?"
  „Mit welchem Gesprächsaufbau waren Sie bisher erfolgreich?"
* Trainer-Input

Nachbereitung des Gesprächs

* Frage ins Plenum und Sammlung am Flipchart „Was sollte nach dem Gespräch erfolgen?"
* Verweis auf regelmäßige Folgegespräche und Verbindlichkeit in den vereinbarten Maßnahmen

Fragen und Einwandbehandlung

* Trainer-Input zu Gesprächstechniken (Handout)

Leitfaden zur Zielvereinbarung

* Verweis auf Beispielleitfaden im Handout
* Spiegeln und ggf. Ergänzung des erarbeiteten Leitfadens

12. Umgang mit Zielvereinbarungen in konkreten Situationen (ca. 2:45)

Gruppenarbeit: Vorbereitung (ca. 15')

* Aufteilung in zwei zufällig verteilte Gruppen
* In den zwei Gruppen werden jeweils zwei mögliche Szenarien für Mitarbeitergespräche entwickelt, in denen dann die jeweils andere Gruppe in den folgenden Rollenspielen die Rolle der Führungskraft übernimmt. Hierfür werden die Gesprächsziele beider Rollenspieler sowie der Typ des Mitarbeiters (inklusive möglicher Einwände) und der Führungskraft definiert. Des weiteren sollen Rahmenbedingungen beschrieben werden, z.B. Kenntnisse aus den vorherigen Gesprächen und eventuelle Probleme.
* Die Situationen sollten durch die Gruppen am Flipchart beschrieben werden.

Trainer-Input zum Thema Feedback (ca.15')

* Feedback-Regeln
* Aufbau von Feedback

Rollenspiele

Vorbereitung der Teilnehmer auf die Rollenspiele (ca. 15')

Durchführung der vier zuvor entwickelten Rollenspiele (Aufzeichnung auf Videokamera; jeweils ca. 30' - Rollenspiel 20', Feedback/Diskussion 10')

* Rollenspielerbesetzung: Mitarbeiter (aus der Gruppe, die das Szenario entwickelt hat) und Führungskraft (die jeweils andere Gruppe)
* Diskussion im Plenum mit folgenden Fragestellungen:
  „Hat die Führungskraft ihre Ziele erreicht?"
  „Warum wurden die Ziele (nicht) erreicht?"
  „Wie hätte die Führungskraft besser agieren können?"
  „Hat die Führungskraft ausreichend den Mitarbeiter-Typ in der Gesprächsführung berücksichtigt?"
  „Ist das Gespräch einem klaren Aufbau gefolgt?"
* Trainer-Feedback und Untermalung mit Videosequenzen

Abbildungs- und Tabellenverzeichnis

Tabellen

Abbildungen

Stichwortverzeichnis